# 世界一の
# 巨大生物

NATURE'S GIANTS

グレイム・D・ラクストン 著
日向やよい 訳
監修：岩見恭子／窪寺恒己／倉持利明／郡司芽久／田島木綿子
田中伸幸／ドゥーグル・J・リンズィー／中江雅典／中島保寿／山本周平／吉川夏彦

# NATURE'S GIANTS

## The Biology and Evolution of the World's Largest Lifeforms

**by Graeme D. Ruxton**



Japanese translation rights
arranged with Quarto Publishing Plc
Through Japan UNI Agency, Inc., Tokyo

Printed in China

# 目次

# 前書き

ヨーロッパやアフリカの各地に残る洞窟絵画などが証明しているとおり、人類は太古の昔から巨大な動物に魅せられてきた。しかし悲しむべきことに、先史時代の巨大植物食動物、すなわち体重が1,000kgを超える植物食動物は、そうした動物のすむ大陸に現生人類が現れてまもなく、アフリカおよび熱帯アジア以外では姿を消した。生き残ったものも、いまなお人類による狩猟の脅威にさらされ続けている──そのような巨大動物のひとつであるシロサイ（*Ceratotherium simum*）の研究を通じて、わたしもそうした現状を詳しく取り上げた。

この本でグレアム・D・ラクストン教授は、適応形態学と適応生理学を巧みに組み合わせて、巨大生物のサイズを決めている要因、特にそれ以上大きくなるのを妨げている要因を、わかりやすく解き明かしている。また、種の保護の重要性にも言及している。人類の人口増加によるリスクに最もさらされているのは、シロサイも含め、そうした巨大生物の一部なのだ。

説明はきわめて読みやすく、体が大きいことは生物にとってどんな意味をもつのかを、さまざまな角度から考察している。その範囲は、巨大な植物食哺乳類はもちろん、その他の幅広い分類群の生物にまで及ぶ。たとえば、最大の現生哺乳類はなぜゾウではなくクジラなのか。そしてクジラはなぜ植物食ではなく、オキアミというごく小さな甲殻類をエサとしているのか。また、ジュラ紀と白亜紀に生息していた植物食爬虫類の一部は、なぜ陸生哺乳類のどれよりも巨大だったのか。小型の爬虫類も数多くいたなかで、なぜ彼らだけが巨大になったのか。教授は鳥類にも目を向ける。恐竜の一グループの子孫であるにもかかわらず、最大の陸生哺乳類に並ぶほど大きな鳥がいないのはなぜなのか。さらに、“クモ恐怖症”を引き起こすような巨大なクモがいるとはいえ、人間に実害をもたらすほど大きくならないのはなぜなのか──読者の皆さんもきっと、わたしに負けず劣らず、この自然界の巨人たちを訪ねる興味深い探険に魅了されることだろう。

**南アフリカ　ヨハネスブルグ**
**ウィットウォーターズランド大学**
**名誉研究教授**
**ノーマン・オーウェン＝スミス**

◀カバ（*Hippopotamus amphibius*）は、ライオン（*Panthera leo*）を含めたアフリカ産哺乳類のなかで最も多くの人間を殺してきたと言われている。

# はじめに

### サイズは重要

体のサイズは、周囲の世界とのかかわりにおいてとても大きな意味をもつ。あなたが何の気なしに跨ぎ越す水溜りも、そこにすむおびただしい数の微細なプランクトンにとっては全世界であり、彼らはそれ以外の世界を知らない。また、サイズは生活のあらゆる側面に影響を及ぼす。少し例を挙げるだけでも、大きい動物のほうが寿命は長いが少ししか子孫を残さないし、総重量200kgのマウスの集団は、体重200kgのウシ１頭より、たくさん食べ、たくさん水を飲み、たくさんの酸素を取り込む。わたしたちは、動物の種類によってサイズはだいたい決まっていると思っている。しかし、なぜそうなのだろう? なぜ、人間を生きながら食べるほど大きなクモはいないのか。なぜ、バスタブで飼えるほど小さなクジラはいないのか。こうした疑問を追求すれば自然界のあらゆる生物の生き方をもっとよく理解するのに役立ち、最大や最小の生物を調べることで、サイズを決めている隠れた要因が明らかになるはずだ。この本では極端に大きな生物を集中的に取り上げる。極端に小さなものよりもよく研究されているから――それに、巨大生物には迫力満点でゾクゾクさせられるからだ!

### この本の構成

本書は９つの章から成る。2～９章では章ごとに、現生種だけでなく絶滅した種も含め、巨大生物をおおまかなカテゴリーに分けて紹介する。あなたのお気に入りの動物が軽く触れられただけだったり、まったく出て来なかったりしても、どうかお許しいただきたい。紙面には限りがあるため、どれを載せるか、厳選せざるを得なかった。2章を見ればわかるように、命名されている700種以上の恐竜はほとんどが大型または超大型だ。だから恐竜だけで紙面を埋め尽くすこともできたのだが、紹介するのはいくつかの本当に大きな恐竜だけに絞った。ほかの幅広い動物や植物のグループにも目を向けたかったからだ。

１章は少し異なり、特定の種にあてられてはいない。本書のあちこちに出てくる共通のテーマについて解説してある。さまざまなグループの解説をするなかで似たようなことがらに出くわしたとき、いちいち説明する手間を省くためだ。

最後の見開きページでは、なぜほとんどの生物は巨大ではないのか、そしてなぜ、ある程度の大きさはあるものの、特に巨大ではない種――つまりホモ・サピエンス――が、どの巨大生物も敵わないほど世界を支配するに至ったのかを解き明かそうと試みた。

◀トラ（*Panthera tigris*）は一般にほんの少しだけライオン（*Panthera leo*）より体重が重く、ネコ科動物中最大の種である。

第1章

# 巨体のもたらすもの

本書では各章ごとに幅広いタイプの巨大生物のうちひとつに着目し、詳しく紹介する。と言っても、全体に共通する一般的な原則がいくつかあるので、まずそれを説明したほうが、あとの話もずっとわかりやすいだろう。これらの原則の一部はごく簡単な幾何や物理なので、学校で習った覚えがあるなと思うかもしれない。次に進化と環境への適応に関する理論に触れ、さらに、異なる個体からなるさまざまな集団がどのように組み合わさって生態系をつくりあげるかという、生態学の考え方を紹介する。

# 体積、表面積、質量、代謝率

単純にサイズだけが大きくなった動物を思い浮かべてみよう。
大きくなれば質量も代謝率も表面積もすべて増えるが、それぞれの増え方は同じではない。
巨大動物ともなると、この増加率の違いがとても重要な意味を持つことになるので、
簡単にではあるが、この現象を解説する。

## 単純な事実

右図の2つの立方体を見てほしい。立方体Aの各辺の長さは1mで、立方体Bはその2倍(2m)だ。Aの体積は縦×横×高さで計算できる($1m \times 1m \times 1m = 1m^3$)。Aの面1つの面積は$1m \times 1m = 1m^2$で、同じ面が6つあるから立方体全体の表面積は$6m^2$となる。同じように計算すると、Bの体積は$8m^3$、総表面積は$24m^2$となる。つまり、立方体の辺の長さが倍になる(AがBになる)と、体積は8倍になる。もしこの2つの立方体の素材が同じで、質量が体積に比例するという法則があてはまるなら、Bは質量も8倍になると考えられる。これに対して、総表面積のほうは4倍にしかなっていない。つまり、サイズが大きくなれば表面積も質量も増えるが、質量のほうが表面積より増え方が大きいのだ。これは立方体に限らない。球体の場合も直径が2倍になれば質量は8倍になるが、表面積は4倍にしかならない。実際、この法則はどんな形にもあてはまる。では、なぜこれが重要なのだろう?

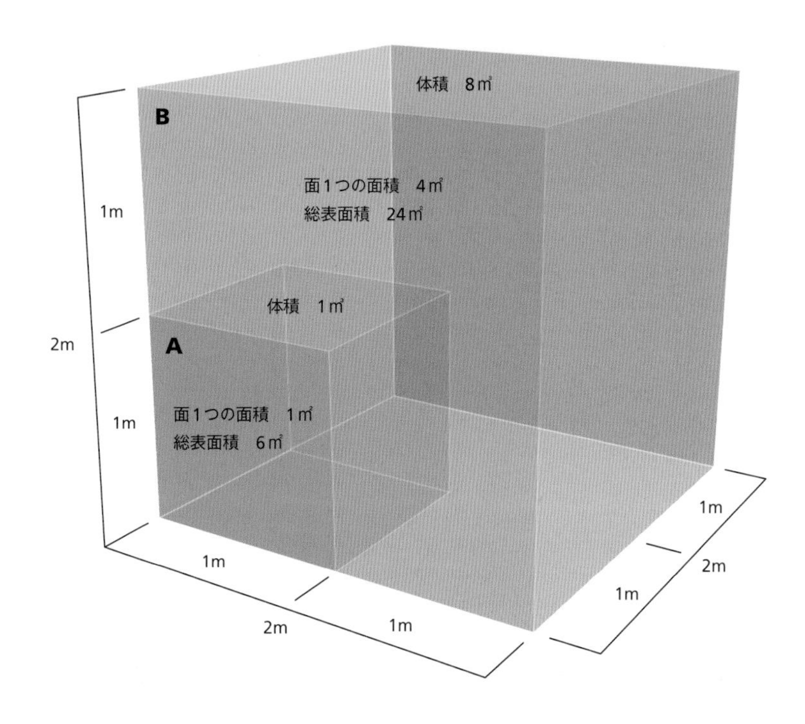


立方体や球体の代わりに鳥を思い浮かべてみよう。立方体の場合と同じく、鳥のサイズが2倍になれば体重(質量に作用する重力)は8倍になるが、表面積は4倍にしかならない。鳥が飛ぶには、翼の生み出す揚力が、地面に引き摺り下ろそうとする重力に打ち勝つ必要がある。鳥に作用する重力は体重に直接比例するので、嘴から尾までの長さが2倍になれば重力は8倍になる。一方、翼の生み出す揚力は翼の表面積と、その翼を下方へどれだけ強く羽ばたけるかで決まる。先ほどの単純な法則をあてはめると、鳥の体長が2倍なら翼の面積は4倍なので、もし羽ばたく力が元のままなら、鳥はまっさかさまに墜落してしまう。飛び続けるには、翼を2倍の力で羽ばたけるだけの筋力が必要になるのだ。このことから、鳥が大きくなればなるほど、空中にとどまるには必死の努力が必要になることがわかる——ついには、重力に打ち勝てるほど激しく羽ばたくことは不可能になって、大きさの限界に達するだろう。飛べる鳥の大きさに限界があるのは、サイズの増加に伴う表面積と質量の増加率に差があるからなのだ。

## 筋力の減少

実は、大型の鳥が飛ぶにはさらに不利な状況がある。小さな鳥と大きな鳥の体の構造が同じで、どちらも体積の40パーセントが、羽ばたくための飛翔筋にあてられているとする。体長が2倍になれば筋

◀ハチドリは、糖分が多くカロリーが非常に高い花蜜を吸って、飛翔に必要な燃料を得ている。

◀海鳥は長距離を飛ぶことが多いので、エネルギー節約のために風を最大限に利用する。

◀大型の鳥は一般にあまり敏捷ではない。しかし、ハクトウワシ（*Haliaeetus leucocephalus*）はかぎ爪で海面の魚を捕まえられるほど正確に飛べる。

量が8倍になるので、羽ばたく力も当然8倍になると思うかもしれないが、そうはいかない。筋肉から力を出力する効率は筋肉のサイズが増加するとともに低下するため、大きな鳥が得られる力は8倍より小さくなるのだ。この現象も表面積と関係がある。筋肉は筋線維の収縮によって力を生み出し、筋肉が大きくなれば筋線維も大きくなるので、より多くの力を蓄え、放出することができる。ただし、筋線維の放出する力はその総体積ではなく、断面積に比例する。すでに述べたように、サイズの増加に伴う表面積の増加は体積の増加より緩やかなので、筋肉の体積が8倍になってもその出力は8倍には届かないのだ。わたしが体重の3分の1もない荷物をハアハア言いながら運ぶのに対し、アリが自分の10倍も重いものを楽々と長距離運べるのも、それで説明がつく。体が大きくなればなるほど、相対的に弱くなるというわけだ。

## 体重と代謝率

わたしは体重が80kgあり、食べる量も半端ではない。今でもかなりの変わり者だが、もし変人ぶりがさらに高じて2,000匹のハムスターをペットにしていたなら、その総重量はわたしの体重と同じくらいになるはずだ。だが食べる量はハムスター集団のほうが遥かに多く、恐らくわたしの6倍か7倍は食べるだろう。これは動物の一般的な傾向で、体が大きくなれば食べる量も増えるものの、体重と同じ割合で増えることはない。代謝率が体重と同じ割合で高まるわけではないからだ。代謝率はあらゆる活動のために使われているエネルギーのことで、たとえばこうして座って原稿を書いているわたしの代謝率は約200ワットだが、睡眠中は100ワットに落ち、ジムで激しく運動しているときには恐らく1,000ワットくらいに跳ね上がる（それでもヘアドライヤーの出力の半分にしかならない）。さまざまな動物の体重と代謝率を測定してグラフにプロットすると、大きな動物ほど代謝率は高くなり、おおむね体重の0.75乗に比例することがわかる。ここでは、0.75乗などというややこしい計算に深入りするつもりはない。重要なのは、0.75が1より小さい正の数字なので、代謝率が体重とともに増加するものの、増え方は体重よりゆるやかになるということだ。

これは大型の動物にとっては朗報だ。たくさん食べ物を探す必要があるとしても、体の大きさから予想されるほど大量でなくても良いからだ。さらに良いニュースがある。それは、動物は脂肪を蓄えて、食べ物が少ないときに代謝の燃料にできるが、体が大きくなれば、その脂肪の蓄えは体重に比例して増えるということだ。たとえば体のサイズにかかわらず体重の20パーセントが脂肪だとすると、体重が倍になれば脂肪量も倍になる。ところが代謝率（蓄えた脂肪が使われる速度）の増え方はもっとゆるやかだ。つまり、体が大きいほうが、蓄えた脂肪でそれだけ長く生き延びることができる。シロナガスクジラ（*Balaenoptera musculus*）は夏に大量の餌を食べて太り、冬のあいだそれで生き延びられるのに対して、トガリネズミの仲間は、どんなに雪が深くても一日も休まずに食べ物を探しに出歩かなければならない。

▼左：ハキリアリの仲間は農業をする。巣の中に持ち込んだ植物体でキノコを育て、生えてきたキノコを食べるのだ。
▼右：このアリは自分よりずっと重いリンゴの芯を運んでいる。アリは互いに協力することで、自分たちの何倍もの重さのネズミさえ、食料にするために巣に運ぶことができる。

▲ゾウは好んで水浴びして、体を冷やす。

## 代謝率と表面積

先に述べたように、代謝率や表面積は体重とともに増加するが、増え方はどちらも体重よりゆるやかだ。そして重要なのが、代謝率のほうが表面積より少しだけ増え方が速いという点だ。これには2つの理由がある。ひとつは、動物が酸素を吸収する速度は肺の表面積とともに大きくなること、もうひとつは、消化した食物からエネルギーを吸収する速度は消化器の表面積とともに大きくなることだ。このことから、単純にサイズだけが大きくなった動物は生き延びるのに苦労することがわかる。なぜなら、代謝率、つまり生存に必須な酸素と食物エネルギーの要求量が、そうしたものを吸収する能力よりも急速に増加することになるからだ。シカの体内がマウスをただ巨大化したような単純なつくりでないのは、そこに理由がある。動物は大きくなればなるほど、呼吸と消化吸収の効率を上げなければならないのだ。

座って文字をタイプしているわたしは、およそ200ワットのエネルギーを消費している。その一部は有益な用途(キーボードの上で指を動かしたり、ランチを消化したり、新しい赤血球をつくったり)にあてられているが、約90パーセントは熱エネルギーとして失われる。その熱の一部はわたしの体温を約37℃に保つのに使われるが、大半はただ周囲に放出される。その証拠に、立ち上がってクッションに触ってみれば温かくなっているのがわかる。表面積と体積について先に述べたことから、体積の割に表面積の大きい小さな動物にとって、体温を保つことが大きな課題であることは明らかだ。しかし、大きな動物には逆に過熱を防ぐことが課題となる。体重の増加に伴って、表面積より代謝率のほうが急速に増加するからだ。そこで、ゾウは大きな耳をパタパタさせて熱を発散させる。

▼代謝率は体のサイズの増加に伴って増加するが、
増え方はよりゆるやかで、ほぼ体重の0.75乗に比例する。
したがって、もしウシがヤギの10倍の重さなら、代謝率はおよそ6倍になると予想される。

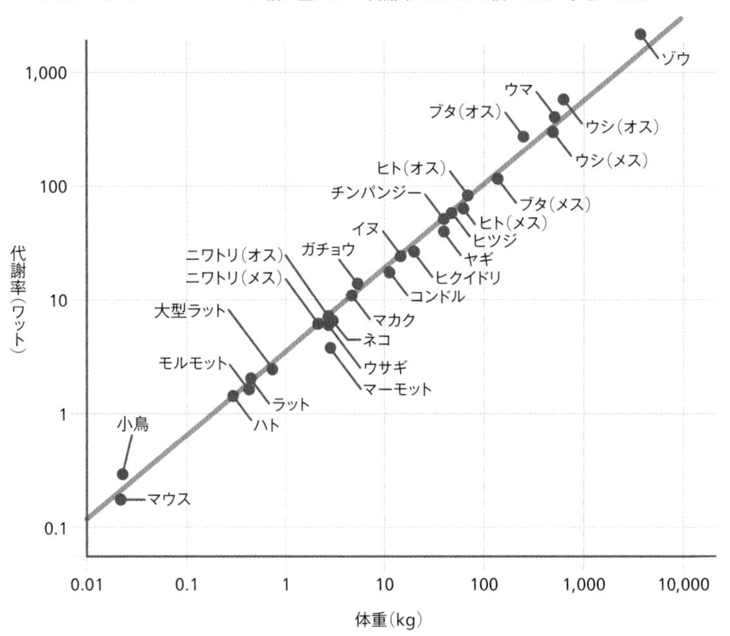


▼わたしたちは運動中に体の熱を冷ますために汗をかくので、
失った水分を補給する必要がある。

# 生物における物理学

本書のあちこちに出てくる、自然界のさまざまな傾向を理解する助けとなるよう、物理の一般的な考え方をもう少しおさらいしておこう。学校では物理、化学、生物を別々に教えることが多いが、生物学を十分に理解するには、本当は他の2つの分野の知識も必要だ。本書では化学的な側面については触れずに済ませたが、物理についてはもう少し考察してみる必要があるだろう。

## ゾウはなぜ走らないのか

この章の前のほう(14ページ)で、飛ぶ鳥は翼の生み出す揚力で重力に打ち勝たなければならないと述べた。重力はあらゆる物体に作用する。例えばいま座っているわたしが立ち上がると、重力がわたしを下に向かって押しつけるが、この力に対抗して両脚が踏ん張る。脚には十分な強さがあるので、体の重みがかかっても(重力はわたしの質量に作用する)、折れたり、崩れたり、曲ったりしない。とはいえ、ときには脚が重力に負けてしまうこともある。ウエイトリフティングをしている人の脚があまりの負荷に耐えられず、膝から崩れるのを見たことがあるだろう。彼らの脚はだいたいわたしの脚より太い。圧力に抵抗する力は脚の断面積に応じて増えるのでウエイトリフティングには有利なはずだが、それでも、ウエイトを増やしすぎれば脚は負けてしまう。同じように、体が大きくなると脚の断面積よりも質量のほうが急速に増えるので、大きな動物では小さな動物に比べて脚の負担が大きくなる。そこで、ゾウはできるだけ脚を真っ直ぐにして脚にかかる負担を軽減する。走らないのも同じ理由からだ。ゾウはすばやく移動できるが、移動はもっぱら歩きで、少なくとも足のひとつが常に地面についている。

▲ウエイトリフティングをするには、バーを持ち上げる強靭な腕だけでなく、全重量を支える強靭な脚も必要だ。

▶長い脚にかかる負担を軽減するため、ゾウは走らずに早歩きをする。しかし突進する際には驚くほどのスピードを出すことができ、人が走って逃げても追いつかれてしまう。

## クジラはなぜ あれほど大きいのか

ここまで、大きな動物にとって重力に対抗することが課題となるケースをいくつか見てきた。だが、重力の効果を大幅に軽減する方法がひとつある――泳げばいいのだ。水に体を支えられて水面に浮かぶ感覚を、きっと味わったことがあると思う。肺をできるだけ大きく膨らませれば効果が最大になる。物体にはたらく重力は、その物体の密度が周囲の流体の密度に比べてどれくらい高いかによって決まる。わたしたち動物の体の密度は、空気の何百倍もあるものの、水とはほぼ同じだ。体の大部分が水であることを考えれば、別に驚くことではない。したがって、陸上や空中での重力の問題は、水中では大幅に軽減されることになる。最大の動物であるシロナガスクジラが海に生息しているのは、当然といえば当然なのだ。

## 長い脚と長いレバー

体が大きくなれば一般に移動速度は増す。たとえば、うちの娘が5歳だったときにはわたしのほうがずっと速く走れた。脚が長い分、1歩の歩幅で稼げる距離がずっと大きかったからだ。移動の効率は体のサイズとともに上がるとよく言われている。わたしが1㎞歩くのに要するエネルギーは、わたしと同じ80kg分のハムスター集団が同じ距離を移動するのに使うエネルギーより少ないという意味だ。しかし、この主張にそれほど強固な根拠があるとはわたしは思わない。体が大きいことの利点のひとつに「移動のコスト」を挙げている本もあるが、ここではその考え方は取らない。

最後にもうひとつ、物理の実験をやってみよう。重いスーツケース（または何か、かなり重いもの）を両手で持ち、腕を曲げてスーツケースを胸に引きつける。次に腕を前に伸ばして、スーツケースを体から遠ざける。するとスーツケースの重みが増したように感じられ、持ち上げたままでいるのが難しくなるだろう。腕を伸ばすことによって、固定された支点（肩）から、重力がスーツケースに作用する点までの距離が増したせいで重く感じるのだ。物理の専門用語でいうと、テコのレバーの長さが増した結果、重い物体に作用する重力によって生じる回転モーメントが増したことになる。要するに、何か重いものを体から遠くに保持するのはきつい仕事なのだ。だから、重い頭をもつゾウやサイの首は短く、ラクダやウマのような首の長い動物は強靭な腱とかなりの筋肉で頭を支えている。こうした点を理解しておくことが、次章で恐竜のとてつもなく長い首について考える際に重要になってくる。

▼ラクダの長い脚は長距離の移動には役立つが、脚が長いせいで、地面の草を食べたり水を飲んだりするために長い首が必要になる。

# 生態学上のいくつかの「法則」

ここまでは、生物のサイズが周囲の世界との相互作用にどう影響するかを見てきた。
ここからは、ほかの動物との相互作用という観点から、サイズがどう影響するのかを考えてみよう。

◀ウサギは、食べたもののエネルギーのうち、ごく一部しか成長や繁殖に振り分けない。その大半は日々の代謝の燃料として使われる。

## 大きくて獰猛な動物は少ない

これは、大きな動物は(一般に)小さな動物より生息密度が低く、また(やはり一般に)肉食動物はその餌食となる動物より生息密度が低いという意味だ。最初の部分はわかりやすい。面積が2エーカー(1エーカーは約4,047㎡)ほど、つまりサッカーのピッチ程度の広さの牧草地を考えてみよう。そこで何頭のロバを飼うことができるだろう? 言い換えると、何頭のロバが必要とする栄養を、その牧草地でまかなえるだろう? 天候や土壌の質次第で、答えはたぶん2頭と8頭の間のどこかになるだろうから、中間を取って5頭としよう。もしロバの代わりにウサギにすれば、同じ牧草地で50羽飼うことができるし、ハムスターなら恐らく500匹飼える。その理由はこの章ですでに述べたことから明らかだ。ロバのような比較的大きな動物はウサギやハムスターよりも代謝総量が大きいので、命を支えるには大きな面積の草地が必要となる。池で飼える魚のサイズと数や、一区画の地面で成長できる植物のサイズと数についても、同じことが言える。大きな生物ほど多くのスペースを必要とする——つまり生息密度が低くなるのだ。生物は限定されたスペースで(たとえばハムスターは牧草地で、魚は池で)生きなければならないので、体の大きな動物ほど個体数は少なくなる。アフリカにいるゾウの個体数がシロアリよりもずっと少ないのは、それが理由だ。

## 食物連鎖は効率が悪い

先ほどの牧草地の草を500匹のハムスターが食べたとする。このハムスターの集団で何羽のフクロウを養えるだろう? たぶん、小さなフクロウ1羽がせいぜいだ。これが、前に述べた2番目の傾向、肉食動物は一般にその獲物よりもずっと個体数が少ないということにつながる。なぜそうなるかというと、食物連鎖を上がる過程でエネルギーの損失が起こるからだ。ハムスターが草から集めるエネルギーのほとんどは代謝に使われたり熱として放出されたりして、成長や繁殖には少ししかつぎ込まれない。つまり草が効率よく新しいハムスターに転換されるわけではないのだ。

▲フクロウは一般に、高い代謝率のための燃料として多くの齧歯類を必要とし、またそれらを捕らえるための広い縄張りを必要とする。

同じように、フクロウがハムスターを新しいフクロウに転換する際の効率もよくない。だからフクロウは食物連鎖の最上位にいる。もし仮にフクロウをエサにする肉食動物がいるとしたら、餌を探すために非常に広い範囲（何十km四方もの範囲）を動き回る必要があり、しかもその縄張りを独り占めしなければ、命をつなぐのに十分なほどのフクロウを見つけることはできないだろう。というわけで、食物連鎖の上位になるほど、動物の個体数は少なくなる。

肉食動物は獲物となる動物よりたいてい体が大きいので、冒頭に述べたふたつの傾向は同時に成り立つことが多い。したがって大型の肉食動物は本当に個体数が少ないことになる。つまり、もしあなたが夜、森に散歩に行けば、オオカミやクマよりウサギやシカに出くわす可能性のほうがずっと高いのだ。

## 島は変則的

大陸から遠く離れた島では、大陸の同じ面積の土地に比べて、生息している生物の種が少ない傾向がある。海を渡って島にコロニーをつくるのは難しいからだ。つまり、島では生存競争がそれほど激しくなく、肉食動物の獲物になるリスクも比較的低い。その結果、島の個体群は本土の近縁種とは異なるサイズに進化することが多い。つまり、島では昆虫や齧歯類のような、大陸では小型の生物が驚くほど大きくなる一方で、ゾウやサイのような本来大型の動物は（もしいれば）小さくなる傾向がある。本土の齧歯類が小さい理由のひとつは肉食動物に追われた際に狭い巣穴に逃げ込むためだが、島に肉食動物がほとんどいなければそうした制約から解き放たれ、大きく成長することができる。同じように、大型の動物は体の大きさを武器にして肉食動物から身を護る必要がないので、それほど大きく成長しなくてもいいのだ。

▲ハワイの島々にはクモがいないため、昆虫を捕らえる生物のための生態的地位（ニッチ）がひとつ空白となった。この空白は、通常は植物しか食べないある種のイモムシが昆虫食になることによって満たされている。

第2章

# 恐竜

誰しも、巨大な動物と言われて一番に頭に浮かぶのは恐竜だろう。それもそのはず、これまでで最大の陸生動物は植物食恐竜なのだ。この章ではまずこの植物食恐竜を詳しく紹介する。これまでに陸上を歩き回っていた最大の肉食動物もまた恐竜だ。この恐るべき肉食恐竜たちに焦点を当て、この章を終えることにする。その途中でしばし足を止めて、こうした恐竜たちがたまたまではなく、なぜ揃ってこれほどの巨体になったのかを考えよう。実にユニークなことに、この古代爬虫類のグループでは巨体が当たり前だったのだ。

# 竜脚類——史上最大の陸生動物

巨大生物についての本なら、史上最大の陸生動物、すなわち竜脚類恐竜から始めるのが筋かもしれない。彼らは2億1,000万年前ころから恐竜時代の終わる6,600万年前にかけて世界中に広く生息し、どこにいようと、たいていはその生息地における最大の動物だった。すべて似たような体のつくりで、長い首と尾を持ち、円柱のような脚で四足歩行をしていたが、さまざまな種類がいて、それぞれ大きさが異なり、生態も微妙に異なっていた。

## 竜脚類の驚くべき統計値

体の大きな種が1ついたというのではなく、竜脚類のグループ全体が大きく、しかもとほうもない巨体が普通だった。重さ30〜40トンはざらで、70〜90トンに達するものさえいた。これから見ていくように恐竜は全体として異常に大きく、竜脚類以外のグループでも飛び抜けて大きな個体が出ることはあった。たとえばトリケラトプスの中には13トンもあったらしい個体がいるし、ハドロサウルス類（マグナパウリア・ラティカドゥスやシャントゥンゴサウルス・ギガンテウスのようなカモノハシ恐竜の仲間）の一部も恐らく、それと同等またはそれ以上の重さがあっただろう。これは最大の陸生哺乳類に匹敵する重さだ（3章参照）。とはいえ、サイズについては、何と言っても竜脚類がずばぬけていた。

ブラキオサウルス・アルティトラクスは、成長しきった段階で体長26m、体重約55トンに及び、ブラキオサウルス属のなかでも一番よく研究されている種だ。ディプロドクス・カルネギイも体長は同じくらいだが、首と尾が非常に長くて胴体がもっと小さかったため、"たったの"12トンしかなかったようだ。ブロントサウルス・エクセルスス（一部の科学者はこの種をアパトサウルス属に移すべきだと考えているが、ここではその問題は取り上げない）は、体長22m、体重25トンだった。

しかし、本当に巨大なのはそれほど有名でない恐竜だ。ティタノサウルス類は最後まで生き残った竜脚類のグループで、そのなかのいくつかの属（パタゴティタン、アルゼンチノサウルス、アラモサウルス、プエルトサウルスなど）には体長37m以上、体重70トン以上に達する個体がいたと考えられている。パタゴティタン・マヨルムについてはごく最近発見されたばかりでまだ完全な調査は済んでいないものの、よい状態の化石から大きさの証拠が得られており、成体は約70トンに達した見込みが高くなってきているようだ。これらの巨大恐竜たちはすべて比較的最近になって発見されたものであり、今後さらに心躍るような発見が期待できる。

**アルゼンチノサウルス**
*Argentinosaurus*
サイズ：体重は最大推定100トン、体長は最大推定40m。

アルゼンチノサウルス属は竜脚類のなかでも最大の部類に属し、したがってこれまでで最大の陸生動物である。完全な骨格がまだ見つかっていないため、正確なサイズについては定かではない。

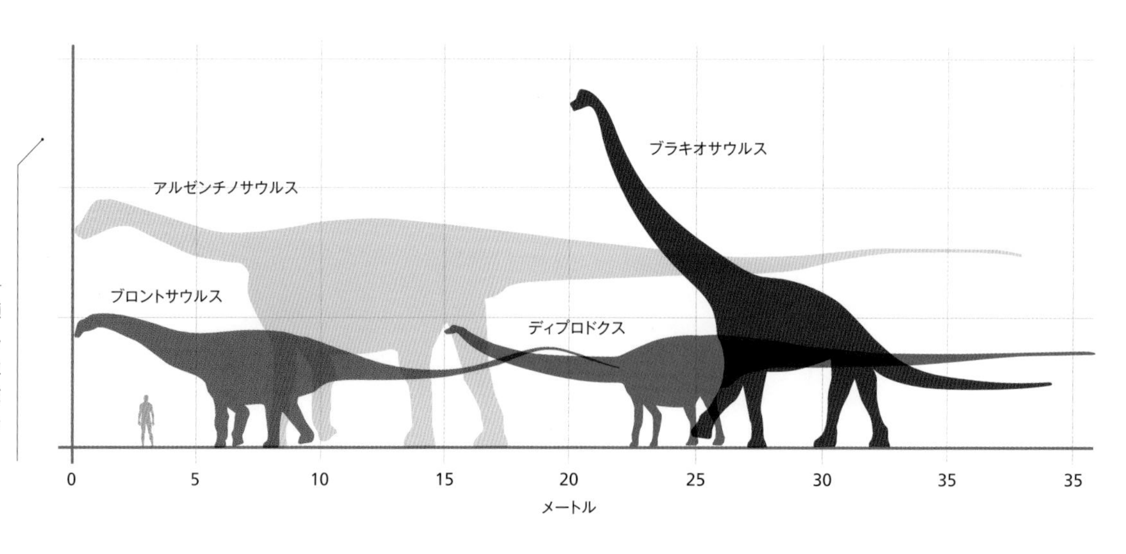

▲体長26m、体重55トンのブラキオサウルス・アルティトラクスは、大きいとはいえ、竜脚類の標準からすれば巨大とは言えない。この種はアルゼンチノサウルスと違ってほぼ完全な骨格が見つかっているため、より正確にサイズを推定できる。サイズの割に首が非常に長く（キリンの3倍、9mもある）、木の高いところの葉を食べることができたと考えられている。

竜脚類にはさらに大きなものがいたという説もあるが、もっと厳密な調査が必要だろう。そうした属のひとつがブルハトカヨサウルス属で、唯一知られている種であるブルハトカヨサウルス・マトレイイは80～100トンあったと推定されている。120トンあったというアンフィコエリアスの名を聞いたことがあるかもしれないが、この属の場合は模式種の化石証拠がすべて失われてしまっている。スケッチやメモだけを根拠にこれが最大の陸生動物だと言われても、あまり信じる気になれないのは無理もないだろう。

## 教訓

一番背の高い竜脚類はサウロポセイドンで、頭を地上18m（およそ6階）の高さまで持ち上げることができた、という研究報告を読んだことはないだろうか。実際にそうだったのかもしれないが、この推定値は、発見された4個の首の椎骨をもとに、もっと完全な骨格が見つかっている別の種と同じような体形だと仮定して算出されたものだ。だが、どの種を比較対象として使うのがベストか、たった4つの椎骨に基づいて決めるのは容易ではないし、その比較がどの程度正しいか（つまり、2つの種の形がどの程度似ていたか）を知ることは不可能だ。したがって、絶滅した動物の姿に関する考えの多くが、わずかな確たる証拠と、多くの（知的な）憶測に基づくものである、ということは忘れてはならない大切なことなのである。

余談ながら、その4個の首の骨はもともと1994年に発見されたのだが、当初は化石化した木の幹の一部だろうと考えられた。どれほど太かったか、想像がつくというものだ。あまり興味をそそらないものとして保管庫にしまわれ、重要なものであることが判明したのは5年後のことだった。保管責任者が、学生のひとりにその「木の幹」を詳しく調べてみてはどうかと言ったことが、きっかけだったという。

## 大きいことの利点

体が大きいと得なことはたくさんある。大きくなればなるほど、彼らを打ち負かして殺すほど強力な肉食動物は少なくなる。肉食動物に仮にその力があったとしても、けがをするリスクを冒してまで襲う価値はないと考えるかもしれない。現代でも、成体のオスのアフリカゾウを殺そうとする肉食動物はほとんどいない。この厚皮動物に挑戦するのはライオンだけで、それもごくまれなことだ。

# 竜脚類の生態

ここで少し時間を取って、竜脚類がなぜそんなにも大きく成長したのか、考えてみよう。
大きくなることにどんな利点があったのか、どんな難題を克服しなければならなかったのか、
そして、このグループがほかのどれよりも大きくなることができたのはどんな環境条件のおかげだったのか。
そうした疑問について考えていくと、この巨大な四足獣がうまく生きていくには、
非常に長い首の先についたかなり小さな頭という体形が不可欠だったとわかる。
また、こうした特徴を竜脚類が実際にどう活用していたかを巡る論争も見てみよう。

▲上:ゾウは背の高さと長い鼻を利用して、木の高いところからエサをとる。
▲下:巨体を利用して枝から果物をふるい落とすこともあれば、木を根こそぎにすることさえある。

体が大きいと、植物食動物はエサを食べる際にいろいろと有利だ。まず、小さな動物には届かない位置にあるものが食べられる。たとえばキリンは高すぎてほかの動物には手が出せない木の若葉を食べることができ、ゾウはその巨体で木をなぎ倒して、てっぺんにあるものを食べることができる。また、体が大きければ内臓を収める空間がたくさんあるので、栄養価の低い食べ物でも、長時間かけて大量に消化できる。それに、食べ物や水のある場所の広さに限りがある場合、巨体にものを言わせて競争相手を押しのけることができる。たとえば、ゾウが水飲み場に来れば、小さな動物はどんなに喉が渇いていても場所を譲る。

大きな体は不利な環境の影響を和らげるのにも役立つ。ラクダが暑い日向を一日中歩き続けられるのは、体の中心部が危険なレベルまで熱せられるのに時間がかかるからだ。これに対してちっぽけな齧歯類が同じ環境に置かれれば、巣穴の外にわずか数分いただけで体温が上がり過ぎる危険がある。また、1章で述べたように代謝率の上昇は体のサイズの増加に比べてゆるやかなので、体の大きな動物のほうが、食べなくても一般に長く持ちこたえることができる。これは不利な天候を乗り切るのに役立つ。体が大きければ歩幅も大きくなるので長距離を移動しやすく、厳しい状況を避けられる可能性も高まる。

こうした利点があるので、大きな個体のほうがつがいの相手として好ましいことになる。すると、少なくとも片方の性において、大きなサイズが選択されるという生殖上の要因が働くだろう。メスを巡ってオス同士が身体的に競い合う種では、特にそうした傾向が成り立つ。大きいことにこうしたさまざまな利点があるとなると、なぜ、小さな動物がこれほどたくさんいるのか、疑問が湧いてくる。明らかに、大きいことにはそれなりの代償もあるに違いない。

◀6,600万年前に海岸だったと思われる場所に残された竜脚類の足跡。その後の地殻変動で垂直面になっている。左右の足跡の幅が非常に狭いことから、足が体の真下にあったことがわかる。ワニのような他の爬虫類は脚を横に広げて這うような歩き方をしていたが、恐竜はすべて、脚が体の下についていた。

## 大きいことの代償

大きいことにはいくつか難点もあり、特に生理機能にしわ寄せが起こった。たとえば竜脚類はただ立っているだけでも多くのエネルギーを使うし、関節に大きな負荷がかかっただろう。走ったりすれば着地の際に足にとほうもない圧力がかかったに違いないので、たぶん走ることはなかったと思われる。急な斜面や、もろかったりすべりやすかったりする地面も避けたに違いない。巨体が地面に叩きつけられれば、相当のダメージを受ける可能性があるからだ。また、あれほどの巨体に血液を送り出すには巨大な心臓が必要だったのも明らかだ。巨体を養うには、大量に食べる必要があっただろう。竜脚類ほどの大きさともなれば、必要を満たせるだけの食料をまかなうには広大な縄張りが必要となる。ところが驚くべきことに、竜脚類が群れで生活していたことを示唆する足跡が残っている。そのような群れは膨大な量の食料を必要としただろうから、この植物食動物にとっては、先に述べたような体の大きさによる採食の際の利点が、本当に大きかったに違いない。

体が大きいことのもうひとつの大きな欠点は、個体というより集団にとっての不利益につながるものだ。個体が大きければ大きいほど、生殖可能になるまで時間がかかる。また、大きければ大きいほど、一定の生息域で生きられる個体数は少なくなる（20ページ参照）。こうしたことから、体の大きな動物のほうが集団絶滅のリスクが高い。言い換えると、小さな集団ほど、偶発的な不運の影響を受けやすくなるのだ。それに、一世代の時間が長いほど、そうしたできごとのあとで個体数が回復するのに時間がかかり、回復する間もなく次の打撃に見舞われることになる。もし厳しい冬が来て、ある地域の齧歯類の90パーセントが死んだとしても、1年もしないうちに数は元通りになる。ところが竜脚類のような大きさの動物だと、個体数の回復には1世紀かかるかもしれない。そのあいだにまた別の災いに見舞われる可能性が大いにある。

▲キリンは長い脚と首を使って、ほかの植物食動物には手が届かない葉を食べることができる。竜脚類の一部も同じようなことができただろう。

## 首による勝利

長い首をもつことは竜脚類であることの必須条件だった。脚が長い動物は地表の高さで食べたり飲んだりするために長い首が必要だが(ウマやラクダのように)、竜脚類はこれを極端に推し進めた。彼らの非常に長い首には2つの利点があった。ひとつは、高いところにあるものを食べられることで、ほかの陸生植物食動物には届かない木のてっぺんの葉を独占できた。もうひとつはもっと低いところにあるものを広範囲に食べられることだ。弧を描くように長い首を動かせば、一歩も動くことなく大量のエサを摂取できる。大きな体の移動回数を減らすことができ、食事に伴うコストを減らせるのだ。この2つの利点のうちどちらがより重要かを巡っては科学誌上で白熱した議論が交わされているが、種によってそれぞれの相対的な重要度が変わるというのが、妥当な答えだろう。竜脚類の一部は首をあまり高く持ち上げられなかったかもしれないし、逆に首を横方向に振ることができなかったものもいたかもしれない。

長い首の動物が直面する問題のひとつに、長いテコの先端では小さな頭の重みしか支えられないという事実がある。そのため、竜脚類の頭部はちっぽけで、歯が少ないか、単純なつくりになっており、食べたものは噛まずに丸呑みにした。前にも述べたように、こうして口では物理的な処理ができなくても、大きな体でその不足を埋め合わせることができた。巨大な消化器系で、時間をかけて化学的な処理をすることができたのだ。

恐竜たちは鳥類に近縁であり、鳥全体の呼吸法はわたしたち人間よりずっと効率がいい(5章参照)。竜脚類も鳥と同じような呼吸器系を持っていた可能性が高く、それが長い首を通じての呼吸を助け、首に空気をたくさん保持することで首を軽くするとともに、呼気中に熱を発散することで体温の上昇を防げたと考えられる。

## 超巨大竜脚類

では、竜脚類はなぜ、ほかのどの陸生動物よりも大きくなったのだろう? すでに詳しく述べたように、この植物食動物が巨大な体をうまく働かせるには、長い首が重要な役目を果たした。そして、その長い首を活用するには、鳥に似た呼吸器系が不可欠だった。大きな動物ほど呼吸回数は少ないものだが、キリンは予想外に高い頻度で呼吸して、鼻から肺まで空気を運ぶ距離が長いという欠点を補っている。竜脚類の場合は空気の輸送距離がそれよりはるかに長いわけだが、鳥類型の呼吸器系のおかげで、その困難を克服できたのかもしれない。竜脚類は化学的な消化(咀嚼できないという欠点を補うため──上記参照)のために巨大な体が必要だった。それに対して、ほかの植物食恐竜は次々に生え替わる新しい歯がぎっしり並んだ大きなデンタルバッテリーという構造を持っていたため、エサを十分にすり潰すことができた。だからそれほどの巨体は必要なかったのだろう。

哺乳類は仔を産むのに対して、竜脚類は卵を産む。それも、巨体に似合わないほどの小さな卵で、サイズはダチョウの卵とそう変わらず、長さ約15cm、重さ1.5kgほどだ。メスの竜脚類は一生に何百あるいは何千という卵を産めたと推測されるが、ゾウやクジラは一度に一頭しか仔を産まず、数年間その仔の世話をしてから、次の出産をする。ゾウが一生に5頭もの仔を育てたとしたら、繁殖の点においては並外れた好成績を残したことになる。もちろん、竜脚類の卵や幼体の多くは生殖可能な年齢に達する前に死んでしまうが、一頭の産む数が非常に多いため、逆境に見舞われたとしても、同等の大きさの哺乳類の場合よりもずっと速く個体数が回復しただろう。

恐竜の代謝率については盛んな議論が交わされてきた。特に関心の的となっているのが、哺乳類や鳥類のように高い代謝率の持ち主だったのか、それとも現存する両生類や爬虫類のように代謝がゆるやかだったのかだ。明確な答えはまだ出ておらず、その答えは非常に複雑だった可能性が高い。代謝率は恐竜のタイプによってさまざまだったかもしれないし、現代の鳥類と爬虫類の中間だったのかもしれない。さらに、一生のあいだに変化した可能性さえある。とはいえ、少なくとも一部の恐竜の代謝率は、現在目にする爬虫類から推定される値よりも高かったという証拠が増えてきている。わたしの考えでは、少なくとも若い竜脚類は代謝率が高く、そのせいでどのような天候下でも活発にエサを食べることができただろう。だからこそ、驚くほどの成長率を発揮して、500gの幼体から30トンの成体にまで、20年かそこらで成長できたのだ。恐竜がそれ以前のどの爬虫類よりも大きくなったのも、高い代謝率で説明がつくと考えられる。

▼ウベラバティタンは
ティタノサウルス類というグループの一員だが、
これは竜脚類系統の最後のグループで、
文字通り最大の種をいくつか含んでいた。

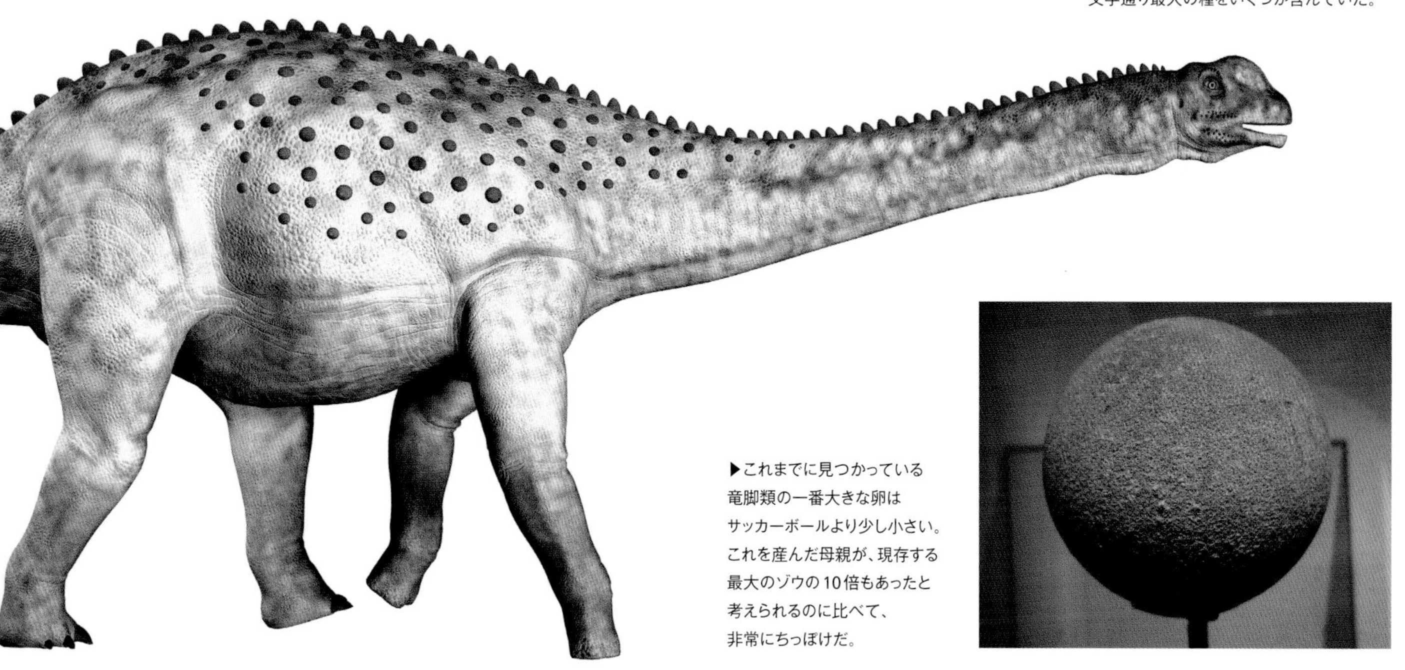

▶これまでに見つかっている
竜脚類の一番大きな卵は
サッカーボールより少し小さい。
これを産んだ母親が、現存する
最大のゾウの10倍もあったと
考えられるのに比べて、
非常にちっぽけだ。

# 巨大な仲間

大きかったのは竜脚類だけではない。恐竜はほとんどの種が巨大な体をしていた。
それにひきかえ、今の時代に生きている動物の大半はちっぽけだ。
別に昆虫に限った話ではない。哺乳類も小さい。次の章で見ていくように、
本当に巨大な陸生哺乳類もいないわけではないが、そうした巨獣はきわめて例外的な存在だ。
コウモリと齧歯類を合わせると哺乳類の半数以上になるが、そのほとんどは25g以下のちっぽけな生物なのだ。
ここでは、すでに知られているさまざまな種のサイズ分布をもとに、
恐竜が現存する動物とどれほどかけ離れているか、見てみよう。

## 小さいのが普通

2012年に英国のロンドン大学クイーンメアリー校のエオイン・オゴーマンとデヴィッド・ホーンが、今の時代に生きている脊椎動物の種それぞれについて、個体の重さの最高記録データを調べるという根気のいる解析を行った。すると、魚類、両生類、爬虫類、鳥類、哺乳類については、多くの種が小さな体を持ち、体が大きい種はごく少数であることがわかった。これはそれほど驚くにはあたらない。先ほど、体が大きい種ほど絶滅のリスクが高いだろうと述べたばかりだ（27ページ参照）。また、大きな動物と違って、小さな体の動物は環境中のあらゆる隅や隙間を利用できるので、使えるスペースがそれだけ多いことになる。環境を多くのニッチに分割して、さまざまな種が共存することもできる。そう考えると、オゴーマンとホーンが発見した事実は完全に筋が通る。しかし彼らが同じ解析を恐竜に対して行ったところ、逆の結果となった。大半の種は巨体で、小さいものは少数だったのだ。

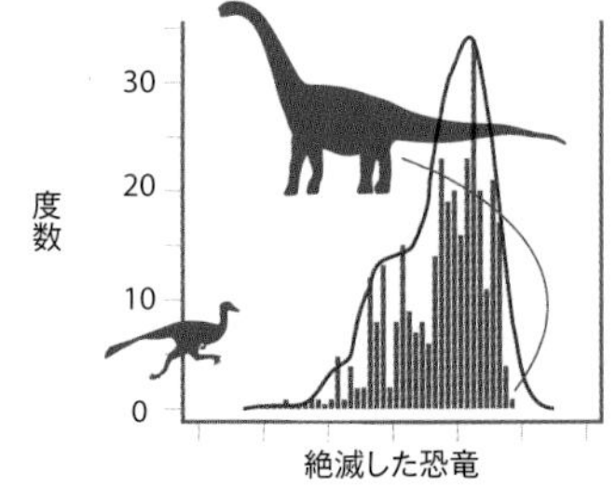


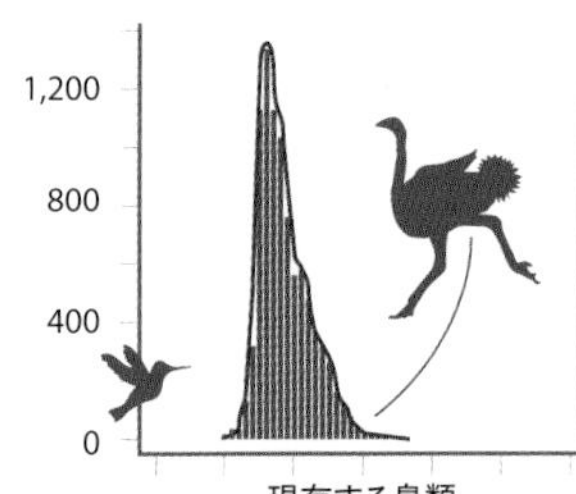


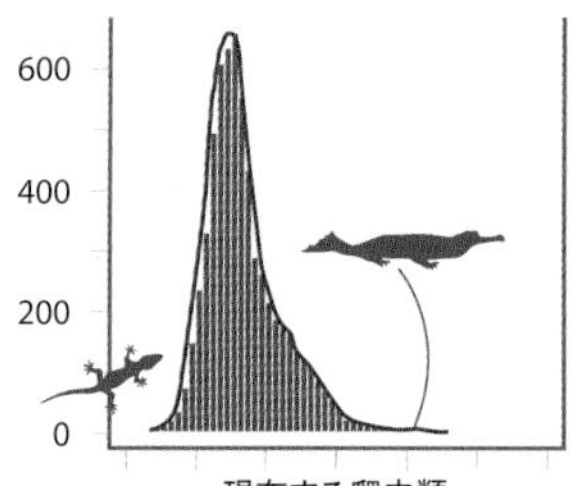


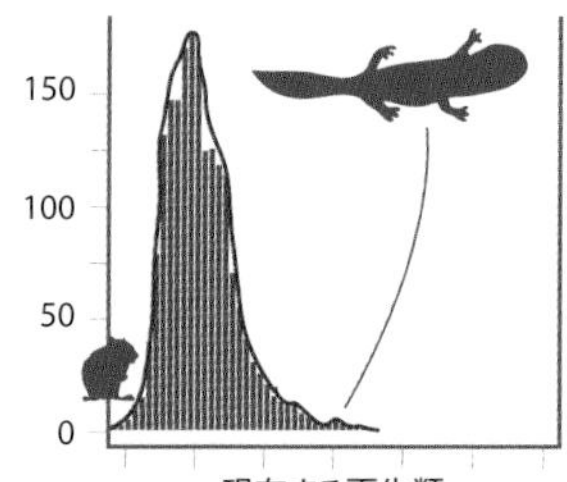


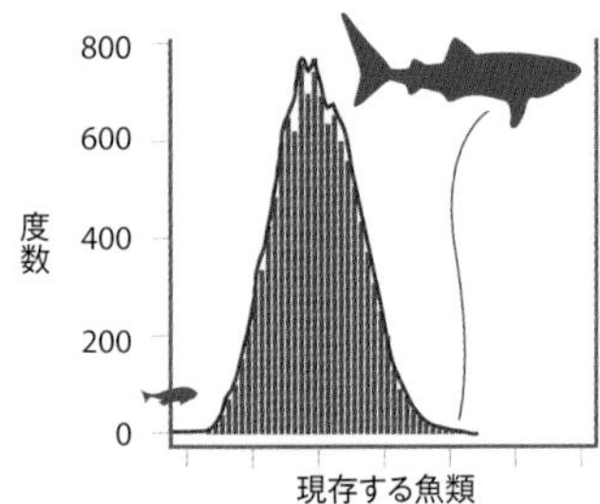


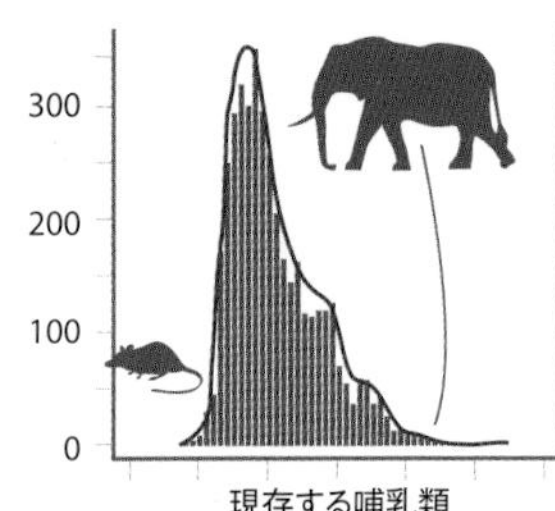


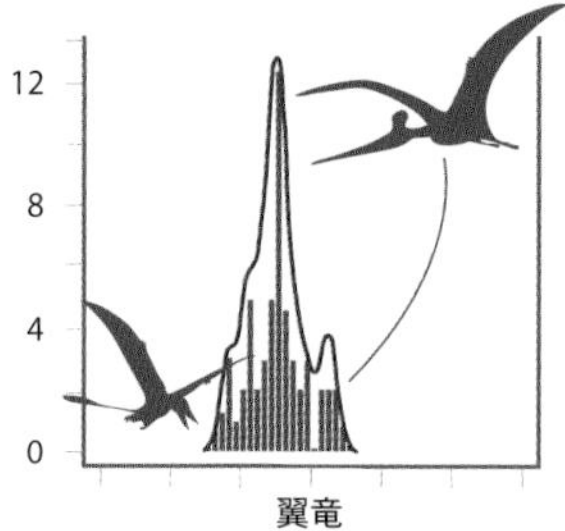


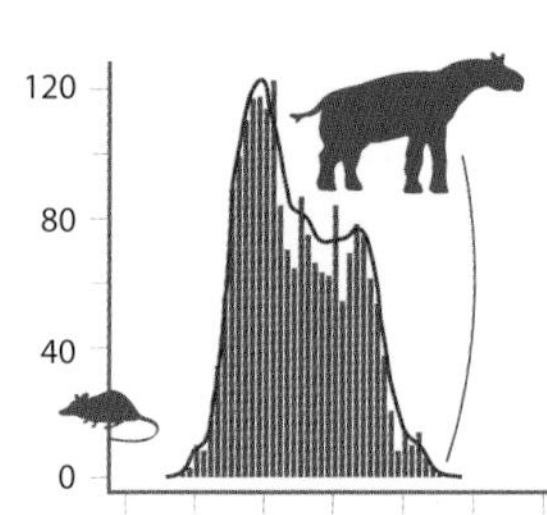


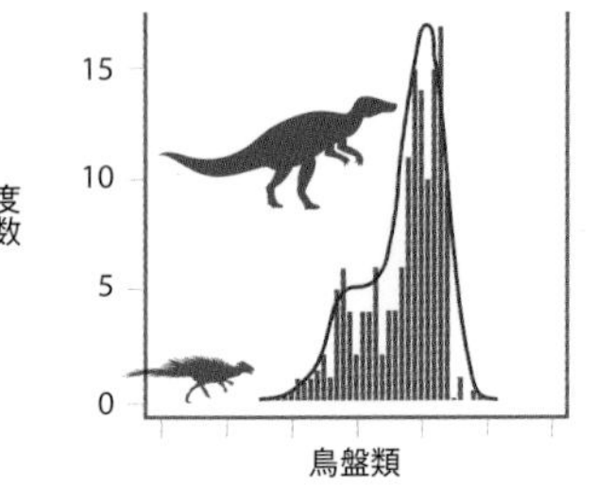


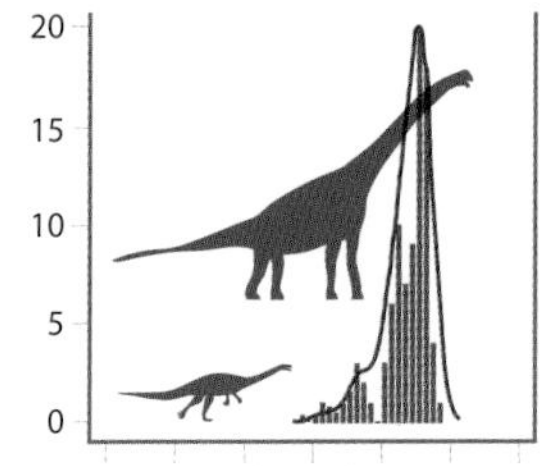


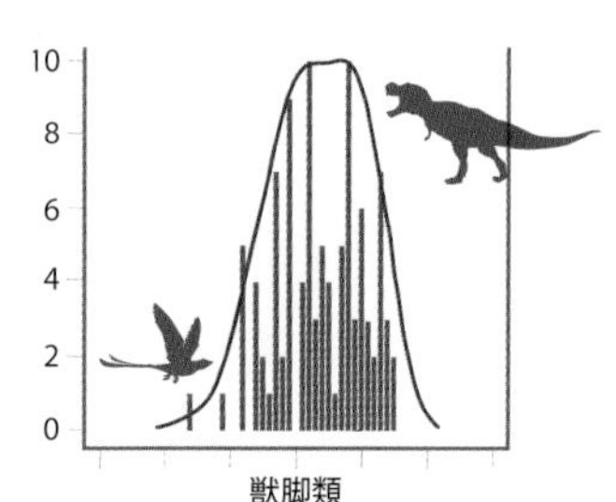


各グラフの棒は狭い範囲で定めた体重階級（単位体重〔g〕の常用対数）に収まる種の数を表す。したがって棒の集合体は、それぞれのグループで成体の大きさが、他と比べてどのような特徴を持つかを示している。

▲いまと同じように、先史時代にも水飲み場は恐竜のさまざまな種を引き寄せたと考えられ、捕食者が待ち伏せする危険な場所だったかもしれない。

## 化石として残るかどうか

このような結果になったのは、小さな動物は大きな動物ほどうまく化石にならないか、化石になっても時とともに地中で粉々になりやすいか、化石採集者に見落とされやすいからだとも考えられる。言い換えると、わたしたちが見ている恐竜の分布は実際の姿ではなくてバイアスのかかったものかもしれない。分布の違いは恐竜の生態の差ではなく、化石発見のプロセス上の差を反映している可能性もある。それを確かめるため、オゴーマンとホーンは化石でしか知られていない別の2つのグループの分布を調べた。翼竜（5章参照）と絶滅した新生代哺乳類だ。すると、分布のようすは現生種と恐竜の中間になった。これは、小さな種に対するバイアスが理由の一部ではあるものの、あくまでも一部にすぎないことを示唆する。恐竜のほとんどが巨大になった、何か独特の事情があるのだ。

## 恐竜のおもなグループ

オゴーマンとホーンの研究では恐竜を3つのおもなグループに分類していた。竜脚類、鳥盤類（トリケラトプスなど）、獣脚類（ティラノサウルス・レックスなど）の3つだ。鳥盤類は竜脚類と同じく植物食で大型になることが多く、3分の1以上が1トンを超える。獣脚類はほとんどが肉食だ。オゴーマンらの解析で、植物食の2つのグループのほうが巨体種の比率が高いことがわかった。そこから彼らは、なぜ小さな恐竜が少ないのかを説明する理論を考えた。

植物食恐竜には、25〜26ページに述べた理由すべてが相まって、大きくなるような選択が働いたのだという仮説が立てられた。29ページで見たように、竜脚類の卵はほかの2つの恐竜グループ同様に、本当に小さい。生まれてから、一生のあいだにサイズが劇的に変化したと考えられる。小さな幼体はたくさんいたが、成体になるまで生き延びるものはわずかだったろう。つまり、体の大きな種の幼体はすべて、通常は体の小さな種が担っている生態学的な役割を引き受けて、肉食恐竜のエサとなっていたのだ。オゴーマンとホーンは、肉食恐竜には巨体への成長を促す圧力が植物食恐竜ほど働かなかったのだと述べている。彼らがエサにしていた動物の大半は植物食恐竜の小さな幼体だったので、大きな体で圧倒する必要はなかったのだ。

というわけで、大半は本当に大きかったという点で、恐竜は並外れた存在だ。少数の変わった種だけが大きかったわけではない。ただし、最大の個体は捕食者ではないという一般原則には従っていた。でも、がっかりする必要はない。本当に巨大な捕食性恐竜もいたのだ！

# 暴君トカゲ

ティラノサウルス・レックス（意味は「暴君トカゲの王様」）は恐らく、一番よく名前の知られた恐竜だろうが、本書で取り上げたのはそれが理由ではない。最大の肉食恐竜だったとも考えられるからだ——もしこれより大きいのがいたとしても、たぶんよく似た、近い関係にある恐竜だっただろう。化石証拠が一番よく見つかっている大型の捕食性恐竜がティラノサウルス・レックスなのは間違いない。化石をつなぎ合わせることによって、どのような姿をしていたかも明らかになっている。しかし、これから見ていくように、暮らしぶりについては不明な点や、科学者のあいだで論争になっている点がかなりある。そう考えると、ほかの古代生物についてはもっと乏しい化石だけをもとにいろいろな憶測が行われているという事実を心に留めておくべきだろう。

## スーと名づけられた巨人

ティラノサウルス・レックスの標本はこれまでに約50体見つかっていて、ほぼ完全な骨格もいくつかある。年代は恐竜時代の終わり（6,800〜6,600年前）の比較的短い期間で、すべて北米大陸西部から出ている。もっと古い時代には、よく似た近縁種が世界中に生息していて、T・レックスより大きなものもいたかもしれないが、大半はずっと小さかった。

いくつかの骨と歯をもとに、T・レックスの存在は1世紀も前から知られていたが、最も完全で大きな骨格は1990年にサウスダコタ州で発見された。見つけたのはアマチュア古生物学者のスー・ヘンドリクソンで、この骨格は彼女の名に因んで「スー」という愛称（メスかオスか不明だったにもかかわらず）で呼ばれ、シカゴのフィールド自然史博物館に展示されている。オークションでの購入額は760万アメリカドルで、恐竜としては史上最高額だった。フィールド博物館は企業や個人に購入のための寄付を呼びかけ、寄付者リストにはディズニーやマクドナルドの名前もある。そうした支援のおかげで、このすばらしい発見が億万長者の家の飾りとならずに、広く一般の人々向けに展示されることになったのは、実に喜ばしい。発見者のヘンドリクソンにも感謝したい。この骨格に名前を与えてくれたにもかかわらず、彼女は1セントも受け取っていない。当時彼女は商業目的の化石発掘団体で働いていたのだが、その団体にさえ、金銭的な見返りはなかった。この化石の帰属を巡っては法廷闘争が起こり、一時FBIが所有することになったものの、最終的には、発見された土地の所有者に帰属するという判決が出たのだった。

**ティラノサウルス・レックス**
*Tyrannosaurus rex*
サイズ：体重6トン以上、
体長12m以上

これは現在までに発見された最高齢、最大のT・レックスの個体のひとつ、“スー”だ。その発見には、「化石は誰のものか」を巡る倫理上、法律上の複雑な経緯がある。

## スーはどれくらい大きかったか

スーの骨は全身のおよそ80パーセントが見つかっているので、体高と体長がはっきりわかる。体高は腰の一番高いところで3.7m、体長は12.3mだ。これまでに発見されたティラノサウルス・レックスの化石のなかでスーが最大である理由のひとつは、化石となって見つかったほかの個体より、ずっと高齢で死んだからだ。化石の骨を輪切りにすると、木の幹にあるような年輪が見られることがある。年輪ができる原因は木の場合と同じようなもので、温帯地域では夏と冬で骨沈着の速度が違うことによる。体内の温度が変動したり、食べるものが変化したり、代謝において、栄養を成長(たとえば骨沈着)と生命維持(たとえば体温を保つ)とにどのように振り分けるかに違いが出る。スーの大きな骨の年輪を数えた結果、死んだときには28歳だったことが判明した。ここからわかることがいくつかある。第一に、この生物たちが明らかに急速に成長すること、第二に、これほど大きい割にかなり短命であることだ。たぶん、弱ったしるし(けが、病気、高齢)を見せたとたんに別のティラノサウルスがやって来て、殺して食べてしまうのだ!

## 不確かな体重

たとえほぼ完全な骨格があったとしても、生息していたときにその恐竜がどれくらいの体重だったかを決めるには、多くの推測を挟まなければいけない。筋肉がどの程度発達していたか、脂肪がどの程度ついていたか、それに、どのような生活をしていたのか(それによって、さまざまな器官がどれくらいの大きさだったかが変わる)といったことは、推測するしかないからだ。スーの場合、現時点で最も正確な推測によると、体重が8.5〜14トンだったとされる。しかしスーは平均よりかなり大きかった可能性が高い。ティラノサウルス・レックスの成体は普通、5〜8トンだったと考えられる。スーは例外的な存在だったわけだが、それでも、これまでで最大のT・レックスとは言えないようだ。別の個体の長さ150cmの頭蓋骨が見つかっており、スーの141cmより明らかに大きい。

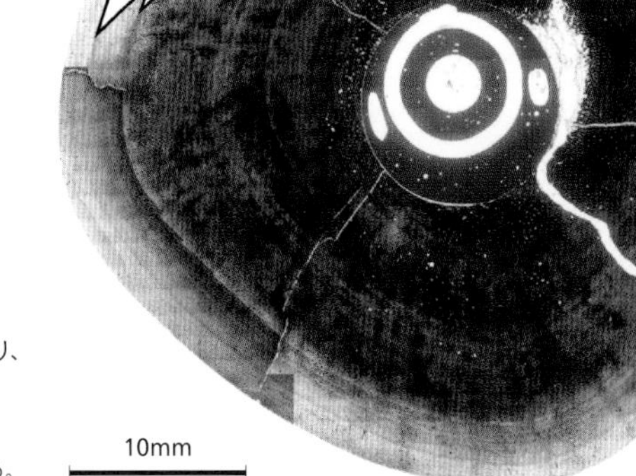


▶木の幹と同じように、動物の太い骨を輪切りにすると同心円状の輪が見られることがあり、それぞれが1年分の成長を示す。したがって、輪を数えることで、その動物が死んだとき、もしくは成長を止めたときに何歳だったかがわかる。

▼ティラノサウルス・レックスの前肢は不釣合いなほどちっぽけで、わたしの腕と同じくらいの長さしかなかった(37ページ参照)。

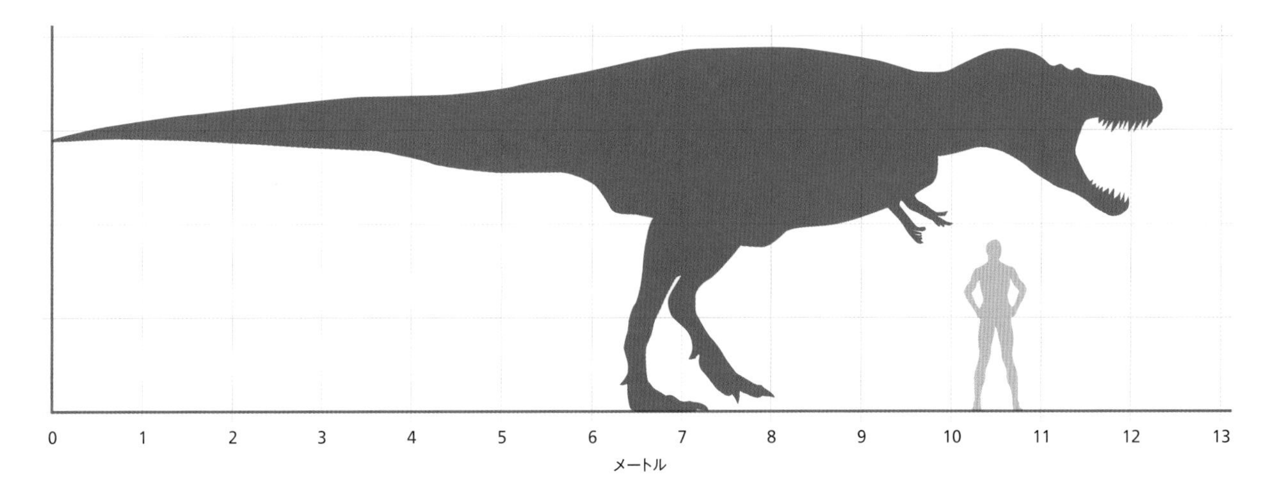

# 恐るべき捕食者

ティラノサウルス・レックスの骨の化石はたくさん見つかっているが、そのライフスタイルを謎解くことは、極めて難しい。T・レックスが真に重量級の捕食者だったことは、すでに述べた通りだ。狩りをする陸生哺乳類のどれよりも大きく、あらゆる種類の陸生の捕食動物より大きかった可能性が高い。実際、T・レックスが絶滅して以来、地上を歩くいかなる種類の動物であれ、匹敵する大きさのものはほとんど記録がない。

◀ティラノサウルス・レックスのおもな武器はこの大きくて頑丈な顎で、咬む力は恐ろしく強力だった。

## 強さと精密さ

ティラノサウルス・レックスで一番印象的なのは、巨大な頭部と、ずらりと並んだ鋭い歯だ。歯の長さは30cmを超えることもある。頭蓋骨の形とその筋肉付着部位から、この爬虫類の咬む力が本当に強かったこともわかる。と言っても、実際にどの程度強力だったのかを算出するにあたっては大量の推測を行う必要があり、推定値は人によってさまざまだ。そのなかでは、3万N（ニュートン）という値が妥当なように思われる。わたしの体重の及ぼす力が約800Nであることを考えると、T・レックスに咬まれたら、成人男性40人が背中に載っているように感じるわけだ！

ティラノサウルス・レックスから隠れるのも、なかなか難しかったようだ。頭蓋骨の調査から、すぐれた嗅覚と聴覚の持ち主だったと推測されるが、視覚はとりわけ鋭敏だったと思われる。わたしたちが1.6km先からかろうじて見ることのできる大きさのものを、T・レックスは6km先から見ることができた。そのうえ両眼視ができたから、奥行きの知覚にもすぐれ、獲物に近づけば狙いをあやまたずに咬みつくことができただろう。

## 羽毛のある悪魔

この20年ほどで、恐竜と鳥類が非常に近い関係にあるという考えを大半の科学者が受け入れるようになった。たまに皮膚の一部が残っている恐竜の化石が見つかり、そこに羽毛があるように見えることがあるのだが、そのなかにはティラノサウルス・レックスと非常に近い種も含まれている。したがって、T・レックスの皮膚に羽毛のようなものがついていたとしてもそれほど意外ではないのだが、筆者の個人的感想としては、現在の鳥類に見られるような分厚い羽毛に覆われていたわけではないと思う。

恐竜に羽毛があったのは、現生鳥類の羽毛や哺乳類の毛皮と同じく断熱のためだと考えている科学者もいる。これは、恐竜が哺乳類や鳥類のように高い代謝を持っていたことを意味する。一部の恐竜の代謝は確かに高かったかもしれないが、わたしには、断熱が唯一の理由とは思えない。羽毛が進化したのはおもにディスプレイのためで、性別や生殖可能であるかどうかを示す標識として重要な役割を果たしていたのではないだろうか。そうだったとするなら、ティラノサウルス・レックスには単に羽毛があっただけでなく、非常にカラフルだったかもしれない。古生物学者の手で保存状態のいいT・レックスの皮膚が発見されるまでは、あくまでもただの憶測にすぎないが。

▲一部の恐竜には羽毛があったという証拠がますます見つかるようになっている。もしティラノサウルス・レックスに羽毛があったとしても、まばらに生えている程度だったと考えられる。このような巨体の場合、分厚い羽毛では体温が上がり過ぎる危険があっただろう。

## 群れで狩りをした?

ティラノサウルス・レックスはいまのライオンのように群れで狩りをしたという、いっそう恐ろしい存在だったのではないかという説がある。小さな幼体が自分たちより大きな動物を集団で襲ったことは十分に考えられるが、成体が群れで狩りをした可能性は低いとわたしは思う。成体の場合、単独で倒せないような獲物は多くなかったから、集団で狩りをする利点はそれほどなかっただろう。それどころか、群れともなれば、全員のエサをまかなうために広大な縄張りが必要となり、かえって不利になっただろう。

▼現在の陸生の腐肉食者は飛んでいるハゲワシのあとを追いかけて獲物を見つける。ティラノサウルス・レックスも、狩りをする翼竜のあとを同じように追ったかもしれない。

# 白亜紀からの難題

ティラノサウルス・レックスのような象徴的な生物の場合、多くの科学者が研究したいと思い、
その暮らしについて薀蓄を傾けた推測を展開したいと望むのは自然なことだろう。
難しい問題にさまざまな科学者がさまざまな方法で取り組んだ結果、当然のことながら、出た結論も異なってしまう。
ここではそうしたケースのいくつかに触れ、それぞれにおいてわたしが一番妥当だと思う説を紹介する。

▼ティラノサウルス・レックスはかつて、尾を引き摺って重々しく歩いていたと想像された。
しかし骨の組み合わせ具合を調べた最新の研究によると、もっと機敏な動きをしていたようだ。

## どれくらい速かったか

ティラノサウルス・レックスは20世紀の大半を通じて、太い後ろ脚と尾を使って三脚のように体を支える直立した姿に描かれてきた。地面に尾を引き摺って、重々しく歩き回っていたと想像されていたのだ。だがいまでは、脚の関節がそうした姿勢に適した形ではないことがわかっている。実はこの恐竜は二足歩行（人間のように2本の足だけで歩く）で、尾は空中に持ち上げていた。尾は巨大で重かったが、脚の前方に掲げられている頭および体と釣合いを取るために必要だったのだ。大きな尾がなかったら、前のほうにつんのめってばかりいたことだろう。

歩きと走りの違いは、歩きでは常に少なくとも1本の足が地面についているのに対して、走りでは体が完全に空中にいる瞬間があることだ。突進するゾウは、4本の足全部が地面から離れる瞬間はないので、実はとても速足で歩いている。ティラノサウルス・レックスほど重い動物ともなると、走れば脚や足に過大な圧力がかかったに違いない、とわたしは思う。だが、脚の長さが3mもあるのだから、走らなくても、たいていの人間より速く前進できただろう。その速度はおおむね時速40キロと推定されていて、一流の短距離走者が理想的な条件で走る速度に匹敵する。とはいえ、われわれ人間がもしT・レックスに追われるようなことになっても、機動性の差で助かるかもしれない。ティラノサウルスは大型タンカーのようなもので、直線コースでは速くても、すぐに向きを変えることはできない。獲物がちょこまかと身をかわし続ければ、強力な顎から逃げられる可能性はある。こ

◀より機敏な姿に復元された
ティラノサウルス・レックスを見ると、
恐るべき顎だけでなく、
大きなかぎ爪のある強靭な後ろ脚もまた、
有効な武器だったことが窺われる。

のことから、T・レックスはたとえば現代のクマのような大小問わず襲う捕食者ではなかったという気がしてならない。自分よりのろまな本当に大きな獲物だけを狙ったのではないだろうか。

## 腕はなぜ ちっぽけだったのか?

ティラノサウルス・レックスは体重が少なくとも5トンあったにもかかわらず、腕の長さは1mしかなかった(因みにわたしの腕はおよそ80cmだ)。ただし、その腕は太い骨と大量の筋肉でできていて、動く範囲が限られていた。これは、頭部を駆動して必殺の一咬みをするまでの間、獲物を抑えつけておくのに十分な性能だ。腕が短かった理由を説明する別の説としては、地面に横たわったあとで起き上がるのを助けるためとか、交尾中に相手をつかまえておくのに役立つというのがある。そうした場面で使われたことも十分に考えられるが、わたしには、もがく獲物を巧みに抑えつける以外の用途には高機能すぎるように見える。

## 捕食者か腐肉食者か

ティラノサウルス・レックスがおもに、あるいは完全に、腐肉食者だったのかどうかを巡る議論が絶えない。なぜいつまでもそんな論争が続くのか、わたしにはさっぱりわからない。T・レックスには明らかに、効果的な狩りをする装備が備わっていた。だが、現在の大型捕食者がみなそうであるように、可能な場合には死骸の腐肉を食べただろうし、自分より小さな捕食者の獲物を横取りしたことだろう。

現代のハゲワシは、もっぱら死体を食べる真正の腐肉食者であるという点で非常に特異な存在だ。ただしこれは、効果的に滑空できる巨大な翼を持つような体に進化して、非常に低コストで長時間、獲物を探して飛べるようになったことによる(5章参照)。おかげで彼らは優秀な腐肉食者になったわけだが、代償もあった。大きな翼のせいで小回りが利かず、狩りをすることができない。獲物に飛びかかれるほど正確に飛んだり着地したりできないのだ。脚のある動物の場合には、そのような二者択一は起こらない。腐肉漁りのための動きと捕食のための動きに矛盾が生ずることはないので、ティラノサウルスを含めどのような動物であれ、腐肉漁り専門になる理由はない。ティラノサウルス・レックスは間違いなく、あなたの悪夢に出てくる獰猛な捕食者なのだ!

▲成体のティラノサウルス・レックスが、すばしこくて警戒心の強い小型の獲物を捕まえられるほど機敏に動けたとは考えられない。もっぱら、このトリケラトプスのような大きな獲物をたまに襲うことにしていたのだろう。

第3章

# 大型哺乳類

巨大恐竜が死に絶えてから、6,600万年ものあいだ、地上最大の動物は常に哺乳類だった。この章では、そのなかでも特に大型の仲間を過去および現在にわたって紹介する。もちろん、これまでに存在した最大の動物はシロナガスクジラ（*Balaenoptera musculus*）で、これもまた哺乳類だ。この生物については次章で詳しく述べるが、水生哺乳類の話に入る前に、ここではゾウに近縁な見過ごされがちなグループについても述べることにする。まずは、現生の最大の陸の動物、アフリカゾウから話を始めよう。

# 巨大なゾウ

わたしが子どものころ、「地球上を歩き回っている一番大きな動物は?」と先生に質問されたとしたら、
「アフリカゾウ」という答えで花丸がもらえたかもしれない。けれども、厳密には、これは正しくない。
その後の遺伝学的研究により、アフリカゾウと考えられていた動物は実際には2種、
つまりサバンナゾウ(ソウゲンゾウ)(*Loxodonta africana*)と、
マルミミゾウ(シンリンゾウ)(*L.cyclotis*)であることがわかったのだ。
この2種は非常に近い関係にあり、人類とチンパンジーの分岐以前の200〜700万年前に分岐した。
2種のうちではサバンナゾウのほうがわずかに大きいので、ここではこちらを中心に見ていくことにしよう。

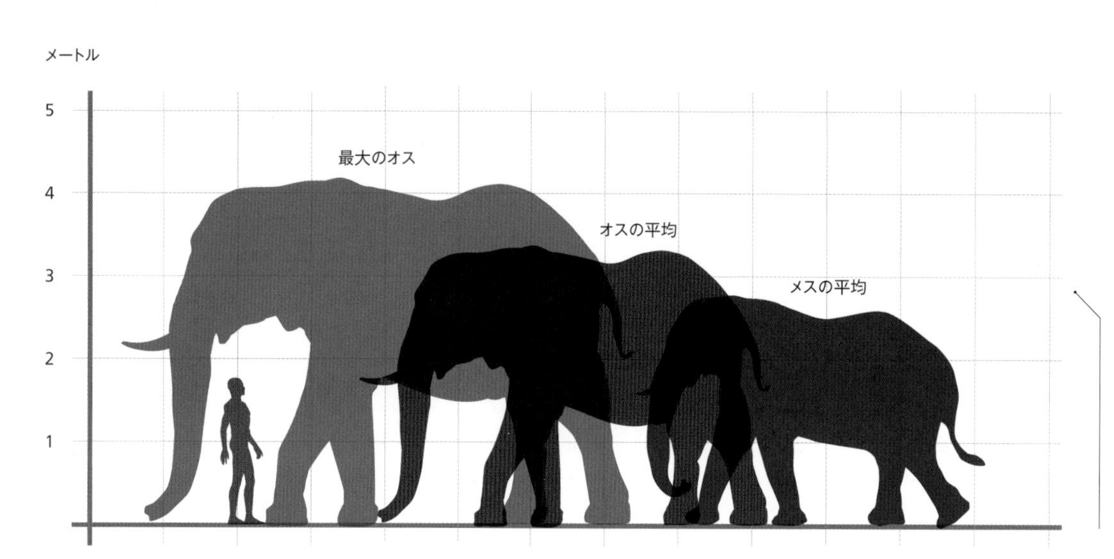


**サバンナゾウ**
*Loxodonta africana*
体重:最大10トン

シルエットは、地球上に現存するこの最大の陸生動物種の平均的な成体のサイズと、既知の最大個体のサイズを示す。

## ゾウの生態

サバンナゾウは非常に大きく、肩の高さは4m近く、体重は10トンをわずかに超える。これに対してマルミミゾウは体重が最大6トン、アジアゾウ(*Elephas maximus*)は最大7トン前後だ。サイやカバ(*Hippopotamus amphibius*)は最大でも3.5トン以下なので、ゾウは文句なく最大の陸生動物であり、その頂点がサバンナゾウということになる。

ゾウの特異な外見のひとつが大きな頭部で、体重の25パーセントにも達する。人間も体の割に大きな頭をしているが、大人では体重の約7パーセントにすぎない。ゾウが大きな頭を必要とするのは、大規模なデンタルバッテリーを収めるためだ。このおかげでゾウは、小枝や樹皮といったあまり食欲をそそらない固いものでもバリバリ食べられる。70年の生涯のあいだに6回も歯が生え替わるのは、そうした固いものでも大量に食べて、エネルギーを摂取する必要があるからだ。頭部が重いのは象牙質の牙を支えるためでもある。牙は食べ物や水を求めて地面を掘るために使われるだけでなく、求愛や攻撃にも使う。大きな頭は木をなぎ倒すのにも便利だ。木をなぎ倒すことで食べ物を手に入れることもあるが、たまたま進路上にあったからなぎ倒すという場合もある。それにしても、これだけ大きな頭をもつと、極めて短い首で頭を支えなければならなくなる。すると頭が前肢のほとんど真上になって、重い頭をスムーズに運ぶのに都合がいい。短い首は食べたり飲んだりするには不便だが、進化の過程で長い鼻を獲得するという素晴らしい方法で、ゾウはこの問題を解決している。柔軟でありながら強靭な長い鼻で食べ物や水を直接口に運べるので、ゾウは頭を動かさなくとも食べたり飲んだりできるのだ。

温帯地域に住む大型の内温動物であるゾウは、体温の過度な上昇という困った問題に直面している。彼らは驚くほど泳ぎがうまく、体を冷やすための水浴びが大好きだ。また、鼻を使って背中に冷たい水や土をかけたりもする。しかし、体温を下げるための適応策として重要な

▲ゾウは非常に社会性が高く、メスは一生、結束の固い同一の群れで過ごすことが多い。

のは、その大きな耳だ。耳には血管が豊富に分布しており、しかも表面積が大きいため、周囲の温度が体温より低いかぎり、対流を通じて熱を発散できる。そのうえ耳はパタパタ動かせるので、耳だけでなく身体の上部にも風を送ることができ、さらに冷却効果が上がる。

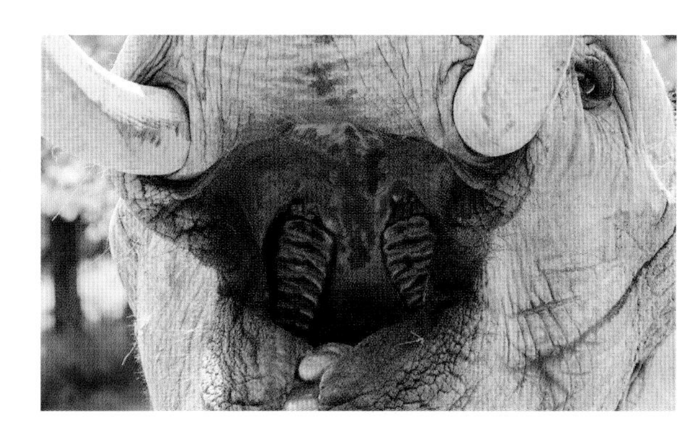
▶生命の維持に必要な大量の食料をすりつぶすため、ゾウは巨大なデンタルバッテリーを必要とする。

博物館でゾウの骨格標本を見るといつも、私たちは絶滅生物を本当に理解できているのだろうか、といましめられているような気がする。そうした生物についてわたしたちが知っていると思っていることのほとんどは、骨に基づく推測だ。骨はほかの組織に比べて化石として残りやすいため、どうしてもそうなる。しかし、ゾウの鼻や外耳にはまったく骨がない。もしゾウが絶滅して骨しか残っていないとしたら、あの独特の耳や、ましてや鼻があったことを思いつくだろうか。わたしよりはるかに有能な科学者なら、思いつくのかもしれない。ゾウの骨格標本は、わたしたちが自分で思っているほどには絶滅した動物の姿を理解していない可能性を教えてくれる。彼らの体の重要な部分には骨がなく、化石には何の痕跡も残っていないのかもしれないのだ。

▼もしゾウが絶滅し、化石化した骨しか研究対象がないとしたら、研究者は彼らが長い鼻や巨大な耳を持っていたと推測できるだろうか?

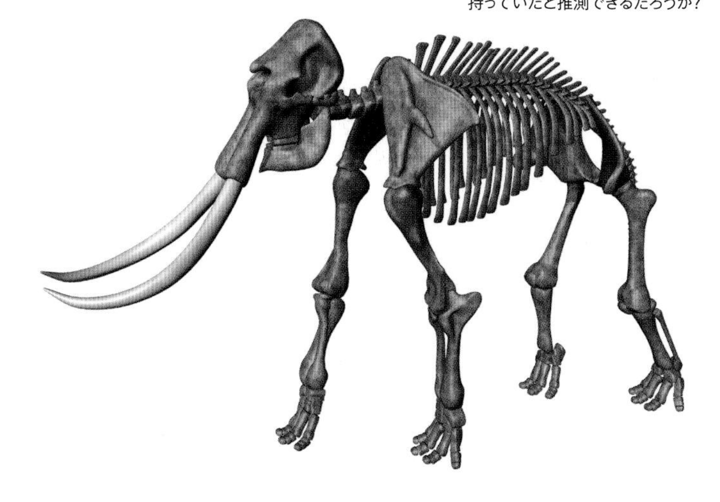

▲ゾウの繁殖率はとても低いが、長期間のていねいな育児でそれを補っている。その点は人間に少し似ている。

## 絶滅の脅威

おとなのサバンナゾウには天敵がいない。ライオンに襲われることはあるが、極めて特殊な状況に限られる。仔ゾウも、常に母親と一緒にいるだけでなく、若い個体や年上のメスからなる非常に結束力の強い群れに囲まれているため、特に攻撃されやすいということはない。たいていのライオンは賢明にも、もっと簡単な獲物を探す。たとえ、ライオンの群れがなんとか仔ゾウを殺したとしても、怒り狂ったゾウの群れに踏みつぶされずに獲物を食べきれる見込みはほとんどない。予想通り、ゾウの最大の敵は人間なのだ。サバンナゾウはゾウのなかでは一番ありふれた種かもしれないが、ある推定によると、個体数が年に8パーセントずつ減っているという。わたしたちの世代のうちに絶滅する可能性が現実にあるのだ。問題の一部は繁殖率が非常に低いことにある。ゾウの妊娠期間は22カ月で、1頭のメスが5年に1度、1頭の仔を産むのがせいぜいだ。これは、仔ゾウは3歳になるまで母親からお乳をもらうことも多いからである(6カ月以降は自分で固形食を食べ始めるが)。メスは10歳から生殖可能になることもあるが、繁殖力のピークは25～45歳のあいだにある。このように繁殖力の低い動物にとっては、捕食される度合いが少しでも上がれば深刻な影響が出るだろう。嘆かわしいことに、人間は、捕食の何倍もの悪影響をもたらしている。

象牙を採るための密猟がゾウの個体数にかなりの悪影響をもたらしているのではないか——誰でもそう考えるだろうが、その推測は正しい。多くのアフリカ諸国が密猟を減らす努力をしてはいるが、難問が山積している。第一に、サバンナゾウの群れは広大な地域に散らばっているうえ、群れを離れたゾウの移動範囲も非常に広いので、完全に保護することは事実上無理だ。第二に、アフリカの大部分には密猟規制に実効力を持たせるための基盤がない。そして第三に、単純な経済的な問題が保護の障害となっている。アフリカには、高価な象牙のもたらす経済的な恩恵のためならば密猟中に撃たれることさえ辞さない人が大勢いるのだ。思うに、象牙に対する需要が高いままなら、アフリカでの密猟を止めることは不可能だろ

▲ゾウの群れは三世代のゾウを含むこともあり、年齢の幅も広い。

▲アフリカの多くの地域で象牙の密猟はゾウの将来にとって深刻な問題となっているが、ゾウに作物を踏みつぶされたり食い荒らされたりする農民との対立も同じように深刻だ。

う。象牙製品を欲しがる考え方そのものを、世界全体で改めることが必要だ。特に、最終的に象牙のほとんどが行き着くアジア地域での変化が欠かせない。わが家には象牙はない。あなたの家もそうであることを願っている。

ゾウが故意に殺害されるのは象牙だけが理由ではない。アフリカ各地で、大物狙いのハンティングはいまだにもうかる商売で、トロフィーとして一番人気が高いのがライオンやゾウなのだ。そうした見事な生物をしとめるチャンスのためなら、何万ドルも払うという人たちもいる。ここでも、必要なのは考え方を変えることだと思う。もしお宅の壁にゾウの頭が飾ってあるなら、わたしをディナーに招待しなくて結構。あなたのトロフィー・ハンティングでアフリカがどれほど潤っているかなんていう自慢話も、聞きたくない。アフリカの人たちのことを気にかけているなら、そのお金を、殺すための見事な動物を見つけてくれる人にではなく、きれいな飲み水を届ける活動をしている慈善団体に渡してほしい。

アフリカの多くの地域では人口が急速に増えており、ますます多くの土地が農地や牧場、宅地として利用されるようになっている。その結果、とにかくゾウがいるのは困るという地域が増えていて、そのこと自体がいろいろな問題をもたらしている。そもそもゾウは「立ち入り禁止」の標識や柵など気にしないので、農民との摩擦が起こりやすい。手ごろな価格の効果的な境界を設けるために資金を投ずる必要がある。こうした境界があれば、問題は比較的簡単に解決するだろう。動物園で見てわかるようにゾウはそれほど身軽なわけではないから、低い壁でも十分、締め出すことができる。もっと独創的なやり方としては、ミツバチの飼育がある。ゾウはミツバチを嫌がるので、ミツバチを飼えば、あまり費用をかけずにゾウを作物から遠ざけることができる。ゾウを故意に殺すことを減らし、歓迎されない場所に近づかないようにさえできれば、アフリカにはゾウの生息に適した場所が十分にある。そうした場所で、数は少なくなったとしても、十分に繁殖可能な個体数が維持できるはずだ。そうすれば、わたしたちの将来の世代も、この地球上最大の陸の動物の姿を楽しむことができるだろう。

▼象牙の密猟を防止するための国際的な支援が広がっている。

# 絶滅したゾウたち

現代のゾウの祖先が初めて現れたのは5,000万年ほど前のことだ。
彼らについて多くのことがわかっているのには、様々な理由がある。
まず、地質学的年代から言えば比較的新しいため、骨を含む地層が壊滅的な変化を受けている可能性が低い。
また大きな骨のほうが損傷を受けにくく、発見もされやすいため、大型動物のほうがいろいろなことがわかる。
だが、ゾウの祖先について特に多くのことがわかっているおもな理由は、
歯が非常によい状態で残っていることと、彼らが現代のゾウのように巨大なデンタルバッテリーをもっていたことにある。
そのうえ、彼らの歯は強い選択圧力にさらされていた。つまり歯は生存に不可欠で、その動物の寿命や食性、
大きさによって形が異なるのだ。従って、歯の形が、個々の種を見分ける信頼性のある指標となるようだ。

## マンモスの仲間

ゾウに近縁な絶滅種の中で、最も有名なのがマンモスだ。約500万年前に現れ、4,000年前という比較的最近に死に絶えた。すべてが巨大だったわけではないが、最大の部類に入る南方マンモス（*Mummuthus meridionalis*）、ステップマンモス（*M.trogontherii*）、コロンビアマンモス（*M.columbi*）は、最大のサバンナゾウ（40ページ参照）よりも少し大きく、12トンほどあったようだ。これらの巨大なマンモスは、アフリカ、アジア、ヨーロッパ、南北アメリカに広く分布していた。北方の種類は密生した長い被毛に覆われ（暖かい地域のマンモスには被毛がない）、ほとんどの種類が、現生のゾウよりも長くて大きくカーブした牙をもっていた。

もっと新しい時代のマンモス、たとえばケナガマンモス（*M.primigenius*）については、非常に詳しいことがわかっている。その理由はおもに2つある。第一に、これらの標本の多くは、アラスカやシベリアのような北方の永久凍土層の中で完全な形で保存されてきた。解凍すると、まるで昨日死んだばかりの死骸のように、軟部組織や胃の内容物、DNAなども調べることができる。科学者にとってはまさに貴重な掘り出し物と言える。そして第二の理由は、これらの動物が人類と同時代に生息していたことだ。古代の人々はその姿を洞窟の壁に描き、持ち運びのできる人工遺物に彫り込んでいる。動物を模した最古の彫像のひとつはマンモスで、ふさわしくも（あるいは皮肉にも）象牙でできている。ひと言で言えば、これらの動物は体のつくりもライフスタイルも、現代のゾウたちに非常によく似ていたようだ。

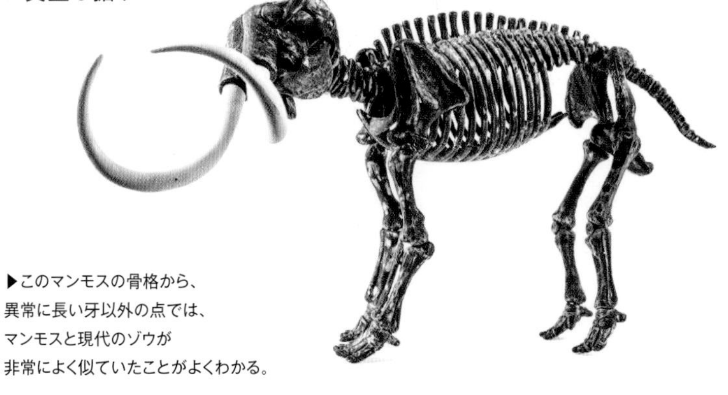

▶このマンモスの骨格から、異常に長い牙以外の点では、マンモスと現代のゾウが非常によく似ていたことがよくわかる。

◀マンモスの死骸の軟部組織が永久凍土の中で並外れて良い状態で保存されていたおかげで、彼らが被毛に覆われていたと断定できる。

## 不利な証拠

なぜマンモスは絶滅してしまったのだろう。その答えは、気候の変化だけが原因、人類だけが原因、その2つの組み合わせが原因の3通りに行き着く。マンモス（およびその他多くの大型動物）がしだいに絶滅に向かったこの2万5,000年のあいだに、氷河期をはじめとする気候変動があったのは確かだ。だがそれ以前の何百万年かのあいだの似たようなできごとに比べて、特に劇的なものではなかった。だからわたしとしては、マンモスの滅亡を気候変動だけのせいにすることはできないと思う。これに対して、人類やわたしたちの直接の祖先は劇的な変化を遂げた――おびただしく数が増えて地球全域に広がり、何よりも技術を発達させた。人類がより広い範囲に渡ってマンモスをより効果的に殺せるようになったために、マンモスは絶滅したのではないだろうか。だがこれは単にわたし個人の考えであって、事実というわけではない。人類が世界のさまざまな地域に進出した時期と、その地域のマンモスが絶滅した時期とのあいだには実際に相関関係があるように思われるが、完璧な相関関係とは言えない。どの地域であれ、この2つのできごとが起きた時期を正確に特定することはできないからだ。確かに、洞窟画などにはマンモス狩りが描かれ、矢尻の刺さったマンモスの死骸が見つかっている。しかし、狩りをしたからといって、皆殺しにしたと決めつけることはできない。過去2万5,000年のあいだ、人類がマンモスを含む多くの大型動物の絶滅に重要な役割を果たしたという決定的証拠はない。それでもわたしは、人類に不利な証拠は数多くあるだろうと思っている。

## マンモスの復元

マンモスからは無傷のDNAが抽出され、全ゲノムのマッピングも済んでいるので、理論的には、生きたマンモスを再び創り出すことは可能だ。ゲノムの90パーセントはアジアゾウと同じで、すでにマンモスの短いDNA鎖をゾウの細胞に導入することに成功している。科学技術の進歩のスピードには驚くべきものがある。1世紀前には核エネルギーのことなど聞いたことさえなく、心臓移植や人類が月に到達することは想像もできなかった。とはいえ、実際にマンモスを蘇らせるとなると、非常に難しくて費用もかかることは間違いない。もし今後100年のあいだに、どこかのテーマパークにマンモスの群れを復活させたとしても、そのあいだにサバンナゾウを絶滅させてしまったとしたら、果たしてそれは公正な交換と言えるのだろうか。もちろん、マンモスの復元が生物学にとって刺激的な研究分野であることは、わたしにもわかる。限られたリソースをマンモスの復活に注ぎ込むべきかどうかは、少なくとも議論してみる価値はあるだろう。

▼地球温暖化によって永久凍土が融けることにより、さらに多くのマンモスの死骸が地表に現れるだろう。

## 南北アメリカ大陸の巨大生物

マストドン（マムート属にまとめられる種の仲間）は、およそ1万年前まで北アメリカおよび中央アメリカに生息していた。ゾウやマンモスの遠縁に当たり、2,700万年前ころに両者と分岐したが、体の構造やライフスタイルは非常に似ていたようだ。マンモスが現代のゾウと同じような歯を持ち、草原の草を食べる生活に特に適していたのに対し、マストドンは森林地帯の木の葉を食べるのに適した歯を持っていた。18世紀に北米のさまざまな場所で巨大な歯が見つかったのが、マストドンの最初の発見例だった。伝えられるところによると、アフリカ人奴隷が、これらの歯とゾウの死体で見た歯との類似性に最初に気づいたという。マストドンは現代のアジアゾウと非常によく似た体型をしていたが、最大の個体は11トンにも達した可能性がある。これらの種の絶滅は、1万7,000年ほど前に人類が北アジアからアメリカ大陸に到達して急速に広がったことと関係がある――わたしがそう言ったとしても、皆さんはそれほど意外だとは思わないだろう。

ゾウに類似したもうひとつの絶滅動物のグループにゴンフォテリウムがいる。1,200～200万年前にかけて北アメリカに広く分布していた。マストドンと違って、500万年ほど前に海面が下がり南北アメリカが陸橋でつながったとき、南アメリカに進出した。このときに起こったのが「アメリカ大陸間大交差」と呼ばれるできごとで、南の動物が北へ、北の動物が南へ移動した。ゴンフォテリウムは、別のゾウに似た動物が北アメリカへ来たのと入れ違いで南アメリカに移動し、そこで9,000～6,000年前ころまで繁栄した。彼らがなぜ絶滅したのか、わたしの考えを改めて繰り返すまでもないだろう。

▼アメベロドン・フリッキ（*Amebelodon fricki*）は、中新世後期（1,100～500万年前）に北アメリカの草原にいた植物食哺乳類。2組の牙をもち、下方の扁平な1組は下顎の前から突き出ていた。これをシャベルのように使って、比較的柔らかい地面から植物の塊茎を掘り出していたと考えられる。

**直牙ゾウ**
*Palaeoloxodon namadicus*
体重：22トン

最近の研究で、これまでに生息していた最大の陸生哺乳類種である可能性が指摘されている。

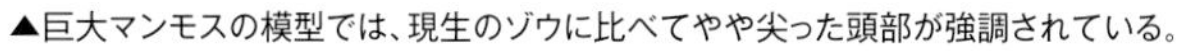

▲巨大マンモスの模型では、現生のゾウに比べてやや尖った頭部が強調されている。

## 最大のゾウの祖先

2016年、アシエル・ララメンディによる「Shoulder Height, Body Mass and Shape of Proboscideans（長鼻類の肩高と体重と体形）」と題するすぐれた研究論文が発表された。お気に入りの検索エンジンに表題を打ち込むだけで、全文をオンラインで無料で読むことができる。長鼻類というのはゾウとその祖先をひとまとめにした呼び名で、ララメンディの論文は、このタイプの絶滅生物のサイズ推定に用いられたさまざまな手法を取り上げ、論評している。絶滅した動物のサイズを推定する場合、不完全な骨格が1体しかないのが普通で、たった1つの骨だけということさえある。つまり、おびただしい仮定の下で、わずかな証拠に基づいて見当を付けることになる。ララメンディはいくつか重要な指摘をしている。

最初の指摘は現代のゾウにとっては嫌なニュースだ。最大のサバンナゾウは一般に10トン前後と推定されているものの、実は、これまでに撃ち殺されてきた超大型個体において体重計測が行われたことは1度もない。それほど重いものを測る装置がどこにでもあるわけではないから、当然だろう。代わりに足の周囲の長さなどを測って、そこから体重を推定する。ララメンディはそうしたデータをもとに、サバンナゾウについては12トンより10.4トンぐらいのほうが妥当だろうと述べている。それでも、現在地球上にいる最大の陸生動物である点に変わりはない。

ララメンディは次に、長鼻類のかなり多くの種が現代のサバンナゾウよりわずかに大きく、体重が11トン前後あったことや、それよりはるかに大きい種もいたことを示す証拠を挙げている。たとえば、マストドンの一種のマムート・ボルソニ（*Mammut borsoni*）のある個体は、体重が14トンあったと推定している。この個体は30歳くらいだったと考えられるが、もし高齢まで生きていたら18トンほどまで成長したかもしれないという。

全ての長鼻類動物のなかで最も大きいのは、直牙ゾウ（*Palaeoloxodon namadicus*）だったように思われる。このゾウはおよそ2万4,000年前まで、インドから日本にかけてのアジア全域に生息していた。1905年にインドで発見された部分骨格は特に巨大で、ララメンディの推定では、生きていたときには22トンもあったらしい。これは長鼻類にとってはビッグニュースだ。以前は、これまでに地球上を歩いた最大の哺乳類は、17トンのサイの祖先（50ページ参照）だと、一般に考えられていたからだ。

# 驚くべきサイの仲間

いま生きているその他の陸生哺乳類で本当に大きいのは、サイとカバだ。
ここでは、現在見られる最大のサイだけでなく、絶滅した近縁種も紹介する。
サイの祖先は、現生種よりも広く世界中に分布し、現代のサイとはかなり異なる本当に巨大な種も含んでいた。

## 現存するサイ

現生のサイは5種いて、そのうちシロサイ（*Ceratotherium simum*）を最大としている資料がほとんどだ。異を唱えるつもりはないが、シロサイの平均的な大きさはインドサイ（*Rhinoceros unicornis*）の平均とそれほど違わない。また、どちらの種についても正確なサイズの記録はほとんどないようだ。すべての種でメスよりオスのほうが重く、代表的なオスの体重はシロサイが2.3トン、インドサイが2.2トンというところらしい。どちらの種でも、3.6トンにも達する特に大きな個体がいることは容易に想像できるし、4トンまたはそれ以上の重さもありうるように思われる。記録に残っている平均サイズが最大であるため、ここではおもにシロサイを中心に取り上げることにするが、インドサイから離れる前にひと言。分厚い皮膚のしわがまるでよろいをまとっているように見えるインドサイは、実にクールだとわたしは思う。

## シロサイ

アフリカにはシロサイとクロサイ（*Diceros bicornis*）がいるが、なぜそう名づけられたのか、不思議だ。2つを見分けるうえで、色はまったく決め手にならない。この2種はよく似ていて、とても近い関係にあり分岐して間もないため、いまだ交配が可能だ。一般にはシロサイのほうが大きいが、成長途中のシロサイと成長しきったクロサイを区別するのは難しいだろう。見分けるには、口の形に注目するのが一番いい。シロサイは地面に生えている草を食べるので、下顎と口が幅広い。これに対してクロサイは木の若葉を食べるので、枝から丹念に葉をむしるのに適した小さな口をしている。

シロサイには亜種が2つあり、それらの名称はより正確である。北方の亜種であるキタシロサイ（*Ceratotherium simum cottoni*）は、東アフリカとサハラ砂漠のすぐ下の中央アフリカ全域に広がっていた。南方の亜種であるミナミシロサイ（*C.s.simum*）の生息域はほぼ南アフリカ共和国に限定されるが、歴史的には南アフリカの他の国々も含まれていて、最

**インドサイ**
*Rhinoceros unicornis*
体重：最大4トン

インドサイは、大きさの平均値ではアフリカのシロサイ（*Ceratherium simum*）にかなわないが、よろいのような皮膚のしわが実に印象的だ。

▲サイの個体は、角のサイズと形で確実に見分けられることが多い。

近になってこれらの国のいくつかにも再び導入することに成功している。キタシロサイについて、広がっていたと過去形を使ったのは、野生のキタシロサイはすでに絶滅した可能性が高いからだ。飼育下におかれた2頭だけが生き残っているが、どちらもメスで、ケニヤにいる。このメスとミナミシロサイのオスとの交配が試みられたが成功しておらず、これらのメスには生殖能力がないように思われる。つまり、キタシロサイは事実上絶滅したことになるのだろう。とはいえ、まったく希望がないわけではない。2008年以降、野生個体に関する確実な報告はないものの、この動物は50歳まで生きることができ、またかなりの巨体だとはいえ、最後に目撃された場所はコンゴ共和国にある5,200㎢もの広さを誇るガランバ国立公園なのだ。この10年のあいだ、辺境の地でつがいのサイが人知れず静かに草を食んできたということもありえなくはない。喜ばしいことに、ミナミシロサイのほうは1世紀前の絶滅の危機を乗り越え、いまでは個体数が2万近くに達している。

**シロサイ**
*Ceratotherium simum*
体重：最大3.6トン

平均して、シロサイの成体はインドサイの成体よりやや大きい。

**クロサイ**
*Diceros bicornis*
体重：最大2.9トン

この種では、顔の正面と口の幅がシロサイより狭いという特徴がある。

## 絶滅した巨大サイ

サイの仲間は何千万年も前から地球上にいて、いまよりずっと広い範囲に分布していた。ここではそのなかでも最大のパラケラテリウム属（*Paraceratherium*）を中心に見て行こう。この仲間は3,400〜2,300万年前にアジアからヨーロッパにかけて広く生息し、これから述べるように、現代のサイ、さらにはゾウよりも大きかった。

このサイの祖先は柔らかい木の葉っぱを食べていたようで、それに適した超筋肉質の上唇、あるいは現代のバクに似た少し長い鼻をもっていたことが、頭蓋骨の形態からうかがわれる。現代のサイと違って、首が比較的長く、ゾウのような長い脚と相まって、高いところのものを食べることができたようだ。そのような長い首をしていたため、大きな頭部をもつことはできず（19ページ参照）、現代のゾウのような巨大な歯はなかっただろう。したがって、繊維の多いものをすりつぶすことはできず、もっぱら柔らかい葉を食べたと考えられる。また角はなく、それも頭部の重さを減らすのに役立っただろう。

多くの一般向け科学書籍が、パラケラテリウムをこれまでに地球上を歩いた最大の陸生哺乳類としている。すでに述べたように（47ページ参照）、アシエル・ララメンディが大型のゾウ祖先種の体重を再検討して、20トンを超えるものもいただろうと指摘している。これに対して、パラケラテリウムの体重は、約1世紀前の初期の推定値では20〜30トンのあいだとされていたが、その後この数値は下方修正された。1993年、フィンランドのヘルシンキ自然史博物館のミカエル・フォルテリウスとテキサス大学のジョン・カッペルマンが、この巨大なサイのサイズをさまざまな方法で推測するという極めて広範囲に及ぶ研究を行ったのだ。科学者が論文の中で別の科学者を直接批判することはなかなかないことだが、彼らの論文の表題にある、「かつて最大の陸生哺乳類と想定された」という表現は、これまでの計算値が過大だったことを最大限礼儀正しく指摘したものと見ることができる。彼らはいくつかの個体の重さを（どの骨と仮定が用いられたかに応じて）92の異なる手法で推定したが、約15トン以上の数値になることはほとんどなかった。一方、ララメンディはみずからが最も信頼できると考える仮定に絞って計算を行い、パラケラテリウムの最大体重は17トン前後であるという考えに至っている。

ここから、次のように結論づけることができる。パラケラテリウムの仲間は確かにきわめて巨大な陸生哺乳類だったが、長鼻類の一部が20トンにも達した可能性があることを考えると、恐らく最大とは言えなかっただろう。これらの巨大なサイがなぜ死に絶えたのか、はっきりしたことはわかっていないが、このころに長鼻類の生息域がアジアにも拡大したように思われる。ここからはわたしの推論だが、柔らかい葉だけでなく線維の多いものも食べられる長鼻類が、生存競争においてこの巨大なサイよりも優位に立ったのではないだろうか。加えて、ゾウのような大きな耳をもたないパラケラテリウムにとっては、体の過熱もより深刻な問題となっただろう。気候の温暖化と、過熱に対する防護策の備わった長鼻類との競争が相まって、この巨大なサイは絶滅に追い込まれたのかもしれない。

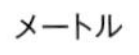


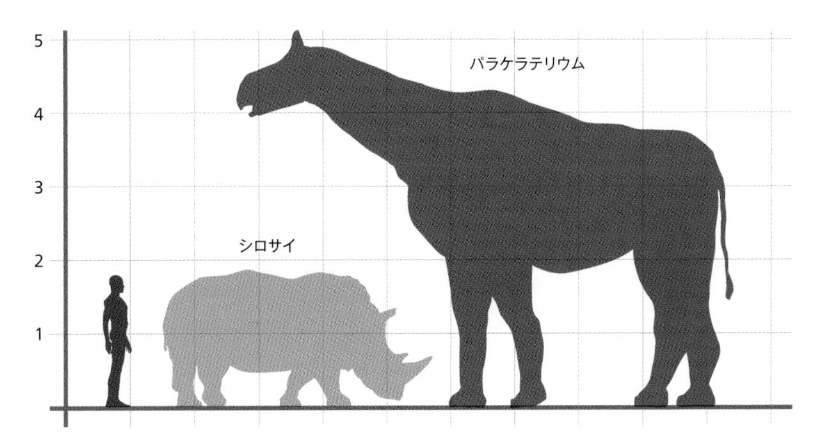

パラケラテリウム
*Paraceratherium*
体重：恐らく最大17トン

この絶滅したサイ属には、これまで最大の陸生哺乳類が含まれると長いあいだ考えられてきた。実際にそうだった可能性もあるが、すでに述べたように、絶滅したゾウの近縁種のなかにはこれに迫るサイズのものや、さらに大きなものがいたかもしれない。このイラストから、こうしたサイの仲間の巨体が、小さな植物食動物には届かないような場所にあるものを食べるのに役立っただけでなく、多くの捕食者から身を護るうえでも有利だったことがうかがわれる。

## 重量級の植物食動物

1章で、植物食動物が肉食動物より大きくなる理由について考察した。ではなぜ、同じ植物食動物でもウサギのような小型の動物よりもサイのような大型の動物のほうが有利なのだろうか？ その答えはかつて考えられたほど明確ではない。サイズが大きければそれだけ消化効率がいいと、これまでは考えられてきた。大きな動物のほうが消化器官により多くの食べ物をより長く保持できるからだ。しかし、チューリッヒ大学のマルクス・クラウスたちの丹念な調査で、現在生きている非常に大きな植物食動物の場合、それは当てはまらないことが明らかになっている。したがって、著しい大進化を促す選択圧はどこか別のところに見つけなければならない。採食に関しては、大きな動物のほうが概して小さな動物より自分の体の蓄えで長く生きられるので（代謝は体重よりも増え方がゆるやかなため。16ページ参照）、有利だ。また、体が大きければよりよい食べ物を探して長距離を移動するのも楽なうえ、小さな動物を威嚇して優先的に食べ物を獲得することができ、高いところのものを食べたり、木をなぎ倒して葉をたべたりもできる。さらに、一部の種については、大きいほうが襲われるリスクが低いという自然選択が原動力となって、何ものにも脅かされることがないほど巨大になったとも考えられる。

また、最大の植物食恐竜がなぜ、最大の植物食哺乳類よりも大きかったのかも考えてみるべきだろう。ひとつの可能性として、過熱の問題がある。哺乳類の代謝をもちながら最大の竜脚類のサイズだったとしたら、体が煮えてしまうだろう。とはいえ、本当の理由は生殖戦略の大幅な違いにあるのではないだろうか。哺乳類の場合、サイズが大きくなればなるほど、仔をつくるのに時間がかかるようになる。ところが竜脚類は比較的小さな卵をいつでもたくさん産むことができる。もちろん竜脚類の仔の死亡率は高いが（たとえば捕食によって）、個体数をごっそり減らすような環境の激変が繰り返し起こったとしても、大型哺乳類より竜脚類のほうがすばやく回復できただろう（特に、その環境変化で捕食者の多くも死んだ場合）。最終的に哺乳類のサイズの上限を決めるのは、干ばつや洪水のような環境の激変があったとき、次の激変が起こる前にその打撃からどれだけすばやく個体数を回復できるか、なのかもしれない。ヒゲクジラにはこれは当てはまらないようだが、彼らは食べ物を巡る競争が問題とならないほど、いつも確実に豊富な食べ物に恵まれている。

# 巨大なカバ

巨大植物食動物の締めくくりとして、カバを取り上げることにしよう。
カバは巨大化に伴う過熱という問題を別の方法で解決した一例で、
日中は水に浸かった状態で過ごし、涼しい夜間だけ水から出て、近くの草原で草を食べる。

**カバ**
*Hippopotamus amphibius*
体重：最大3.2トン

植物食動物であるにもかかわらず、カバは人間を襲って殺す。オスは川沿いの縄張りを侵されると凶暴になることがあるのだ。メスと仔のあいだに立ち入ることも絶対にやめたほうがいい。

## カバの生態

カバはクジラやイルカと非常に近い関係にあり、5,500万年前に両者と分岐した。アフリカのサハラ砂漠以南の地域に広く分布し、草原の近くに浅瀬となだらかな土手のあるところなら、どこにでもいる。現代のカバの祖先はアフリカだけでなくヨーロッパとアジアの全域に広がっていて、現生の個体より少し大きめの個体もいたものの、それほどの違いはなかった。というわけで、ここではいま生きている種を中心に見ていこう。

カバのオスはメスより大きい。またカバはすべて、生涯を通じて成長し続けるようだ。大きなものは2トン前後あるが、例外的に2.7～3.2トンに達する場合もあるという信頼できそうな報告もある。水生動物にしては奇妙なことに泳ぎは得意でない。浮揚性がなく、常に水底に足をつけていて、泳がなければならないような深みにはめったに行かない。耳も目も鼻の孔もすべて頭の高い位置にあるため、立った時に頭のてっぺんだけが水から出るような深さの川や湖を好む。泳ぎが得意でないにもかかわらず、食べること以外はすべて水中で行う。水中で交尾し、水中で出産し、日中、水の中にいるときに授乳する。寝るのも水中で、しかも驚いたことに、鼻の孔を水面に出し続けられないくらいに深い場所で寝ることができる。眠っているカバは数分ごとに前肢を使って体を押し上げ、頭が水の上に出るようにする。すると鼻孔が開いて、息を吐いては吸う。その後また水中に沈むが、そのあいだも目は覚まさない。

## カバは危険？

アフリカではライオンよりカバに殺される人のほうが多いとよく言われるが、そ

▲カバのあくびは仲間に対する合図の一種で、自分の優位性を示すためにすることが多い。

## 南アメリカのカバたち

地球上に現れてから5,500万年、カバが南北アメリカ大陸に広がることはなかった。ところが、快楽麻薬のおかげで、わたしの時代になって事情が変わった。悪名高いコロンビアの麻薬王パブロ・エスコバルが、私設動物園でカバを4頭飼っていたのだ。彼の死後、このカバたちを新しい飼い主に渡すのはあまりに難しいと判断され、世話する者のいなくなった彼の私有地を自由にうろつかせることになった。その結果、4頭が少なくとも40頭に増え、生息範囲を広げ始めた。個体数を抑えるか、地元民がこの新しい居住者と平和にやっていけるようにするための何らかの対策が求められている。もっとも、現実にカバがどれほど危険な生物であろうと、彼らをアメリカ大陸に連れてくる資金を生んだコカインと同じくらい多くの人を殺すには、長い時間がかかるだろう。

の証明は容易ではないだろう。行方不明になった人が本当はどうなったのか、結局わからないままのことが多いからだ。とはいうものの、ライオンが大体2万頭ほどなのに対し、カバは10万頭以上いるうえ、カバは実際にボートや人間を攻撃する。攻撃の理由はふたつある。第一に、オスは水中では極めて縄張り意識が強く、自分に優先権、つまり独占的な交尾の権利があるエリアを死にもの狂いで守ろうとする。そのため、ボートであれ泳ぐ人であれ、そのエリアを通過するものには非常に攻撃的になる。第二に、成熟したカバには大きなライオンやクロコダイルさえ普通は近寄らないが、ひとりでいる幼体のカバは攻撃を受けやすいため、大人のカバ、特に母親は仔を危険から護ろうとする意識が非常に強い。もし夜間に食事中のカバの群れの中にうっかり踏み込み、母親と仔のあいだに入ってしまった場合、最悪の事態となることもありうる。

あの巨体の重みだけでも人間を押し潰して殺すのに十分だが、カバには巨大な前歯もある。よく大きなあくびをして見せびらかしているが、この歯は食事には全く使用せず、闘い、特にオス同士の闘いに使う。皮膚の厚さが5cmもあるため、かなり激しい小競り合いをしても、お互いにたいしたけがをすることもない。この体を守るぶ厚い皮膚と恐るべき歯も、捕食者がカバを敬遠する一因だ。ところが、この歯のせいで、人間の手にかかって死ぬはめになることもある。象牙としての価値が十分にあるからだ。カバは食料としても殺されてきたが、彼らが直面する最大の脅威は、作物を食い荒らされまいとする人間に殺されることと、人口増加のせいで生息地が失われることだ（特に、緩やかな傾斜の土手のある浅瀬と、その近くの良質の草場の両方が必要だと考えると、生息に適した土地は限られる）。

▲カバは完全に水中に沈んだまま数分間歩くことができる。

# 絶滅した南アメリカの巨大生物

▶体重を支える脚の頑丈さからもわかるように、グリプトドンの硬い甲羅は重かったに違いない。骨質の頭と尾も、やはり攻撃に耐える力を高めただろう。

かつて、南アメリカにはいくつかの変わった巨大植物食動物がすんでいた。なかには装甲車のようなものや、これまでに知られている中でも最大級の植物食動物がいたが、そのどちらについてもはるかに小型の子孫がいまも生きている。

▲現代のアルマジロは巨大なグリプトドンの子孫だが、はるかに小型で、骨質の甲羅ではなく革のような外皮をまとい、その中に骨質の層をもっている。

## よろいをまとったグリプトドン

グリプトドンはおよそ250万年前から1万年前まで南アメリカに生息していた。現代のアルマジロと近縁だが、防護のためのよろいが一段と強化されていて、体も巨大だった。なぜかフォルクスワーゲンビートルくらいのサイズと表現されることが多い。ドーム型の甲羅がそんな連想を起こさせるのかもしれない。もちろん、グリプトドンが車と同じくらい大きかったことは間違いなく、最大で体長3m以上、体重は2トンを超えていた。

グリプトドンの甲羅はほとんどの捕食者から身を護ってくれたが、重い甲羅を背負って動くにはそれだけエネルギーを必要としただろう。短くて非常に頑丈な脚が、この余分な重さを運ぶのに役立っただろうが、この脚からすると、短距離走が得意でなかったことは明らかだ。攻撃を受けた際に脚を甲羅の下に隠すことができたが、頭と尾は引っ込めることができなかったため、これらはよろいで覆われていた。巨大なカメを思わせる外見からして、なぜ尾があるのかふしぎに思わずにはいられない。バランスのために必要だったわけではないだろう。最初のヒントとなるのは、一部の種では尾の先端にいくつもトゲがあったという事実だ。尾の筋肉とデザインから、武器として振るうことができたと思われる。中世の武器であるメイス（先端に突起のある棍棒）に少し似ている。捕食者を寄せつけないでおくのに役立ったのかもしれないが、身を護るにはおそらく甲羅だけで十分で、攻撃まで必要になることはほとんどなかっただろう。武器としての尾はむしろ、ほかのグリプトドンに対抗するために使われたようだ。繁殖にかかわるオス同士の争いの際や、あるいは単に、特においしい食べ物のある場所から押しのけられまいとして、尾を振るったのかもしれない。わたしの考えでは、前者のほうがありえそうだ。これほど巨大な動物が、採食中に互いの爪先を踏みつけるほど込み合った群れで生活するとは思えない。それに、食べ物の好みにあまりこだわらなくていいのが、巨体の強みのひとつでもある。

100万年かそれ以上生きたあと、直近のこの5万年のあいだに絶滅したその他多くの大型動物と同じく、グリプトドンの絶滅には人類がかかわっていた可能性が高いようだ。食用肉の供給源となったことに加え、大きな甲羅は長持ちする住まいの材料となったという指摘もある。

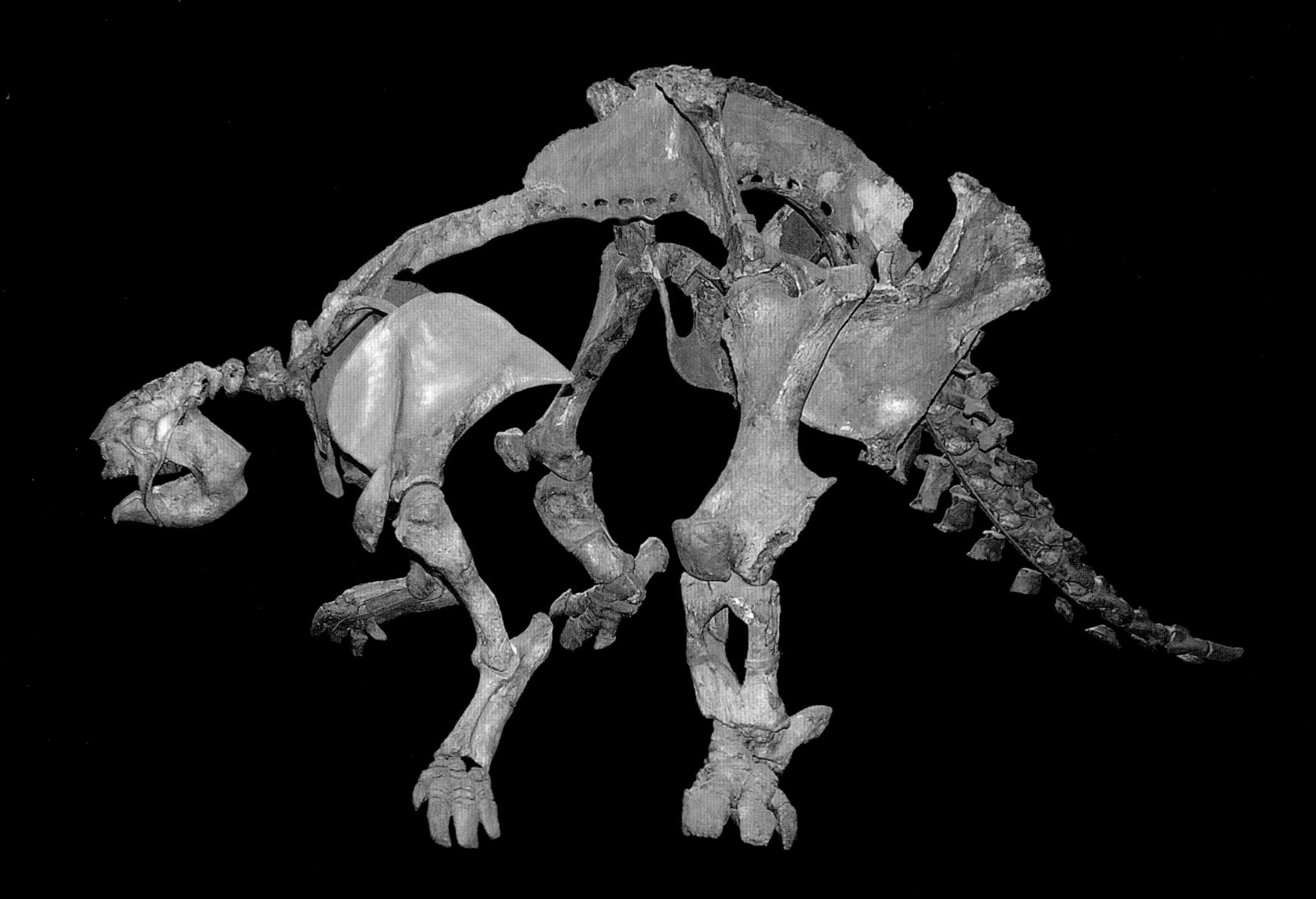

## 巨大な地上性ナマケモノ

ナマケモノと言えば、樹上生活をしていて葉を食べる非常に動きの遅い動物というイメージがあるが、500万年前から1万年前にかけて、南アメリカには地上に暮らす巨大ナマケモノがすんでいた。なかでも興味深いのはメガテリウム属だ。一部の種は極めて巨大で頭から尾までの長さが6m、体重が4トンもあった。しかし本当にユニークなのは、巧みにバランスを取って後肢で立ち上がり、ほかの陸生植物食動物には届かない木の葉を食べたと思われることだ。長くて幅の広い筋肉質の尾がバランスを取るのを助け、立ち上がったときには後肢と尾からなる3点で体重を支えることができた。前肢には非常に長い鉤爪があり、枝を口元まで引き下ろすのに役立ったと考えられる。実際、この爪があまりにも長かったため、爪にだけ体重がかからないように、足の側面を下にして歩く必要があっただろう。現存するアリクイの一種が、そうした歩き方をする。連続した足跡化石からすると、時には後肢だけで歩くことができたらしい。採食時は、二足歩行のまま位置を変えたほうが、体を上げたり下げたりする労力が節約できただろうが、採食時以外では、四足歩行で移動したほうがすばやいうえにエネルギー効率もよかったのではないかと思う。

**メガテリウム**
*Megatherium*
体長：最大6m

地上性ナマケモノの最大のものは現代のゾウくらいのサイズがあり、これまでで最大の陸生動物のうちに入る。あらゆる巨大哺乳類と同じく植物食動物だが、極めて大きな体と強力な腕の先にある大きな鉤爪で、捕食者を確実に撃退できただろう。

ゾウは重い体重による着地の際の衝撃を、非常にクッション性の高い足で吸収している。それを考えると、巨大な地上性ナマケモノは実に巧みにバランスを保っていたに違いない。採食時の後肢立ちをやめるときには、尾で釣合いを取って、前肢をゆっくりと静かに下ろすことができたのだろうと、わたしは考えている。足を、どしんと下ろすことを繰り返せば、前肢に負担がかかりすぎて、頻繁に痛める結果になっただろう。極めて慎重に脚を下ろしたとしても、まったく圧力のかかっていない状態から、4トンもの体重のかなりの部分を支える状態へと移行するわけだから、かなりの負荷がかかったはずだ。採食時にある程度の時間二足歩行のままでいれば、そうした負担が軽減され、繰り返しかかる負荷による怪我を防ぐのに役立っただろう。

巨大地上性ナマケモノの場合も、絶滅には人類がかかわっていたのだろうと思うが、気候変動にも一因があるかもしれない。この動物は繁殖率が低く、持続可能な個体数を支えるには広大な空間が必要だったと考えられる。その点は現代のゾウと同じだ。生息できる土地のわずかな減少さえも、人間の狩りによる死亡率の増加と相まって、絶滅をもたらすには十分だったのだろう。頑丈な槍を使えば、彼らの毛皮のどこでも貫くことができただろうから、グリプトドンを殺すより簡単だったかもしれない。すでに述べたように、前肢の側面で歩くという困難さを考えると、ナマケモノが現代のゾウほどすばやく動けなかったことはほぼ間違いない。それに、その巨体と、大きな枝を引き下げる際に立てる音からして、見つけやすいうえに見失いにくかっただろう。いったん見つければ、脇腹を狙って一突きで十分なダメージを与えることができ、あとは安全な距離を保って、出血多量で弱るのを待てばよかったのだ。

## 相互利益

現代のナマケモノはあらゆることを木の上で行うが、排便は別だ。週に一度、彼らはエネルギーを費やし、捕食者に襲われる危険を冒して地面に下り、ウンチをする。この行動は、どうやらナマケモノガという蛾と関係があるようだ。この蛾の幼虫はナマケモノの糞にだけ見られ、成虫はナマケモノの毛皮にだけ見られる。地面に下りたナマケモノは穴を掘ってその中にウンチをする。このときメスの蛾が毛皮から出て来て、ナマケモノが埋めてしまう前に、新鮮なウンチに卵を産む。孵化したイモムシはこの食料を好きなだけ食べて、地中で完全に成熟する。成熟した蛾はその後飛び立って林冠へと上昇し、ナマケモノを見つけて毛皮に隠れる。こうして、ライフサイクルを完成させる。

もしナマケモノがそのまま木の上で排便して糞を落とせば、蛾は卵を産む場所を見つけるのが難しく、幼虫はフンコロガシなどの競争相手に直面することになるだろう。ナマケモノは木を下りることで、彼らに恩恵を施しているのだ。お返しに蛾もナマケモノに恩恵をもたらす。ナマケモノの毛皮には藻類が生え、そのせいでしばしば緑色に着色して見えるほどだが、ナマケモノはこの藻類を摘み取って食べる。蛾は自分の糞や死骸で毛皮を肥沃にし、藻類の成長を促す。こうして、毛皮に蛾のいるナマケモノはより多くの藻類を得て、葉の食事を補うことができる。蛾とナマケモノはとても奇妙な相利共生関係にあるのだ。

▼地上性ナマケモノは絶滅したが、
樹上性の子孫はいまでも南アメリカに広く生息している。

# ホッキョクグマ

1章で述べたように、巨大な動物は肉食よりむしろ植物食の傾向がある。
そのため、この章ではここまでもっぱら植物食動物を取り上げてきた。しかしここからは大型の肉食哺乳類に目を向けよう。
クロコダイルや大きなヘビは爬虫類の章、ハクジラやシャチは海生の巨大生物の章でそれぞれ取り上げるので、
ここではクマに焦点を合わせ、次に大型のネコ科に目を向ける。
まず、白い毛皮に覆われた北極圏の巨大生物、ホッキョクグマ(*Ursus maritimus*)から見ていこう。

## ホッキョクグマ

北極圏には2~3万頭のホッキョクグマが広く散らばってすんでいる。ホッキョクグマとヒグマは極めて近い関係にあり、時には交配する。温暖な夏にヒグマが北方に遠征し、同時にホッキョクグマが、いつもの狩り場である浮氷の形成が不十分なために代わりの獲物を求めて南方に出向くと、交配が起こりやすい。この交配のせいで、ヒグマとホッキョクグマが分岐した時期を遺伝子サンプルを比較することによって正確に突き止めることは難しい。実際、一部のヒグマは、仲間のヒグマより遺伝的にホッキョクグマに近い場合もあるため、真の意味で別の種と呼ぶことはできないと主張する人々もいる。とはいえ彼らは、体色、採食行動、分布が十分に異なっているので、わたしとしては、別種と見なしても問題はないと思う。

**ホッキョクグマ**
*Ursus maritimus*
体重:最大1トン

ホッキョクグマはアザラシを好んで捕食する。アザラシが空気を求めて浮上したり、氷の上に這い上がったりしたところを捕まえる。

▲ホッキョクグマは水中にいるのが好きで、長距離を泳ぐことができる。

ホッキョクグマとヒグマで異なる点のひとつが、人間を獲物と考えるかどうかだ。これらの種はどちらもたまに人間を殺すことがあるが、そうした状況が起こる原因は異なる。ヒグマは縄張り意識が強く、自分の領域を侵しているように思われる大きなものには、何でも攻撃をしかけることがある。メスも、仔グマが危険にさらされていると感じれば攻撃する。人間の食べ物に引き寄せられ、それを食べるのを邪魔されれば、やはり攻撃することがある。特に、追い詰められたと感じたときには危険だが、脱出ルートが見つかれば一目散に逃げ出すことが多い。だが、ホッキョクグマは違う。好きな獲物はアザラシだが、それが手に入らない場合、空腹ならば人間を含む食べられるもの全てに注意を向ける。そして彼らは、ヒグマと異なり、殺して食べるという明確な意図のもとに積極的に襲うため、ホッキョクグマに襲われた人間のほとんどは致命傷を負うことになる。せめてものなぐさめは、ホッキョクグマがひそかに狩りをすることだ。もし襲われたとしても、身体的な接触があるまで気づかず、気がついた直後には幸いにもすぐに死が訪れるだろう。ホッキョクグマの生息域にあえて入って行く人は極めて少ないので、実際に殺される人はめったにいない（この30年間に北アメリカで殺されたのは2人だけだ）。

ホッキョクグマは非常に大きく、オスのほうがメスより大きい。1960年にアラスカで撃ち殺されたオスは体重が1,002kg、後肢で立ちあがると身長が3.39mもあった。オスの体重は通常350〜450kgだが、600kgに及ぶことも珍しくない。すでに述べたようにアザラシを好んで食べ、その脂肪層を効率よく処理するのに適した消化器官をもっている。アザラシの脂肪層だけを食べて肉を残すこともよくある。さまざまな方法でアザラシを捕まえるが、すべて氷がかかわっている。アザラシは季節ごとに形成される北極の氷の下で獲物を漁ることが多い。氷の下は水の動きが穏やかなうえ、獲物が豊富だ。ただし、氷に開いた穴に定期的に戻って呼吸する必要がある。ホッキョクグマはアザラシがよく使う穴のそばで待ち、呼吸の音や匂いでアザラシの浮上を察知し、巨大な手でピシャリと叩くか、穴に飛び込んで捕まえる。アザラシは時折氷の上に体を引き揚げて休むが、浮氷の端か、飛び込めるほど大きな穴のそばにいて、ホッキョクグマに気づき次第、水中に戻れるようにしている。ホッキョクグマは雪や氷に姿を溶け込ませ、アザラシに察知されないように忍耐強く、とてもゆっくりと忍び寄る。そして水中に飛び込まれる前に捕まえようと、最後は一気に襲いかかる。アザラシは、水から揚がり、雪を掘った横穴の中で出産する。この横穴は時には奥行きが何メートルにもなるが、ホッキョクグマはこれを匂いと音で探知し、巣穴の雪の天井を破壊しようとすることもある。彼らは、1km以上も離れた場所から雪の下1.5mに埋まっている巣穴を嗅ぎつけると言われている。

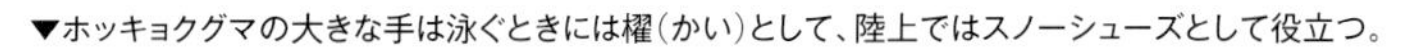

▼ホッキョクグマの大きな手は泳ぐときには櫂（かい）として、陸上ではスノーシューズとして役立つ。

# その他のクマ

ヒグマもやはり陸上の巨大な捕食者だが、ホッキョクグマと違って、
もっと典型的なクマ特有の生態を示す。キタアメリカショートフェイスベア（*Arctodus simus*）や
ホラアナグマ（*Ursus spelaeus*）はさらに大きかったが、どちらもすでに絶滅している。

**コディアックヒグマ**
*Ursus arctos middendorffi*
体重：最大720kg

ヒグマの中で最大となる亜種のひとつで、アラスカ沖のコディアック諸島だけに生息する。北アメリカではヒグマを一般にグリズリーと呼ぶ。

## ヒグマ

すでに述べたように、ヒグマは大きさを含む多くの点でホッキョクグマによく似ている。ただし、生息範囲はまったく異なる。ヒグマは河口から山林までの非常に多様な環境で見られ、北アメリカ、アジア、ヨーロッパの50近い国々に広く分布している。そのため多くの亜種が確認されていて、代表的な大きさがそれぞれ異なる。そのなかではコディアックヒグマ（*Ursus arctos middendorffi*）が最も大きいとされ、アラスカ本土の南部にあるコディアック諸島に3,500頭前後が生息している。記録が残っている中で最大の野生個体は、1894年に射殺された752kgのオスだ。ノースダコタ州ビスマルクのダコタ動物園で飼育されていた“クライド”と呼ばれる個体は、1987年に死んだときには体重が966kgあった。

ヒグマは鉤爪で地面を掘るのが得意で、土中の無脊椎動物や穴にすむ動物、球根や塊茎が食料の重要な部分を占める。さまざまな植物や菌類、そして色んな果物も食べる。動物の死骸の腐肉も重要な栄養源となり、また、小さな齧歯類から大きなシカまで、幅広い獲物を狩る。ヒグマの際立った特徴は食性に関するこのような柔軟性だ。そのせいで、保護対象としてあまり意識されることがないのかもしれない。これは大型肉食獣としては極めて異例のことである。

人間がヒグマに襲われる例は毎年数件あり、しばしば命にかかわる事態になる。ホッキョクグマとは違い、ヒグマは一般に人間を食料として狙うことはない。人間に驚いたクマ（子連れのメスが多い）が、

◀大半のクマ同様にヒグマ（*Ursus arctos*）はえり好みせずにさまざまなものを食べて暮らしている。時にはベリー類、時にはオオカミがしとめた獲物の腐肉、また時にはこの写真のように魚を食べる。

**ホラアナグマ**
*Ursus spelaeus*
体重：恐らく最大950kg

絶滅した大型のクマの一種で、現在生きているホッキョクグマの最大個体と同じくらいの大きさだったと考えられている。

逃げ場がないと感じて襲いかかる場合が多い。ヒグマに襲われないようにするには、鮮やかな色の服を着て、騒々しい音を立てるのが一番だ。そうすればクマはあなたが近くにいるという警告をたっぷり受け取ることができ、離れていく。

ヒグマは畜産農家の悩みの種になることもある。彼らには、ヒツジなどの家畜が魅力的な獲物に見えるのだ。昔からヒツジは大型犬と一緒に飼われるが、これだけでも、もっと楽な方法で獲物を手に入れよう、とヒグマに思わせる効果がある。こうした柔軟な食性の持ち主が人間の残飯にも興味をもつのは当然で、これが厄介で危険な事態を引き起こすこともある。幸い、ヒグマは一般に人間に近づきたがらないので、残飯漁りはそれほどよくある行動ではない。北アメリカでは、ずっと小型のアメリカグマ（*Ursus americanus*）のほうが、ヒグマよりも人間の住む場所に近づきたがる。そのせいで、アメリカでこの種はヒグマと同じくらい多くの死亡者をもたらしている。

## 絶滅した大型のクマ

ショートフェイスベアはおよそ80万年前から1万1,000年ほど前まで北アメリカ全域にすんでいた。現代のホッキョクグマやコディアックヒグマより平均して大きく、最大950kgあったことが遺骸からうかがわれる。一番大きなものは四つん這いの姿勢でわたしの目を正面から見ることができるほどのサイズで、後肢で立ち上がると3.7mに達したかもしれない。そうした巨大なクマが洞窟の壁に残したと思われる爪痕は、床から4.6mもの高さにある。これまでにわかっていることからすると、ショートフェイスベアの生態は現代の適応性のあるヒグマによく似ていたようだ。

ホラアナグマは2万4,000年ほど前までヨーロッパやアジアに生息していた。最大でショートフェイスベアと同じくらいのサイズに達し、生態もだいたい似ていたようだ。絶滅の原因は不明だが、今回は人類がおもな原因となったわけではないようだ。当時、ホラアナグマの生息域では人口がかなり少なかったうえ、洞窟絵画にはホラアナグマはごくまれにしか描かれていない。ホラアナグマという名前は、洞窟の中でよく遺骸が見つかることに由来する。そうした洞窟をすみかにしていたのではないかと思われる。すむのに適した数少ない洞窟が初期の人類やネアンデルタール人に独占され、これによりホラアナグマは絶滅に追い込まれたのかもしれない。ただ、わたしにはそうは思えないし、洞窟絵画にほとんど登場していないこととも一致しない。

# 生粋の捕食者たち

大きなクマは人間を殺すことがあり、人間よりずっと大きな動物にとっても危険な場合があるが、
彼らの繁栄の本当の鍵は柔軟性にある。ヒグマにとっては、狩りと同じくらい果物や植物の根が重要なのだ。
生粋の捕食者というと、最大のものはイヌや、ネコ、ハイエナの仲間だ。
イヌやハイエナの場合、狩りの決め手はチームワークなので、自分がそれほど大きくなくても、
大きな獲物を襲うことができる。一方で、ライオンは別にして、ネコの仲間は通常単独で狩りをする。
ネコの仲間で最大となるトラ(*Panthera tigris*)は、わたしと同程度かさらに大きな獲物を圧倒的なパワーで倒す。
まさに恐るべき捕食者だ。

## トラ

トラの亜種のなかでは、一般にベンガルトラ(*Panthera tigris tigris*)が最も大型とみなされ、オスの成体は普通200kg近くある。19～20世紀を通じてトラ狩りはありふれたスポーツだったので、撃ち殺された巨大な個体のサイズに関するデータが豊富にある。最高記録は1967年に殺されたベンガルトラで、その体重は389kgだ。トラとライオンの大きさには大きな差はないが、平均してトラのほうがやや大きいように思われる。かつて動物園で、この2種を交配させることがブームとなったが、オスのライオンとメスのトラから生まれた混血種(ライガー)はどちらの種の野生個体よりも遥かに大きく、成長すると500kgにもなる。

トラはひそかに狩りをし、90kgほどの動物を狙う。食べ物が豊富なときは、小さな獲物は見過ごし、自分と同等かそれ以上の大きさの獲物を待つ。彼らは恐れ知らずで、ヒグマ(60ページ参照)やヒョウ(*Panthera pardus*)、ハイエナ、オオカミ(*Canis lupus*)、大きなヘビ、クロコダイルといった獰猛な捕食者も不意をついて襲う。こうした行動を取る理由のひとつは、彼らの縄張り意識が非常に強く、獲物をめぐるライバルとなる他の動物を排除することに熱心だからだ。一定のエリアに精通し、獲物が通りそうな待ち伏せ場所を熟知しておく必要があるため、自然と縄張り意識が強くなる。また、トラがどこに潜んでいるかを獲物が予想できないほど広い縄張りが求められる。

人間に迫害されてきた近年の歴史のせいで、たいていのトラは人間には近づかない。ところが、わずかながら特に人間を狙うトラがいる。それらは、病気やけがで体力や敏捷性が落ち、通常好むようなタイプの獲物を倒せないものが多い。とはいえ、わざと人間を襲うのは必ずしも弱ったトラ(あるいはライオン)とは限らない。人間が活動している土地では、彼らの獲物になりそうな大型の野生動物が減る傾向がある。するとバランスが傾いて、故意に人間を襲うようになることがある。実際に人食いトラになるものもいて、ある地域で人間に対する襲撃が異常に増え、ついには特定のトラが射殺される事態になることもある。これは人間の味を覚えたというより、獲物を得るのに有利な場所とテクニックを学習してしまった結果なのだろう。

トラは劇的に数が減っている。原因のひとつは人間が殺しているからで、目的は楽しみのためだったり、伝統薬の需要をまかなうためだったりする。人間や家畜への危険が現実にあると思い込んだことが原因の場合もある。もうひとつの問題は、トラの生息環境にはきびしい条件が求められることだ。個体ごとに大型の獲物が豊富な広い縄張り(少なくとも20㎢)を必要とし、身を隠すのに適した植生や新鮮な水、ねぐらにしたり休んだりするための場所もなくてはならない。人間の侵入によって、そうした場所はますます確保しにくくなっている。トラの生息域はこの100年で93パーセントも縮小

▲ライオン(*Panthera leo*)とトラ(*P. tigris*)の交配種はふんだんなエサのせいもあって巨大なサイズにまで成長し、かつて動物園の人気者だった。

**トラ**
*Panthera tigris*
体重：少なくとも300kg

長くて強靭な犬歯はどんな獲物の皮も貫くことができる。

▲トラは普通、この不運なシカのような大きな体をもつ獲物を襲う。

し、生息数は10万頭から3,000～4,000頭にまで減少したと推定される。さらに悪いことに、この個体群は寸断されていて、生殖可能な個体が250頭以上いる集団はなく、いくつかの集団は極めて少ない個体からなると考えられている。恐らく、いまでは世界中の動物園にいるトラのほうが、野生のトラより多いだろう。とはいえ、野生の象徴であるトラの保護には、かなりの資金が投入され、個体数の減少が止まり安定しているのではないかという希望もある（それでも危機的状況にあることに変わりはないが）。わたしたちはこうした資金援助を続ける必要がある。この堂々たる大型動物がわたしたちの時代に絶滅するようなことになれば、大きな悲劇だ。

▲トラがすむ地域ではどこでも、昔から娯楽としてのトラ狩りが支配階級の者たちに人気だった。

**ライオン**
*Panthera leo*
体重：最大250kg

群れの支配者のオスは、ほかのオスに常にその地位を狙われているため、めったに気を抜けない。

## ライオン

トラについて述べたことはライオンにもほぼ当てはまる。これら2つの種の大きな違いは社会性の有無、つまり群れをつくるかどうかだ。ライオンの群れの大きさは、成熟したライオン3頭から20頭に至るまで幅があり、性比もさまざまだが、一般にメスが圧倒的に多い。群れは通常決まった縄張りをもっているが、単独または2頭で放浪するライオン（若いオスや高齢のオスが多い）もいる。

群れには、しとめた獲物を分け合わなければならないという代償がつきものだ。狩りに協力もせずに食べるときだけ決まって優先権を要求するようなオスのもとでは、この代償はメスにとっては非常につらい。それでもメスがこの状況を受け入れているのは、オスが仔をほかのオスから護ってくれる——自分の子孫である可能性が高いので、身を挺して護ろうとする——からだ。ほかのオスに地位を奪われた場合、奪ったほうのオスは仔を殺す可能性が高い。自分とは血のつながりがない仔を排除して、自分との子孫をつくることにメスを専念させようとするのだ。

群れには、チームとして動くことで、単独ではしとめられない獲物を捕らえられるという利点がある。さらに、群れには一定の保障もある。けがなどで弱ったトラは絶対に食を断たれるが、群れにいるライオンは回復するまでしばらくは獲物を分けてもらうことができる。生息域に関しても、群れのライオンはトラのような厳しい条件を必要としない。獲物の不意をついて倒す点は両者とも同じだが、トラの場合は獲物のすぐ近くまで忍び寄ることができるような身を隠すものを必要とする。一方ライオンは、そこまで完全に隠れなくてもいい。もし1頭が気づかれて取り逃がしても、獲物が逃げ去った先に別のライオンの口が待ち受けていることもあるからだ。そして最後に、群れでいることにより、ハイエナやその他の腐肉漁りに獲物を横取りされにくくなる。

## なんて大きな歯!

絶滅した大型のネコ科は、現代のライオンやトラよりはるかに大きかったわけではない。アメリカライオン(*Panthera leo atrox*)やユーラシアのホラアナライオン(ドウクツライオン、*P. spelaean*)の場合、恐らく10~25パーセント大きかっただけだろう。すでに述べたように、現代のライオンやトラは生存に必要な量を満たせるだけの獲物のいる広大な縄張りを必要とし、大型の捕食者の生息密度は極めて低い。したがって大型のネコ科の祖先には、大きな獲物を倒すこと以外には、巨大になる動機はほとんどなかっただろう。少し前には今よりも巨大な植物食動物が多かったとはいえ、すでに述べたように(20ページ参照)これらの動物自体も生息密度が低かったはずだ。それに、現代のトラやライオンが驚くほど大きな獲物を首尾よくしとめるのを見てもわかるように、現在の大型ネコ科よりもはるかに大きな体に進化することにたいした利点があったとは思えない。

捕食性の哺乳類が少なくとも7回独立に進化させた特徴に、巨大な犬歯がある。そうした犬歯をもつサーベルタイガーの仲間のなかで、最もよく知られたグループがスミロドン属だ。このグループのなかでは、南アメリカのスミロドン・ポプラトール(*Smilodon populator*)が恐らく最大で、体重は400kgに達し、犬歯の長さは28cmもあったようだ。それだけの犬歯ならば骨にぶつかって壊れる可能性もあり、基本的には無用の長物で、小さな獲物を食べる時には邪魔ですらあっただろう。したがって、サーベルタイガーは大型の獲物専門だったと考えられる。大きく開いた口により、獲物の首に深々と歯を突き刺すことができた。著しく強靭な前肢で獲物を抑え込むことで、正確に噛みつくことができたのだろう。いまはもうサーベルタイガーの姿は見られない。この2万5,000年で、獲物となる大型動物が急激に減ったからだ。なぜそうなったのか、わたしの考えを(またもや)繰り返すことはやめておこう。

▲サーベルのような歯は、巨大な獲物にすら、すさまじい損傷を与えるのにうってつけだったと思われる。

◀ライオンは単独では倒せない大きな獲物をチームワークでしとめるが、獲物は分け合わなければならない。

# 忘れられた水生哺乳類

水から一生出ることのない水生哺乳類は何かと訊かれたら、
たぶんクジラやイルカを思い浮かべるだろうが、それらは次の章で取り上げる。
それらとはまったく関係のない哺乳類で、もっぱら水中の暮らしに戻ったグループがある。
それは海牛（カイギュウ）類で、陸生動物のゾウに最も近縁の動物だ。

## 現生の海牛類

現生の海牛類は、ジュゴン（*Dugong dugon*）と3種のマナティー（*Trichechus* 属）がいる。完全植物食性で、川や湿地、沼、沿岸域に生息し、体長4m、体重1,500kgまで成長することがある。植物食性という特徴は、肉食性であるクジラやイルカ、アザラシ、アシカとは対照的だ。クジラやイルカと同じく、その一生を水中で過ごすよう進化し、陸上生活をすることはない。しかしクジラやイルカと違い、陸生哺乳類からどのような進化の過程を経て、現在のような完全水中生活という生活様式を獲得したのかは、かなりよくわかっている。5,000万年前、現在の海牛類の祖先は陸上に生息し、湿地でエサを食べていたが、しだいに泳ぎが得意になって淡水の植物を食べるようになり、ついに4,000万年前には完全に水生動物となった。

現生の海牛類が浅い水域に生息しているのは、そこが彼らのエサである水生植物の豊かな場所であることを思えば驚くにはあたらないだろう（深海は植物の光合成には暗すぎる）。たとえ一番栄養豊富な植物をエサにしていたとしても、それらは硬くて線維質が多く、クジラやイルカが食べる肉食性のエサに比べるとエネルギーに乏しいので、海牛類は摂餌に多くの時間を費やさなければならない。さらに、もうひとつ問題がある。哺乳類なので、呼吸のために水面に浮上する必要があるのだ。この問題に対処すべく、彼らは代謝を低くして呼吸の頻度を下げているのである。さらに、できるだけ浅い海域でエサを採れば、頭を上げるだけで息継ぎができ、すばやく食事に戻れる。また、哺乳類のなかで最も骨の密度が高いため、水底で休んでいるときに、絶えず体が浮かび上がってしまうことを防ぐためにエネルギーを常に使う必要がないのである。代謝率の低さを考えると、海牛類が温かい水域を好むのはそれほど意外ではないが、近年まで、冷水域に生息できる種も存在していた。

**ジュゴン**
*Dugong dugon*
体重：最大1.5トン

このジュゴンの体表にはいくつかの傷跡がある。人間の生活圏に近い比較的浅い海域でエサを食べることが多いため、漁網に絡まったり、船と衝突したりといった被害をこうむることがよくあるからである。

**西インドマナティー**
*Trichechus manatus*
体重：最大1.6トン

動きがゆっくりでおとなしい（好奇心をもって近寄ってくることもある）性格であり、ダイバーはこの巨大生物を間近で眺めるという素晴らしい体験ができることもある。

## 個々の種について

西インドマナティー（*Trichechus manatus*）は、カリブ海全域からその北側へ広がる米国東海岸に生息する。この何十年か、冬期になると原子炉の冷却に使われて温まった水に引き寄せられて、原子力発電所の排出口周辺に集まってくる。マナティーたちにとっては残念なことに、これらの発電所は耐用年数が尽きたため、排熱を生まないもっと効率の良い設備に交換中であり、彼らにとっては全く魅力的な場所ではなくなるであろう。しかし、マナティーたちがこうした冬の避難所に集まることをやめられなくなっているのではないかと心配する科学者もいる。しかしわたしに言わせれば、彼らは避難所がなくなったことにすぐ順応し、冬になればもっと南に移動する習性に戻るだろう。恐らく60歳くらいまで生きる長寿動物のマナティーからすれば、原子力発電所が出現したのはほんの2、3世代前のことである。そのため、それ以前にあった本来の行動パターンが完全に消えてしまうとは考えにくい。

アマゾンマナティー（*Trichechus inunguis*）は、アマゾン川流域だけに生息する。西方に広がる流域では乾季と雨季がはっきりしているため、生息域が季節ごとに劇的に拡大したり縮小したりする。つまり乾季になると、陸地に囲まれた小さな湖に閉じ込められ、食べるものもほとんどない状態で過ごすはめになる個体もいる。しかし代謝率が低いおかげで、水位が再び上昇し広大な水系に脱出できるようになるまで、体に蓄えた脂肪で生き延びることができる。

3番目の種であるアフリカマナティー（*Trichechus senegalensis*）は、アフリカ西岸沿いの河口域や沿岸部に生息する。海牛類全般がそうであるように、彼らは捕食動物（代表的なのが大型のワニとヘビ）と生息地を共有している。ただし、成体が襲われることはまれか、ほとんどないであろう。あの巨体と、尾で強力な打撃を加えることができるおかげに違いない。幼いマナティーのほうが襲われやすいようだが、まだ詳細に調査されたことはない。

ジュゴンはインド洋沿岸から太平洋西縁海域に分布する。川で見つかったことはなく、完全に海洋性である。調査によると、当初考えられていたような厳密な植物食性ではないらしい。植物が主食であることは間違いないが、機会があれば無脊椎動物も食べ、漁網から魚を盗むこともある。

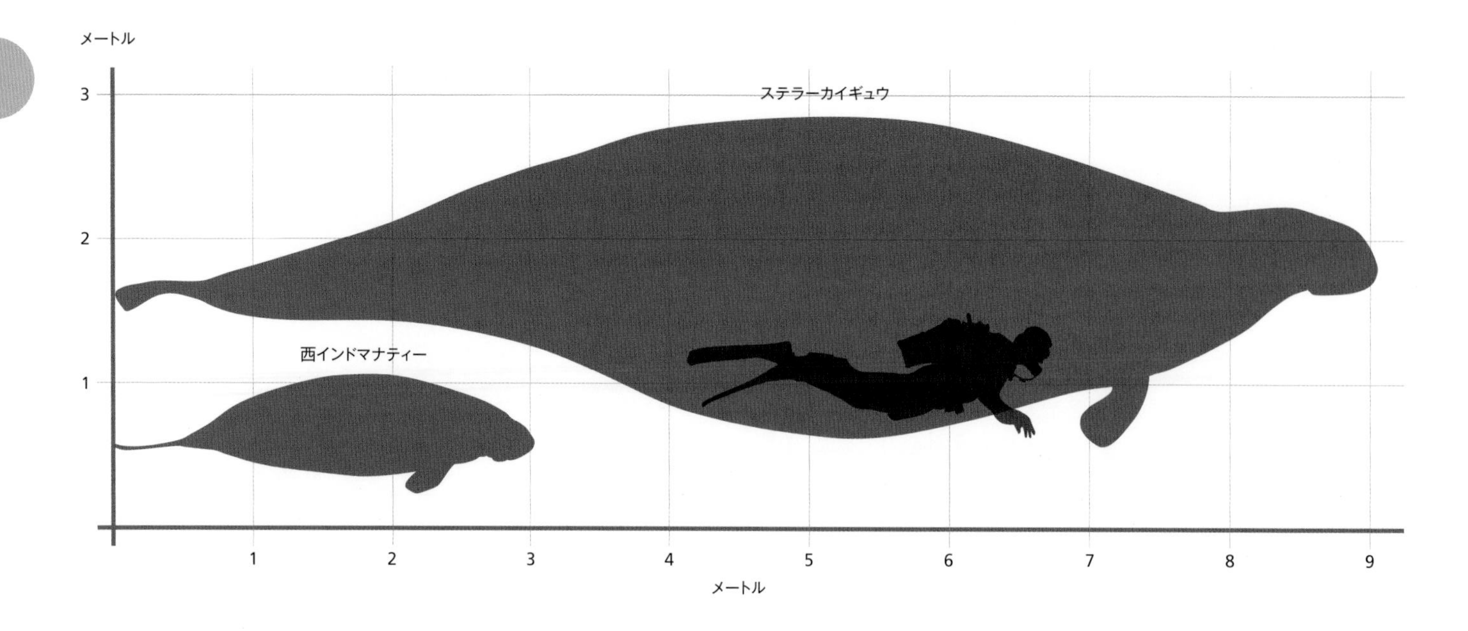


## IUCNレッドリスト
## 保全状態：危急

海牛は沿岸域や河口域、川流域を好んで生息するため、どうしても人間とより近くで接触するようになることは容易に想像できる。どの種も肉や油、骨（医薬用）、分厚い皮（衣類や靴用）を得るために漁の対象となってきた。動きが遅く、一般に好奇心が強いため、簡単に捕獲されてしまう。こうした特性のため船との衝突も起こしやすく、特に西インドマナティーの場合はけがや死亡の大きな原因となっている。また彼らの生息域は沿岸開発や環境汚染の影響も受けやすい。世界のあちこちの動物園で見ることができるが、飼育は容易ではなく、来園者にとってそれほど魅力的な存在でもない。本来の生息域でシュノーケリングをしながら観察するのが一番いい方法だろう。好奇心旺盛だが、人間が近くまで寄ったとしても決して攻撃してくることはない。

## ステラー海牛

ステラー海牛（*Hydrodamalis gigas*）は、1741年に発見され1768年には絶滅した。海牛類の中では最も大きな種であり、体長は9m、体重は8～10トンに達した。他の海牛類とは違い、もっぱら冷たい水域を好み、ロシアとアラスカのあいだにあるコマンドル諸島沖にだけ生息していた。その後発見された骨から、かつてはもっと広範囲に分布していたことがうかがわれるが、その範囲はどこまでなのか、なぜコマンドル諸島周辺に集中して生息していたのかについては、ほとんどわかっていない。

ステラー海牛の巨体は冷たい水域への適応策と見ることができる。体を大きくすることで、体積に比べ表面積が小さくなるようにしたのだろう。比較的厚い脂肪層によって熱の損失が少なくなったばかりか浮力も得られたため、海面や海面近くのケルプの葉を食べることができた。ゆっくり動きながら海面でエサを食べていたため、船乗りにとっては格好の獲物だった。その肉はエサのケルプの塩分が高濃度であったことが影響し、異常なほど長期間、新鮮さを保てたようである。発見当時は約1,500頭いたと推定されていたが、不毛な海域においてこれほど簡単に船の必需品を補給する手段が見つかったというニュースが瞬く間に広がってしまった結果、非常に短期間で全滅してしまった。残っているのは、いくつかの博物館にほぼ完全な全身骨格30体および頭骨7個と、ドイツ人博物学者ゲオルク・ステラーによる原著報告に関連した標本だけである。報告には、ステラー海牛の体の構造、行動や肉の味などが記載されている（囲み参照）。

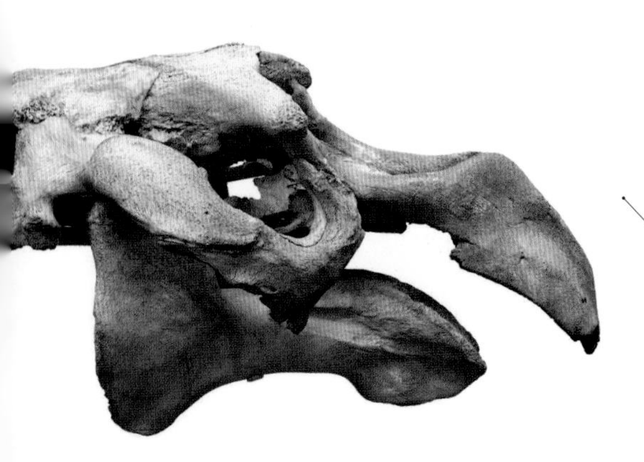

**ステラーカイギュウ**
*Hydrodamalis gigas*
体重：恐らく最大10トン

現在のジュゴン科と同じように、彼らの頭骨の吻部は下向きであり、海藻などをくわえてむしり取るのに役立つようである。

## ステラー氏とベーリング氏

デンマーク生まれのヴィトゥス・ベーリング（1681〜1741）はロシア海軍の士官で探検家であったが、1741年、ドイツ人博物学者のゲオルク・ステラー（1709〜56）と共に、アジア大陸とアメリカ大陸を繋ぐ地域の地理を調べる航海に乗り出した。ステラーはこの探険旅行に科学者兼医者として参加した。ところが帰りの航海で、のちにベーリング海と呼ばれる海域で嵐にみまわれ、船が沈み、ベーリングを含め多くの兵士が命を落とした。生き残った者も、漂着した地が実は島――のちにベーリング島と呼ばれる――であったことを知り、歩いて脱出する見込みも全くなかった上、通りかかる船に発見されるチャンスもわずかであることを悟った。しかし、船の残骸から新しい船をつくり上げ、最終的には帰国することができた。

島で過ごした数ヶ月のあいだ、ステラーは野生生物を丹念に記録した。そこには、ステラー海牛の唯一の観察記録も含まれている。難破した船員たちは地元住民以外で初めてこの動物を捕獲したのだが、この事がなければ、長い航海ですでに弱っていた彼らは生き延びられなかったのかもしれない。彼らが帰国すると、ベーリング海の島々とその食料補給量に関する情報は、毛皮の採集と売買に従事するためその海域を航海していた多くの船乗りたちの大きな関心の的となった。

一方、ステラーはアジア大陸の最東端に沿って広範囲を旅し、その土地の人々を研究した。彼らに対するロシア政府の扱いに懸念をもったために政府に疎まれ、反乱を扇動したとして投獄されるのを間一髪で逃れたが、その直後に死亡してしまった。ステラーよりもベーリングの名前が地図上で多く見られるのは、そうした事情からであろう。ステラーの自然観察記録は死後に出版され、ステラー海牛のほかカケス、オオワシ、アシカ、ケワタガモそれぞれの英名に、彼の名前が付けられている。またステラーは最大の鵜も発見している。メガネ状の斑紋のあるベーリング島のメガネウ（*Phalacrocorax perspicillatus*）である。ほとんど飛べない“美味な”鳥と描写されたこの鳥も結局ステラー海牛とほぼ同じ時期に同じ運命をたどり、絶滅している。

▼完全な骨格が30体ほど見つかっているだけでなく、現存する近縁種がだいたい似たような形をしていることから、生きていたときのステラーカイギュウのようすはかなり正確に推測できる。

第4章

# 大洋の巨大生物

１章で述べたように、重い体重を支える負担は浮力の働きで大幅に軽減されるので、巨大生物を探すなら、何と言っても海だろう。シロナガスクジラは現存する最も大きな動物というだけでなく、わかっているかぎりでは、これまでに存在したあらゆる動物のなかでも最大だ。魚類にも息を呑むほど大きなものがいるし、現生の最大の爬虫類もやはり泳ぐ生物だ。しかし、現代のウミガメ類やワニ類は８章で取り上げることにして、ここでは彼らのもっと大きな祖先たちに目を向けよう。

# 優しい巨人たち

サメには恐ろしいイメージがつきものだが、サメのなかでも最大の仲間は人間にはまったく害がない。
彼らは真の意味での捕食者ではなく、大量の水から微小な生物や魚卵を濾し取って食べる。
捕食者は獲物を力で圧倒できるほど大きくなければならないが、獲物が出し抜けないほど大きくはない。
それが自然の摂理というものだ。これに対して、濾過摂食をする動物には、
獲物に対する相対的な大きさに何の制約もない。
それどころか、巨体には、たとえば捕食しようとする相手を思いとどまらせるといった利点がある。

## 巨大な魚

ジンベイザメ（*Rhincodon typus*）は6,000万年にわたって世界の温かい海を悠々と泳いできた。この温和な巨大生物は口を大きく開けてゆっくり泳ぎ、大量の水を吸い込んで、首に当たる場所の周囲にある鰓裂（さいれつ）から排出する。魚にはすべて、水から酸素を吸収するための鰓（えら）があるが、一般に鰓の前には保護装置があって、脆弱な構造を傷つける恐れのあるものを濾し取る。というわけで、進化によってこの構造が水中に浮遊しているほぼあらゆるものを効率よく集められるように変化したことは容易に想像がつく。きれいな海では水中にあるものはほとんどが食べられるものなので、時々、フィルターに溜まったものを咳のような動きでふるい落とし、呑み込む。エサが特に豊富な場所では泳ぐ必要さえなく、じっとしたまま、大量の水を繰り返し吸い込むだけでいい。吸い込まれた水は周囲の新しい海水で置き換えられ、それとともにエサも新たに補充される。

ジンベイザメは巨大だ。信頼の置ける測定値によれば、最高は体長が12.6m（小型車3台をぴったり縦に並べた長さ）、体重が21.5トン（小型車15台分を少々超える）だった。この穏やかな巨大生物は温かい赤道海域のいたるところに出没するが、たいていは沖合にとどまっているようだ。もし出くわしたとしても、若い個体はダイバーに興味を示すことが知られているがこれまで人間に害を及ぼしたことはなく、大きな個体はダイバーが接近しても一般に無関心であることを思い出そう。

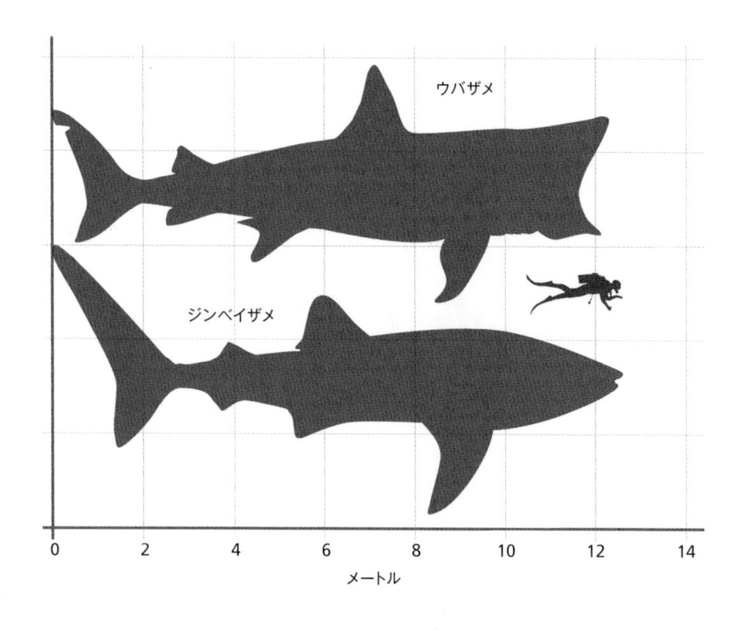


## 海面で日光浴

ウバザメ（*Cetorhinus maximus*）は世界で2番目に大きな魚類だ。形やライフスタイルはジンベイザメとだいたい同じだが、近縁ではない。この2種は海を自分たちのあいだで分け、ジンベイザメが赤道近くの温かい海に分布し、ウバザメはそれより水温の低い温帯の海に分布する。最大のウバザメは1851年にカナダ沖でニシン漁の網にかかった個体で、体長が12.3m、体重が16トンあった。近年は8mを超えるものがほとんど見つかっていないという事実が、悲しいことに多くを物語っている。

ウバザメは昔から油と皮をとるために捕獲されてきた。かつては比較的どこにでもいたうえ、動きが遅くておとなしく、海岸近くの海面を好むため、捕獲は容易だった。皮と油をとるための漁はもうほとんど行われていないが、アジアの一部ではフカヒレスープや伝統医薬の材料としての需要がいまだにある。捕獲量が減ったとはいえ、依然として、たまたま漁網にかかってしまう事故が絶えない。ウ

バザメが引き寄せられる豊かな海は、漁師が狙う魚群の一部にとっても魅力的な場合が多いからだ。動きが遅く、河口や入り江でエサを漁るのが好きなため、船との衝突も起こしやすい。しかし、暗い見通しばかりではない。そうした性質から、ウバザメはエコツーリズムの魅力的な呼び物にもなりうる。おかげで、ウバザメの保護のためにもっと資金が回されるようになるかもしれない。

ウバザメはとても単純な巨大生物だ。ジンベイザメと違って能動的に水を口の中に吸い込むことができないので、エサをとるには常に泳いで前進していなければならない。体の割には脳が異様に小さいが、単純なライフスタイルには十分なのだろう。とはいえ、衛星標識による調査で、最もエサが豊富な海を、年間を通して探し出す名人であることがわかった。そのためには広大な海域を泳ぎ回る必要がある。たいていは単独で過ごすが、特に夏はエサの豊富な海に集まり、社会的な行動を見せる。脳は小さくても、豊かな生活を送っているのだ。

**ジンベイザメ**
*Rhincodon typus*
体長：最大12.6m

このジンベイザメは魚でいっぱいの網に興味をもって海面近くに引き寄せられ、ダイバーに理想的なシャッターチャンスを提供している。

**ウバザメ**
*Cetorhinus maximus*
体長：最大12.3m

ウバザメは海岸近くの表層水域を好み、泳ぎがゆっくりで非常におとなしいため、比較的簡単に撮影できる。

## 巨大な口

ここで、濾過摂食をする巨大なサメをもう1種紹介しよう。メガマウスザメ(*Megachasma pelagios*)だ。前の2種よりわずかに小さく、どちらともあまり近縁ではないが、体のつくりとライフスタイルはほぼ同じだ。このサメも海の独自の領域を開拓しており、他の2種が表層を泳ぎ回っているのに対して、もっと深いところにすんでいる。体長5m以上、体重900kgを超えるほどに成長しうるにもかかわらず1976年まで発見されなかったのは、そのためだろう。このとき米国戦艦の錨鎖に絡まって見つかった個体は体長が4.5m、体重が750kgだった。それ以来、50頭以上が偶然に捕まったり目撃されたりしている。9章で触れるが、光合成は海のごく浅い層でしか起こらないので、深い層は生物量が乏しい。そのためメガマウスザメはエネルギーの節約に熱心で、泳ぐ速度は分速わずか1.2m(時速2km)、つまり人間の平均歩行速度より遅い。しかし、スピード不足を別の特徴で埋め合わせるように、口の周りにたくさんの発光器官をもっている。小さな獲物がこの光に惹かれて、自分から破滅に向かって泳いでくるのかもしれない。ただし、本当にそうかどうか(それにこの海の怪物の生態の多く)は、まだ確認されていない。

## エイの記録保持者

サメに最も近いグループはエイで、そのなかで一番大きなマンタは、海中を漂う小さな生物をエサにしている。彼らのやり方はここまで述べてきた巨大サメ類とは少し違う。体のつくりがまったく違うことを考えれば当然だろう。濾過摂食をする点は同じだが、彼らはよく、一定量の水の周囲をぐるぐる回るように泳いで、獲物を囲い込む。巨大な翼状のヒレが生む水流で魚をボール状に集めると、その中を高速で通り抜けて、魚が散らばる間もないうちに貪る。この属の2種のうちではオニイトマキエイ(*Manta birostris*)のほうが大きく、横幅7m、前から後ろまでが約3m、体重が約1,350kgに達する。

**メガマウスザメ**
*Megachasma pelagios*
体長:最大5m

暗い深海に生息するため、写真は非常に少ない。

**オニイトマキエイ**
*Manta birostris*
横幅：7m

巨大な魚の多くと同じく、このエイも取り巻きの小さな魚を引き寄せる。エイについて回ることで、小さな魚は捕食者から身を護れるだけでなく、食事のおこぼれにもあずかれる。

## 過去の濾過摂食者

濾過摂食をする巨大生物には長い歴史がある。恐竜の時代には濾過摂食をする大型のサメや硬骨魚がすでにいたようだが、これまでに見つかっているものはどれも、現在見られるものほど大きくはなかった。絶滅した大型の濾過摂食サメの存在が知られているのは、やや奇妙な理由による。ここで取り上げた現存する大型の濾過摂食者はすべて、祖先の捕食者から別々に進化した。濾過摂食に切り替わったサメには歯が必要なくなり、かえりみられなくなった。自然選択によって完全に排除されたわけではないが、捕食をするサメの歯に比べればずっと小さく、ほとんど改良もされていない。サメの歯はすべてわずか数カ月しかもたず、抜け落ちて生え替わる（そのため、サメの口はさまざまな大きさの歯でごちゃごちゃして見える）ので、先史時代のサメの歯については驚くほどみごとな化石が揃っている。そこには、濾過摂食者の口には見られてもその他のサメの口にはないような小さくてはっきりしない歯も含まれていることから、濾過摂食がずっと以前からあったことがわかるのだ。

◀オニイトマキエイはよく群れをつくる。協力したほうが獲物を効率よくボール状に密集させることができるからだ。

# シロナガスクジラ

クジラはヒゲクジラとハクジラの2つのグループに大別される。
ヒゲクジラは、すでに紹介した大型サメと同じように、水中の小さな獲物を濾し取って食べる。
一方のハクジラは比較的大きな獲物を狙う捕食者である。
イルカやクジラの全般的な情報を紹介する前に、
最大のシロナガスクジラ(*Balaenoptera musculus*)についてまずは見ていこう。

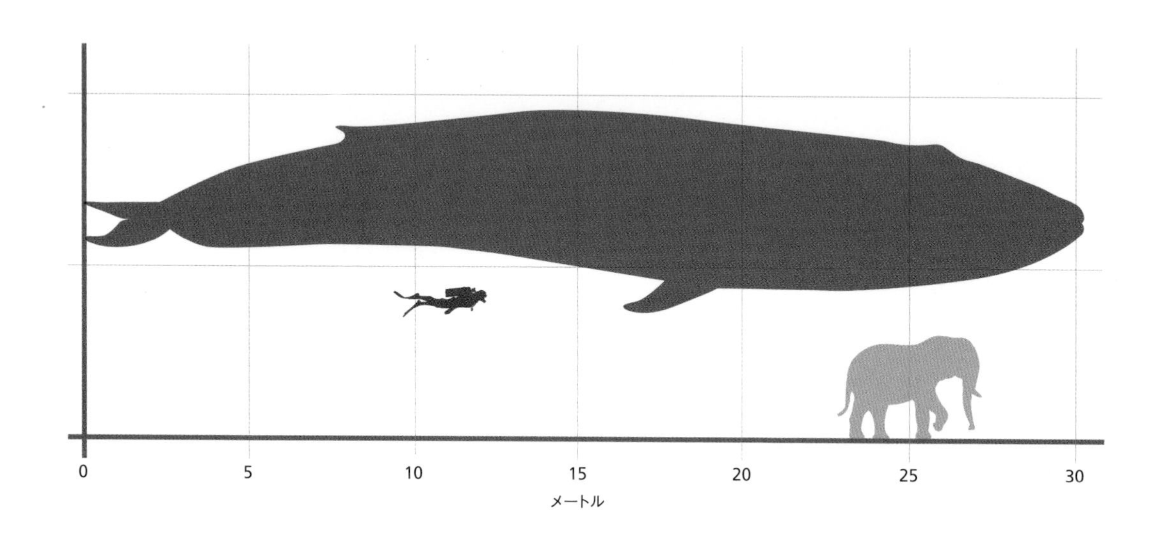


## 巨人のなかの巨人

シロナガスクジラは多くの点で記録破りだ。まず、現在地球上にいる最大の動物であり、知られているかぎりで、これまでに存在した最大の動物でもある。20世紀に行われていた商業捕鯨の(ささやかな)見返りは、巨大なシロナガスクジラが実際どれほど巨大であるか、に関する十分な知識が得られたことだろう。ある科学者が測定した最大体長は30mだったが、33.6mという数値を含め、さらに大きな信頼できる測定値もある。小型車をぴったり縦に駐車すると、ちょうど8台分になる。

シロナガスクジラの体重を推定するのは少し厄介だ。200トン(ちなみに小型車145台分)としている資料が大部分だが、これはあくまでも推測に過ぎない。それにはいくつか理由がある。第一に、シロナガスクジラは摂餌の大部分を、春と夏にエサの豊富な極地の海域で行うため(79ページ参照)、春の初めに140トン前後だった個体が、夏の終わりには冬に備えて50パーセントも体重を増やし、210トンにもなることがある。第二に、成体のシロナガスクジラの体重を生きたまま量れるほど大きな装置がない。測定値は全て切り分けられた肉塊の重さを合計し、それに解体中に失われた血液や体液の推定重量を加える方法で概算されている。さらに事態を複雑にしているのが、最大体長の個体の重さが実は測量されていないという事実だ。というわけで結局、重さが200トンを超えるシロナガスクジラがいる、あるいはいた可能性があるものの、225トンに達するものはたぶんいないと推測される。これまでで最重量級の動物について、これ以上正確に見積もるのは無理なのかもしれない。

## 多くの新記録

シロナガスクジラの記録は、その大きさに関することだけにとどまらない。体のさまざま部分も驚くべき数字を示している。最大の個体は1度に90トンの水(とうまくいった場合小さな獲物)を口に保持できると推定されているが、これはわたしたちが毎日1回、3カ月にわたって入浴する水量に等しい。

シロナガスクジラは、口の中にあるヒゲ板のカーテンから濾し取った獲物を舐めとるための巨大な舌が必要で、その重さは2,700kg、成人男性の体重の34倍に

**シロナガスクジラ**
*Balaenoptera musculus*
体長：30m

サメと違い、クジラは呼吸のために海面に浮上する必要がある。

もなる。心臓の重さは180kgだが、脳は7kgもない。大動脈系は人間が泳げるほど太いとよく言われるが、残念ながらそれはうそのようだ。太いのは確かだが、そこまでは太くはない。さらに、シロナガスクジラは動物界最大のペニスをもち、その長さは240〜300cmもあるようだ。しかしこの付属器官の測定は難しい。なぜなら、人間と同じく性交中に大きくなるのだが、どんな向こう見ずなダイバーでも、200トンもある巨大生物がカップルになろうとしているときにメジャー片手に近づこうとは思わないだろう。

カップルが成立すると、10〜12カ月後に仔クジラが生まれる。生まれたときは2,700kg、つまり成体のカバと同じくらいで、その後、日に90kgの割で大きくなり、6カ月後に離乳する前に体長は2倍になる。人間の母乳は脂質5パーセント、タンパク質1パーセント、炭水化物7パーセントで、発熱量が約315J／kgだ。これに対してシロナガスクジラの母乳はおおよそ脂質40パーセント、タンパク質15パーセントで、3,440J／kgになる。そして人間の健康な赤ん坊が日に1リットルの母乳を飲むのに対して、仔クジラは約400〜600リットルも飲む。

▼コククジラ（*Eschrichtius robustus*）の露出したペニス。
これも巨大なヒゲクジラの仲間で、最大の個体は体長15mに達する。

## 危機一髪

シロナガスクジラはクジラ類のなかでも泳ぎが速く、そのサイズとパワーも相まって、捕鯨師たちには敬遠されてきた。少なくとも、簡単に捕獲できるクジラが減り、捕鯨砲の威力が増し、船がより大きく高速になるまではそうだったようである。シロナガスクジラ漁は1880年前後から盛んに行われるようになり、1945年には頭数が激減していた。

▲成体と亜成体のクロミンククジラ(*Balaenoptera bonaerensis*)が日新丸に引き上げられている。この船は日本の捕鯨船団中最大の船で母船でもあることから、反捕鯨団体の標的になることが多い。クロミンククジラは、2番目に小さなヒゲクジラで個体数は最も豊富であるため、捕鯨とホエールウォッチングの両方から注目されている。

現在世界の海にどのタイプのクジラがどれくらいいるかは、多くの憶測に基づいた値で、捕鯨の開始以前にどれくらい生息していたかとなると、さらに多くの推測が必要となる。きちんとした記録が残っていないからだ。さらに、1945年以降に捕鯨が段階的に制限され始めると、記録が改ざんされたり、隠れて捕鯨が行われたりした。とはいうものの、捕鯨時代以前には、21～31万頭のシロナガスクジラがいたと考えられている。恐らくその95パーセントが南極大陸周辺に生息し、捕鯨船は主にこの集団を標的としていた。記録によると、南極海では1930～31年の夏だけで3万頭前後のシロナガスクジラが捕獲されたという。現在、地球全体では約1～25万頭のシロナガスクジラが生息する。商業捕鯨の恐るべき規模にもかかわらず、どの種も絶滅していないのは驚くべきことだ。海がいかに広大で、捕鯨とはいかにコストがかかるものなのかという証拠だろう。小さな個体群は捕鯨船の関心を引かなかったし、南極海の大規模な個体群については、捕獲数が一定レベル以下に落ちてからは経済的に割に合わなくなっている。悲しいことに、クジラが生き残ったのは保護対策のおかげというより、そうした事情による。それにしても、危機一髪のところだった。少なくとも20万頭いた最大の個体群である南極大陸周辺のシロナガスクジラは、1970年代には400頭にまで減っていた。

◀帆船時代の捕鯨のようす。このころは小型ボートから手でクジラに銛を投げた。この漁法は漁師にとって非常に危険なうえ、クジラの苦しみも長引くことが多かった。

## 回復

1966年に商業捕鯨が禁止になったあと、シロナガスクジラの個体数は確実に増えた。シロナガスクジラを襲う可能性があるのはシャチ(*Orcinus orca*、94ページ参照)だけで、シャチも普通はもっと簡単な獲物を狙う。船との衝突や漁具に絡まることは多くのクジラにとっての懸念事項だが、船との衝突についてははシロナガスクジラにはそれほど問題にならない。なぜなら、船よりすばやく泳げるからだ。ただし、水中音波探知機が発する音波など、人間が発する騒音が海生生物全般、特にクジラ類に悪影響を与える可能性もある。大型哺乳類は当然、大量に食べる必要があり、シロナガスクジラの摂餌は、夏季に極地の栄養豊富な海域で主に行われる(囲み記事参照)。したがって気候変動により海の豊かさに変化が起これば、この海の巨大生物も影響を受けることになるのかもしれない。

シロナガスクジラの雄大さは比較的容易に間近で鑑賞することができる。世界

▲フェロー諸島では今でも地元住民がクジラ漁をして食料を得ている。

中の博物館やその他の施設では骨格や実物大模型、剥製までもが展示されており、浜に打ち上げられたクジラの骨が記念碑として半永久的に保存されることも多い。スコットランドのルイス島では目抜き通りの脇に、1920年に打ち上げられたシロナガスクジラの下顎骨でできたアーチ形の門がある。

▼今日では、歴史的に迫害されていた多くのクジラの個体数が増加傾向にある。

## 豊かな極地の海

極地の海は実は熱帯の海より豊かである(つまり単位面積あたりの生物量が多い)というのは奇妙に感じられるかもしれない。わたしたちは暖かいほうが生物の成長に適しているという考えに慣れているし、緯度が高い地域では冬になると日光が極端に不足することも周知の事実だからだ。ところが、春と初夏になると極地の海には驚くほど生命が満ち溢れる。

決め手は栄養素、特に窒素だ。暖かい気候のもとでは、海の表層ともっと深い層との間にはごくわずかな動きしかない。なぜなら表層の温められた水のほうがわずかに低密度で、当然、上昇しようとするからである。この表層には光合成を促す日光は十分にあるが、光合成によってつくられる炭水化物だけでは生物は成長できない。たとえばタンパク質をつくるには窒素が必須なので、光合成をする植物プランクトンは周囲の海水から窒素を取り込む必要がある。ところが海の表層の窒素は成長する生物によってすぐに使い尽くされてしまう。こうした生物が死ぬとたいていは深海に沈み、そこで分解されて、体組織の化学成分の一部は海水中に戻る。こうして、夏になると、温かくて窒素に乏しい層が冷たくて窒素に富む層の上にあるという状態が生じる。つまり、表層では窒素不足によって、深海では光の不足によって、それぞれ光合成が制限される。

熱帯では一年を通してこの状態だが、もっと両極に近い海域では冬になると表層水が冷やされ、上下の層が混じり合いやすくなる。頻繁な嵐で海水が攪乱されることも、混じり合いを助けることにつながる。その結果、極地の海では上層の窒素が冬のあいだに補充される。もちろん、このときはまだ暗すぎて、光合成はそれほど起こらない。しかし春になれば、光も窒素も豊富になるため盛大な光合成が行われ、水中には生命が満ち溢れる。これは春季プランクトンブルームと呼ばれることもある。熱帯ではこうしたことは決して起こらず、表層は永遠に窒素不足のままで、生物の新たな成長のペースには制約がある。

# 巨大ヒゲクジラ

ヒゲクジラには15の現生種がおり、どれも非常に大きい。
すでに述べたようにシロナガスクジラが最大だが、ナガスクジラ（*Balaenoptera physalus*）もそれに劣らず大きい。
少なくとも体長26mにまで成長し、27mになることもある。シロナガスクジラと近縁で、
比較的最近の150万年前に分岐したが、たまに交配が起こるようだ。一番小さなヒゲクジラである
コセミクジラ（*Caperea marginata*）でさえ、体長3.5m、体重3.5トンに達することがある。
つまり、この巨大生物群の最小メンバーより重いのは、陸の動物ではゾウだけである。

## 濾過摂餌の実態

大昔、クジラは一般に肉食で、ある程度の大きさの獲物を狩る際に歯をおおいに活用していた。やがてその一部がエサを補うために、大量の水と一緒に小さな獲物を丸呑みにし、歯とすぼめた唇を使って獲物を濾し取って水だけを吐き出すことを始めた。この形式による摂餌方法が重要になるにつれ、こうしたクジラの口の内部は濾過を効率よく行う形へと進化した。ケラチンでできた線維状のヒゲ板のカーテンもそのひとつだ。ケラチンは自然界によくある素材で、哺乳動物の毛や鉤爪、角、ひづめなどに見られる。やがてこうした摂餌方法を獲得したクジラたちが、歯を使う一般的な摂餌方法を完全に放棄してヒゲクジラとなり、ハクジラから約3,500万年前に分岐した。

ヒゲクジラが濾過摂餌する際に使う方法は、濾し取り型と突進型の2つで、たいていの種はどちらかの方法を使う。濾し取り摂餌（例えばセミクジラ）では、口を開けたまま泳ぎ回る。そうすると浮遊している獲物と水が自然と口に流れ込み、その後、クジラが前進する動きにより発生する圧力で、水が口から押し出される。このとき、水はヒゲ板を通り抜けるが、小さな獲物は口腔内に残る。本当に小さな獲物を捕らえるには賢いやり方だ。洞窟のような口が向かってくれば、そうした獲物はほとんど逃れることができない。

突進型摂餌は、それよりわずかに大きな、濾し取り型では逃げられてしまいそうな獲物に効果を発揮する。獲物の周りを旋回してボール状に密集させるか、ボール状になった群れを狙う。いずれにしろ、獲物が反応する間もないほどすばやく近づき、最後の瞬間、頭部腹側にある畝を使って、驚くほど大きく口を開く。口の部分の容積が、口を閉じているときのクジラ全体の容積より大きくなるほどだ。獲物のボールと周囲の水を取り込んだ後、ヒゲ板で水を濾過して口から吐き出し、ヒゲ板から獲物を舐めとって呑み込む。シロナガスクジラはこの方法を使って、お気に入りの獲物である長さ1〜2cmの小さな甲殻類、オキアミを食べる。

**ナガスクジラ**
*Balaenoptera physalus*
体長：26m

流線型の滑らかな体のおかげで初期のクジラ漁からは逃げ切れることが多かったが、20世紀にもっと進んだ大規模な捕鯨が始まると個体数は激減した。

◀ヒゲクジラの繁栄の秘密のひとつが巨大な口であるが、群れの社会性を写したこの写真でもそれがよくわかる。群れをつくるという社会性も、ヒゲクジラに共通するもうひとつの特徴だ。

ヒゲクジラは一般に極地の海域で摂餌するが、そのほとんどは、その海域の生物量が最高になる春と初夏である（79ページの囲み記事参照）。冬になるともっと温かな海域に回遊することが多い。冬季は緯度の低い海域のほうがエサに富むためだろうか。それともシャチ（両極に近いほど数が多い）の襲撃から一時避難するためだろうか、あるいは出産のために温かく穏やかな海が必要だからだろうか。実際にはこれら3つの要因すべてが複雑に絡み合っている可能性が高い。

## なぜそれほど大きいのか

それにしても、ヒゲクジラはなぜ、そんなにも大きくなったのだろうか？ この疑問に答えを出すのは、実はとても難しい。ヒゲクジラはもともとかなり大型だったものの、巨大になったのは比較的最近である。450万年前までは、13mより大きなものはいなかった。この時点で、ヒゲクジラの仲間にはかなり多様な種が存在し、いくつかの異なる系統に巨大化が起こった。面白いことに、巨大なサイズを要求するような生活様式の要因は何もなかった。なにしろ、急成長が起こる何百万年も前から、ヒゲ板での濾過摂餌は行っていたのだ。

現在、ヒゲクジラはエサの豊富な両極付近の海域を利用している。こうした海域のどこでどれくらいの量のエサが得られるか、そしていつ、それが最大になるのかは予測がつかない。エサの豊富さはその場所の海流パターンとこれまでの嵐の頻度や強さによって決定されるが、頻度は常に一定とは限らず、強さはさらに予測不可能であるからだ。裏を返せば、大当たりの場所を見つけることもありうる。大型のヒゲクジラは、その大きな口や大容量の胃、高い代謝率（すみやかな消化を可能にする）のおかげで、そうした豊かさを最大限に利用でき、たらふく食べることができる。大型であることは、いくつかの理由から、そうしたエサの豊富な場所を探すのにも役立つことがある。第一に、1章で述べたように、体重が増えれば代謝率も脂肪の蓄えも増えるが、代謝率の増加の方がゆるやかなので、大きな動物は小さな動物よりもエサを食べずにしばらく過ごすことが容易である。第二に、こちらも1章で述べたように、動き回るコスト、特に遊泳時のコストは大型になっても変わらないが、泳ぐ速度は増すため、エサの豊富な場所を求めて広大な海を探し回ることができるようになる。つまり、なぜヒゲクジラはあんなにも大きいのかという疑問に対する最適の答えは、過去数百万年間の気候変動（天候だけでなく海流にも影響した）によって、濾過摂餌に適したエサの豊富な場所が一層予測不可能で集中度の高いものになったからということだろう。

**コセミクジラ**
*Caperea marginata*
体長：3.5m

15種のヒゲクジラのなかでは最小であるが、それでも陸のほぼあらゆる現生動物よりも大きい。

▲他のナガスクジラ科と同様に、ニタリクジラ(*Balaenoptera brydei*)は体の下側にたくさんの畝をもつ。口を開けて大量の水と小さな獲物を取りこむとき、畝が伸びて口のサイズが一層大きくなる。

## 胡散臭い謎々

もうひとつ、答えに詰まるような質問に、なぜクジラは魚より大きいのかというのがある。魚のほうがヒゲクジラよりも遥かに多様性に富み、大昔から存在していることを考えると、確かに不思議だ。すでに述べたように(72ページ参照)、違う3系統のサメからいくつかの大型濾過摂食者が生じたが、たいていのヒゲクジラはそれらよりも大きい——時には桁違いなほどだ。その答えのひとつと考えられるのは、高い代謝率と巨体との組み合わせだけが、極地の豊かな海域の利用を可能にするということだ。ただし、両極地の冷たい海で効率よく活動するには高い代謝率が欠かせないとはいえ、それは話の一部でしかない。極寒の極地の海にも魚はいるが、それは大型の魚ではなく、体温が周囲の水温に影響されるため、比較的不活発になる。絶えず動き(大型の濾過捕食者のように)、急に突進する(獲物らしい獲物を捕食する場合のように)ような摂餌様式には高い体温が必要だが、冷たい極地の海では、大型の内温動物でなければそれは不可能である。つまり、クジラは極地の海を利用できるが大型魚類は利用できないという海の棲み分けは、すべてにおいて代謝戦略の違いに関係があるのかもしれない。温帯や熱帯の海では現在の極地の海に見られるような予測不可能で著しい獲物の密集は起こらず、ヒゲクジラの巨大化の引き金となった気候変動は、サメには同じような選択圧をもたらさなかったのだろう。

## 構造の違い

進化生物学者を悩ます3つ目の質問は、なぜクジラは絶滅した海生爬虫類より大きいのか、というものだ。クジラのような海生哺乳類が登場したのは、今から6,600万年前の白亜紀-古第三紀絶滅によって恐竜とその他大半の生物が姿を消したあと、哺乳類が再び海に戻ったときだ。それ以前の恐竜時代に、陸生爬虫類のいくつかの系統も海を利用する方向に進化し、やがて陸とのつながりを完全に断った(クジラに起こったことと類似する;96ページ参照)。1億年以上にわたり生息範囲を大きく広げたにもかかわらず、海生爬虫類のあいだではヒゲクジラのような巨大な濾過摂餌者が繁栄することはなかった。これは、濾過摂餌をする魚が当時の海に存在したことを考えると、とりわけ奇妙に思われる。ひとつの可能性として、海生爬虫類の代謝率が海生哺乳類のそれと異なっていたうえ、極地の海域が当時はそれほど肥沃でなかったため、爬虫類はすでに巨大濾過摂餌者のニッチを占領していた魚類に対して、何の優位性ももたなかったことが考えられる。

また別の解釈では、哺乳類の場合、口と消化管とのあいだの結合部が爬虫類より遥かに複雑なことに注目する。その部分が単純な構造だからこそ、たとえばヘビは自分より巨大な獲物を丸呑みにでき

▲巨大なクジラが小さなオキアミで
代謝の燃料をまかなうには、
この微細な甲殻類を驚くほど
大量に食べなければならない。

◀23トンのザトウクジラ（*Megaptera novaeangliae*）
（仲間への合図の一種らしい）が水面からジャンプするのに
要する筋力はわずかなものだ。

る（173ページ参照）。これに対して、哺乳類は口の奥を完全に塞ぐことで、水を口いっぱいに含んだとしても喉に流れ落ちないようにすることができる。わたしたちがマウスウォッシュを使えるのはそのためだ。要するに、口の奥の構造をこのように自分でコントロールできることが、ヒゲクジラの摂餌方法には必要不可欠なのだ。この適応によって、哺乳類は爬虫類よりもずっと容易に濾過摂餌ができるようになったのかもしれない。その結果、この摂餌戦略が哺乳類のグループで進化し、爬虫類のグループでは進化しなかったのだろう。哺乳類の喉の構造が食べられるもののサイズをどれほど制限しているか理解してもらうために具体例を挙げると、シロナガスクジラはあの桁外れの巨体にもかかわらず、ビーチボールより大きなものは呑み込めない。もちろん、あなたやわたしを呑みこむのも無理だし、旧約聖書に出てくるあのヨナだって無理なのだ！

▲人間の口の奥の構造は複雑で、呑み込みをコントロールしている。ヘビのそれは、比較的単純な構造のため、巨大な獲物を呑み込むことができる。

# 絶体絶命

書籍や映画の『ジョーズ』には、かなり誤解を招くところがある。
不安を煽る恐ろしい場面を売りにしているが、実際にはサメに襲われたり殺されたりする可能性は非常に低い。
人間が一方的にサメに襲われる事件は年に80件ほど記録されており、その約10パーセントが命にかかわる。
比較のために挙げると、米国では、毎年500人が雷に打たれる（やはりその約10パーセントが死に至る）のに対して、
サメに襲われるのはわずか15人ほどだ。

▲ホホジロザメ（*Carcharodon carcharias*）は
小さな個体でさえ、サーフボードを楽々と噛み切る。

## サメの攻撃

500種近いサメがいるなかで、人間を襲うことがあるのはホホジロザメ（*Carcharodon carcharias*）、イタチザメ（*Galeocerdo cuvier*）、オオメジロザメ（*Carcharhinus leucas*）、ヨゴレ（*Carcharhinus longimanus*）の4種にほぼ限られるようだ。襲われた場合の死亡率が低いのにはいくつか理由がある。第一に、サメの嗜好は幅広く、獲物になりそうなものなら何にでも興味をもつ。人間にもいったん噛みついてみるものの、大きな魚や海生哺乳類に比べて食べるのに適した部分があまりないとわかると、興味を失うことが多い。第二に、サメは大型の獲物と接近戦になって自分が傷つくことは避けようとする。そのため、噛んでは退くという戦術を用いるのが普通で、獲物が出血で弱るまでこれを繰り返す。もしあなたが岸やボートの近くにいるとか、近くの人が助けに来られるとかいう場合、サメが最初に退いたとき、逃げるチャンスがある。

## ホホジロザメ

『ジョーズ』にも正しいところがひとつある。ホホジロザメの巨体は本当に迫力があるということだ。飛び抜けて大きな個体は体長が6mを超え、体重が2,000kg近くになる。これより大きいのはジンベイザメ、ウバザメ、マンタだけだ（72～75ページ参照）。ホホジロザメがそれほどのサイズにまで成長する理由は3つある。第一に、大型のホホジロザメを捕食することが知られているのはシャチだけで、そのシャチでさえ、普通はもっと簡単な獲物を狙う。第二に、もっと可能性が高い理由として、ホホジロザメ自身の食べ物の好みが、自然選択において大きなサイズに有利な方向に作用する。大きな個体はもっぱら海生哺乳類を餌食にするが、ゾウアザラシやイルカなどとの激しい戦いを制するには、明らかに体が大きくなくてはならない。ホホジロザメがクジラの死骸を漁っているのがよく目撃され、これも彼らの重要な食料源と考えられている（商業捕鯨の時代以前はさらに重要だったかもしれない）。ここでも、他のサメと競争して死骸に優先的にありつくには大きなサイズが欠かせない。最後に、あまりにも巨体なため、体腔に熱をたっぷり保持できる。内部に温度記録装置を入れた魚をホホジロザメに食べさせたところ、胃は周囲の水域より15℃も高温であることがわかった。この高温のおかげで消化の効率が上がり、数日間食べられる大きなクジラの死骸のような思いがけないごちそうを最大限に利用することができる。残念ながら、ホホジロザメのこの独特の熱生理学についてはあまり詳しく研究されていない。一般に餓死寸前になってもエサを食べようとしないので、飼育は現実には無理だからだ。

ホホジロザメを大型にする自然選択の圧力があったことを考えると、それ以上大きくなるのを止めた要因が何だったのか、興味が湧く。1章で見たように、巨体に必要なエネルギーを入手できるかどうかが、あらゆる捕食者のサイズの上限を決める。しかし、特にホホジロザメに関しては機動性も問題になる。獲物となる海生哺乳類の多くはすばやく泳ぐことができ、極めて機敏だ。体が大きいと、自分より小さく、より機敏な獲物を捕まえることが難しくなるかもしれないし、殺す際にも巨体は助けにならないだろう。

**ホホジロザメ**
*Carcharodon carcharias*
体長：最大6m

ホホジロザメがクジラの死骸から脂身の大きな塊を剥ぎ取ろうとしている。

もうひとつ、『ジョーズ』が正しく描いているのが、ホホジロザメに襲われたとか船まで沈められたといった信憑性のある報告がたくさんあることだ。これもまた、この海の捕食者の大きさと強さとともに、食性の幅広さと、出くわしたものは試しに何でも齧ってみて食べられるかどうか確かめようとする習性があることのあかしだろう。

▶ホホジロザメの巨大な顎にくわえられると、アザラシもささやかなおやつにしか見えない。

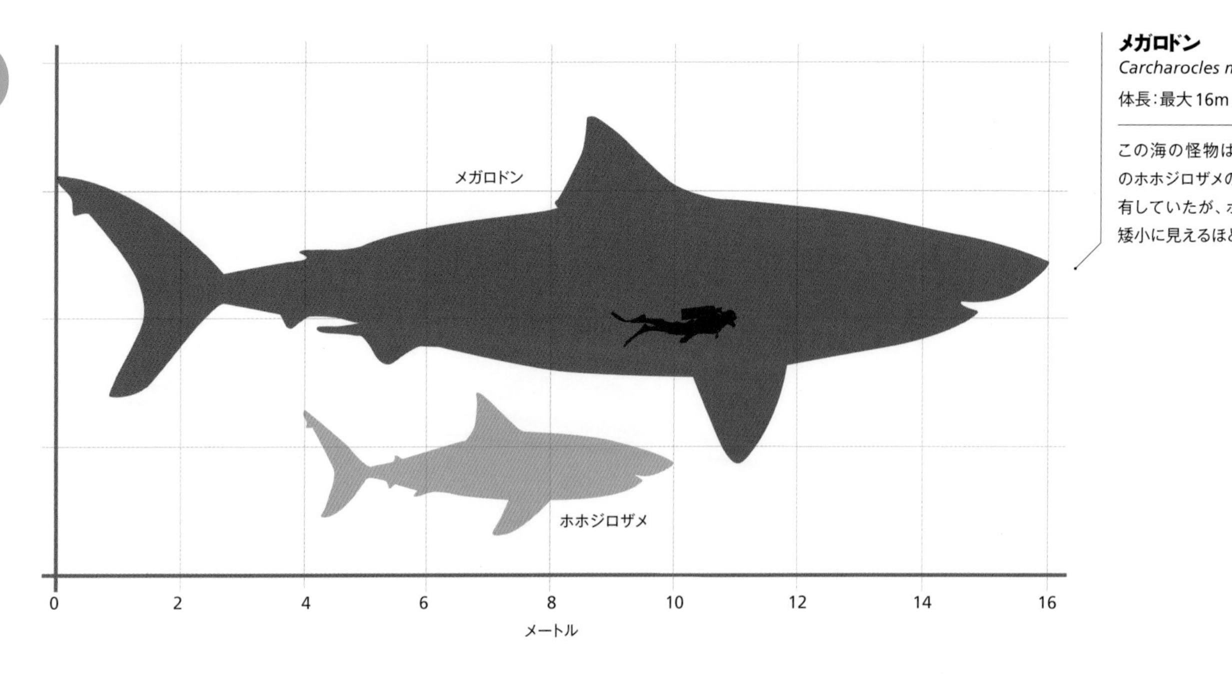


**メガロドン**
*Carcharocles megalodon*
体長:最大16m

この海の怪物はかつて、現在のホホジロザメの祖先と海を共有していたが、ホホジロザメが矮小に見えるほど巨大だった。

## メガロドン

およそ2,300万年前から260万年前にかけて、ホホジロザメがちっぽけに見えるほど巨大な捕食性のサメ、メガロドン(*Carcharocles megalodon*)が世界の海を泳ぎ回っていた。体長は16m、体重は30〜60トンに達したと考えられている。この数字はそれほど確実なものではない。サメはすべてそうだが、メガロドンの骨格も軟骨でできていたため、死後は崩壊してしまい、化石になりにくいからだ。化石化した歯が大量に見つかっていて、それが実に頑丈で、長さが18cmにも達することがあるため、捕食者だったとわかる。それ以外に見つかっているのは数個の椎骨と糞石(化石化した糞)だけだが、これは巨大な海生捕食者のものに違いないところから、一般にメガロドンのものとされている。これほどのサイズの生物ならヒゲクジラのような大きな獲物を狙ったに違いないと考えられ、実際にメガロドンの歯による傷らしきものがあるクジラの骨が発見されている。メガロドンが恐ろしいほど強力な顎をもち、クジラの柔らかい腹側を攻撃する必要がなかったことがうかがわれる。どこに噛みつこうと、骨をも砕くような恐ろしい被害を与えることができただろう。歯の安定同位体比にも、メガロドンが大型の動物を食べていたことを示す証拠がある。

メガロドンがなぜ死に絶えたのかは不明だが、化石が両極近くの冷たい水域を除くあらゆる海で見つかっており、絶滅の時期は地球全体の寒冷化と、この種には冷たすぎる水域の拡大の時期に一致するように思われる。捕食性のクジラとの競争に常に直面していたが(92ページ参照)、世界の海が冷たくなったことでクジラが有利になったのかもしれない。シャチ(94ページ参照)もこの時期、群れで狩りをするテクニックにますます磨きをかけ、これもメガロドンの滅亡に一役買った可能性がある。そのうえ、海の豊かさが全体的に低下した時期のひとつにも当たり、特にクジラの多様性と個体数が低下した。もしメガロドンがもっぱら大型クジラをエサにしていて、もっと小さな獲物を追いかけるには動きが遅すぎたなら、種としての存続に必要な個体数を支えるだけのエサを確保できなかったかもしれない。メガロドンの絶滅はこれらすべての要因が組み合わさった結果とも考えられるが、ホホジロザメ(同じ時期に生息していた)が生き残ったのに対してメガロドンが絶滅した理由は、大型のクジラだけをエサにするという極端な専門化にあったのではないだろうか。

## 硬骨魚

メガロドンは史上最大の魚と言っていいだろう。それに迫るのが、ジュラ紀のリードシクティス属の仲間だ。この巨大生物は硬骨魚から進化したにもかかわらず軟骨からなる骨格を発達させたため、やはり化石はごく少ないが、いまのところ推定値では体長が16mとなっている。

現生の最大の硬骨魚はマンボウ(*Mola mola*)の仲間のウシマンボウ(*Mola alexandrini*)だ。上下に長いヒレのついた円盤のような奇妙な姿をしていて、大きなものではヒレの先から先までが約3.5m、前後の長さが3.32mで、体重が2,300kgにもなる。リードシクティス同様に、硬骨魚から進化したものの、やはり骨格の多くは軟骨でできている。このことから、クジラとは違って魚では、巨大なサイズを維持するには軟骨が不可欠な

のだとも考えられる。骨の重さに逆らう上向きの力を生むため、クジラは常に泳いでいる必要があるが、内温動物としての体のつくりのおかげで、それを無理なく続けることができる。魚はそれができないので、骨より軽い軟骨を採用するわけだ。とはいえ、わたしはこの説に全面的に賛成というわけではない。マンボウも極めて活動的で、ほぼ絶え間なくクラゲを食べているからだ。まさに唯一無二の魚だが、実物を目にする機会は結構あるだろう。野生では平らな面を上にして水面で日光浴をするのが知られているし、世界中の大きな水族館でも飼育しているところがあり、マンボウを見るだけでも、入館料を払う価値がある。

▲メガロドンはおもに大きなクジラを襲っていたと考えられる。そうした海生哺乳類をしとめられるくらい強力だった一方で、もっと小さな獲物を捕まえるほどの機敏さはなかった可能性が高い。

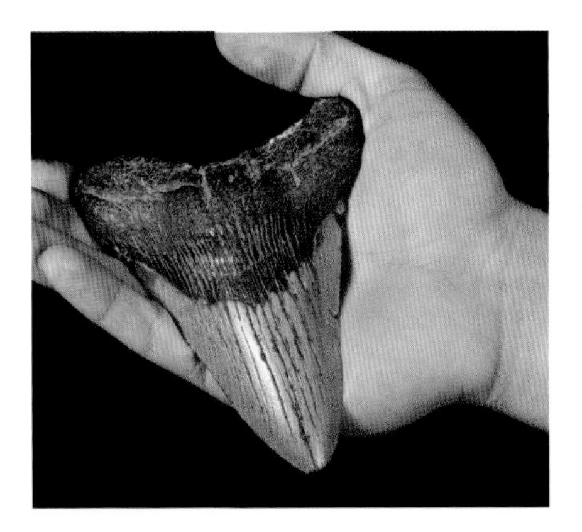

◀サメはすべてそうだが、メガロドンも定期的に歯が生え替わっていたため、このような見事な化石が比較的よく見つかる。

**マンボウ**
*Mola mola*
体重：最大1.5トン以上

最大級の魚類であり、外見の奇妙さでも類を見ない。深海に潜ったあとで体を温めるために水面で日光浴をすることが知られている。

# マッコウクジラ

一般に巨大なヒゲクジラと違って、ハクジラはまあまあの大きさになるものもいるが、
大半は人間よりもそう大きくないイルカの仲間だ。それでも少数ながら巨大なサイズになるものもいる。
なかでもマッコウクジラ(*Physeter macrocephalus*)は途方もない大きさになるので、
ハクジラの探求はまずこの種から始めよう。マッコウクジラは、たいていは小さな生物を食べ、
大きな生物はたまにしか襲わないものの、狩りに役立つ非常に特殊な適応をもち合わせている。

## 無敵

マッコウクジラは現生ハクジラの中で最大であり、過去には多種多様なクジラがいたものの、これを大幅に上回る絶滅種は知られていない(92ページ参照)。大きなオスは体長20m、体重57トン以上に達し、まさに向かうところ敵なしの大きさだ。その次に大きなツチクジラ(*Berardius bairdii*)は、体長13m、体重15トンを超えることはない。マッコウクジラはあらゆるクジラのなかで最も雌雄の差が大きく、オスがメスの3倍もの重さになることも多い。そのため、オスは特に商業捕鯨の標的とされることが多かった。マッコウクジラが求められたのはおもに蝋質性の油脂を採るためで、これは脳油と呼ばれ、頭部の巨大な器官に含まれている。マッコウクジラの英語名「Sperm Whale」は、この脳油が流れ出すのを見たクジラ漁師が精液(sperm)のようだと考えたことに由来する。

## 脳油器官

脳油の詰まったマッコウクジラの特殊器官がどのような選択圧によって発達したのかはよくわかっていない。音を出してコミュニケーションをとったり、エコーロケーションによって獲物を探すことはマッコウクジラにとって重要で、脳油器官が前者にかかわっていることは明らかだが、多くのクジラがこの異常に大きな器官なしでも十分にコミュニケーションもエコーロケーションも行っている。極端に大きな音を出して獲物を失神させるために、この器官が使われているという説がある。マッコウクジラが非常に大きな音を出せることは事実で、最大230デシベルまで記録されたことがある(195デシベルで人間の鼓膜が破れると考えられている)。ところが実験ではこれほどの音でも魚を失神させることができず、したがってこの説は確実とは言えない。

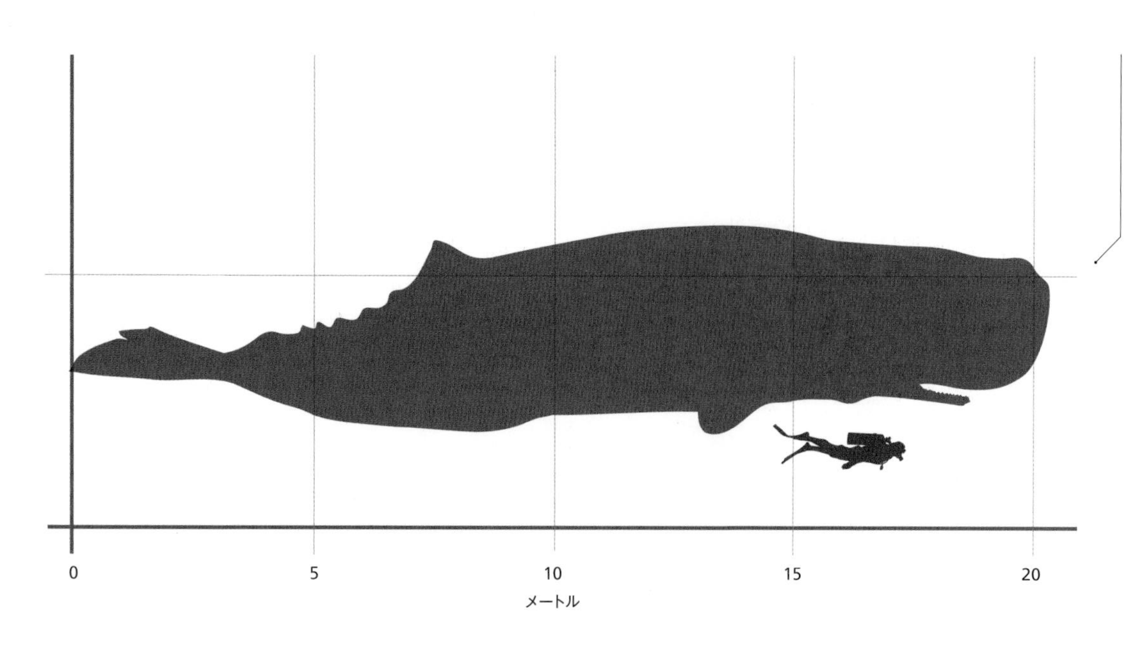


**マッコウクジラ**
*Physeter macrocephalus*
体長:20m

マッコウクジラはハクジラにしては異常に大きく、現生する最大の捕食者と考えられている。

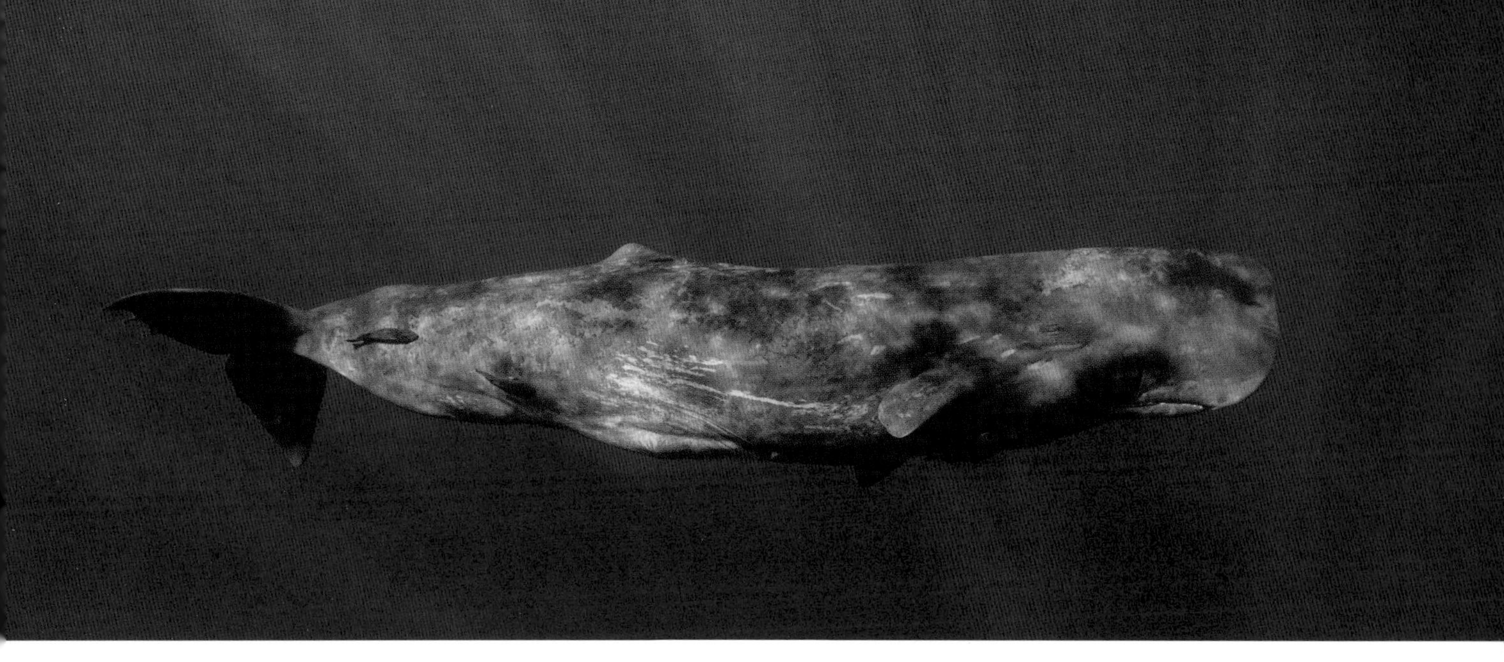

▲マッコウクジラは非常に深いところまで潜り、エコーロケーションを用いて獲物を探す。

脳油器官に関するその他の説は、一種の緩衝ヘルメットで、メスをめぐる争いでぶつかり合う際にオスが自衛するというものである。オス同士のそうした行動は観察されたことがないが、マッコウクジラが意図的に大型捕鯨船に頭から激突して沈めたという記録が残っており、1820年のエセックス号の例が一番有名だ。そのほか、浮力の調節に役立つのではないかという説もある。マッコウクジラは驚くべきダイバーで、2,000mを超える深度に1時間以上も潜水することができる。潜水の早い段階で脳油が冷えて固体になり、体積が減る。すると体全体の密度が高まって、潜水初期の下降を助ける。その後せっせとエサを食べ、その結果体が温まり、脳油が溶けて浮力が増し、水面に戻るのを助けるのだという。しかし、わたしに言わせれば、この説に特別説得力があるわけではない。脳油の温度変化を通じて浮力を最適化できるほど、この器官に血管が多く分布しているとも思えないし、周囲に断熱が施されているとも思えないからだ。明らかに、マッコウクジラについてはわからないことが非常に多い。最も顕著な特徴である特有器官の機能さえ、不明なのだ。

▼マッコウクジラの奇妙な形の頭部には巨大な脳油器官が納まっていて、
エコーロケーションの際に用いられると考えられている。

**ツチクジラ**
*Berardius bairdii*
体長：13m

2番目に大きなハクジラで、マッコウクジラよりかなり小さい。頭部の形もマッコウクジラとは非常に異なっており、クチバシのような形をしている。

▲その大きさにもかかわらず、マッコウクジラ(*Physeter macrocephalus*)はシャチ(*Orca orcinus*)の攻撃に弱いが、集団になることで、ある程度は身を守れる(特に、攻撃されやすい仔クジラ)。

## 社会的な行動

マッコウクジラは複雑な社会生活を営んでいるため、互いにコミュニケーションをとる必要がある。メスと若いオスが非常に安定した群れで暮らすのに対して、大きなオスは繁殖期を除いて、群れから出て独りだけで暮らす。若い個体や傷ついた個体はシャチに襲われやすいが、シャチが現れると、そうした個体の周囲に防御のための輪をつくることが記録されている。時には全員が頭を内側に向け、恐ろしい打撃を与える強力な尾ビレ(クジラの中で、相対的に一番大きな尾ビレをもつ)をシャチに向ける。また時には頭を外側に向け、シャチに頭突きをくらわす。悲しむべきことに漁師たちはこうした行動を巧みに利用した。1頭にけがを負わせて水中に放置すると仲間がその周囲に集まってくるので、たやすく銛を撃ち込むことができたのだ。

## 長い歯

異様に口が小さいことも、マッコウクジラの特徴のひとつである。幅が狭く長い下顎には大きな歯が生えていて、それぞれが重さ1kgもある。よく発達した歯だが、捕獲に欠かせないものだとは思えない。歯がまったくない個体や下顎が変形している個体なども捕獲されているが、そのような個体でさえ、十分にエサを食べていたように見受けられるからだ。そのうえ、胃を開いてみると、まだ生きていて歯型がまったくない獲物が見つかったという漁師からの報告もある。上顎歯は自然選択によってほとんど消滅し、下顎の歯は上顎のソケットに正確にはまり込むようになっている。一説によると、歯はオス同士の激しい小競り合いの際に使われるという。確かに、成熟したオスにはよく、歯の大きさに一致する傷痕が見られる。こうしてみると、マッコウクジラが大きな音で獲物を失神させるという説はやはり正しいのだろうか。でなければ、歯も使わずにどうやって自分より機敏な獲物を捕らえているのか、いささか謎だ。

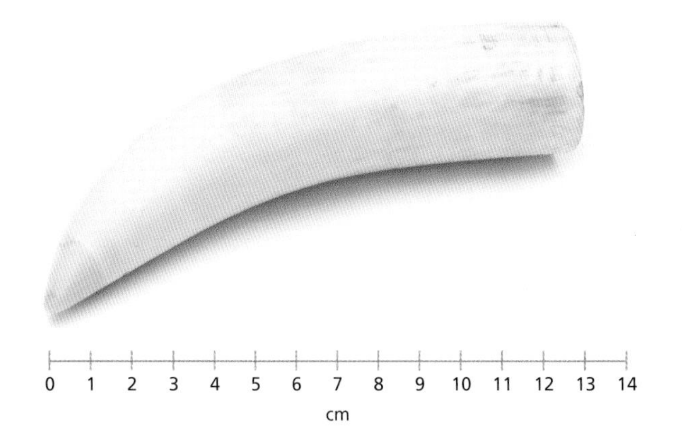


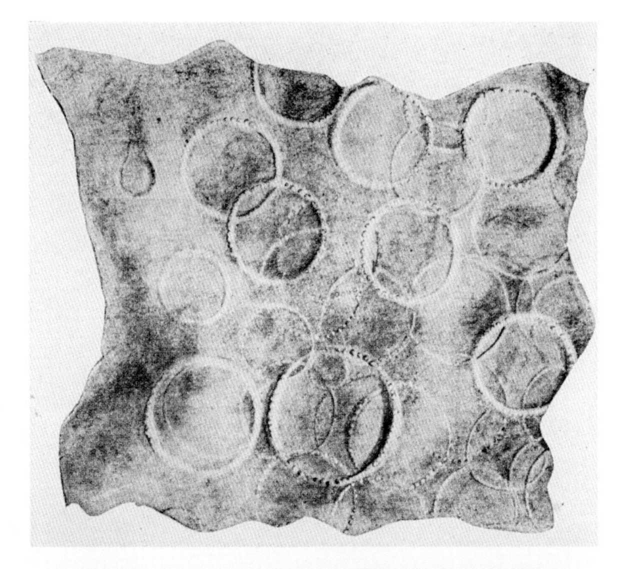

▲上：マッコウクジラの歯は長くて細く、メガロドンの歯（87ページ参照）とはまったく違う。
▲中：マッコウクジラの体に残ったイカの吸盤の痕。
▲下：クジラがもやもやした雲のような排泄物を後方に残している。

## 消化器官が教えてくれること

7章で述べるように、最大長の腸内寄生虫がマッコウクジラから見つかっているが、マッコウクジラ自体も動物中最長の腸をもち、300mを超す場合もある。シロナガスクジラに比べて、より大きく多様な獲物を食べるため、かなり複雑な消化器官をもつ。胃は4つの部屋に分かれ、その最初の部屋は胃液を分泌せず、化学的な消化は行わないが、内面が極めて丈夫な筋肉で覆われている。イカの鉤爪や吸盤による反撃に耐えるために必要なのだと考えられている。イカは生きたまま丸呑みにされ、最初の部屋で押し潰されて殺されてから、続く3つの部屋で化学的に消化される。しかし、イカの硬いクチバシは消化されずに2番目の胃に残り（1頭のクジラからおよそ1万8,000個も見つかったことがある）、定期的に吐き出される。マッコウクジラは非常に大きな種類の外洋性のイカ（やはり7章で触れる）を捕食するが、そうした大物はまれで、たいていは重さ1kgに満たない中くらいのサイズのイカを食べている。胃からはタコや魚もよく見つかる。

マッコウクジラは推定で1日に体重の約3パーセントの重さのエサを食べる。このように広く分布する種の場合、地球全体での個体数を算出することはかなり困難だが、妥当な推定値をあてはめてみると、クジラ全体では人類全体が食べる量の6倍の海産物を食べている計算になる。そうは言っても、彼らを海の資源を枯渇させる競合相手と見るべきではない。彼らがおもに食べるのは、人間が食料として関心をもたない種ばかりなのだ。

生物学者によれば、マッコウクジラは海洋の表層を肥沃にするという大事な役割も担っている（海洋深層から表層へ窒素を補充する――79ページの囲み記事参照）。彼らは深海でエサをとり、その糞は浮き、やがて分解するからだ。わたしたちがクジラについて知っていることの多くは、捕鯨で捕らえられ死んだクジラの資料から得られた情報である。現在は幸いなことにこうした情報源に頼ることはほとんどできないため、研究者はクジラの排泄物に多大な関心を寄せざるを得ない。海面からクジラのウンチをすくい上げれば、何を食べていたかがわかるだけでなく、DNAやホルモンレベル、健康にかかわるさまざまな側面も明らかになる。あらゆる点で、マッコウクジラは興味の尽きない、まだまだ謎の多い生きものだ。

# マッコウクジラの祖先

およそ1,500～500万年前、先史時代の海にはさまざまなマッコウクジラが暮らしていた。
彼らは現生の仲間たちよりも、大型の魚類、ペンギン、そしてとりわけ海生哺乳類の狩りによく適応していたようだ。
具体的には、上下の顎には長くて強靭な歯が揃っており、顎そのものも頑丈であった。そのうえ、
顎の関節部と筋付着部を見ると、強く咬みつき、もがく獲物をしっかりくわえることが可能だった事がわかる。
現生のマッコウクジラのような幅の狭い下顎骨の持ち主はおらず、長い鼻先をもつ代わりに、一番目立つ特徴は顎だった。

## 先史時代の捕食者

これまで述べてきたように、この絶滅した恐ろしげなマッコウクジラが、海洋最大の動物をエサにできる最高の捕食者だったことは間違いなく、メガロドン(86ページ参照)の直接のライバルだったと思われる。なぜ絶滅したのかは、はっきりとはわかっていないが、冷水域の回避以外は、メガロドンについての考察がすべて、この生物にも当てはまる。死に絶えたのは、食料源として依存していた海生哺乳類の多様性と生息密度が500～300万年前に低下したためかもしれない。これらのクジラはひっくるめて大型肉食マッコウクジラとして知られ、ブリグモフィセター、アクロフィセター、ジゴフィセター、リヴィアタンの各属の種が含まれる。最も大きいのはリヴィアタン・メルヴィレイで、リヴィアタンは旧約聖書の海の怪物リヴァイアサンに、メルヴィレイは1851年の小説『白鯨』の作者、ハーマン・メルヴィルに因んで名づけられた。

**リヴィアタン・メルヴィレイ**
*Livyatan melvillei*
体長：最大17.5m

この巨大な肉食性のクジラは恐らく、メガロドン(*Varcharocles megalodon*)を襲うことができた。その他の獲物も簡単な標的だっただろう。

▲リヴィアタン・メルヴィレイの頭骨はその大部分が見つかっており、
咬む力のすさまじさを物語っている。
しかし、その他の骨も発見されなければ、
体のサイズを正確に知ることはできない。

リヴィアタン・メルヴィレイの場合、これまでに見つかっているのは頭の骨だけだが、それらの骨から推定された体長は13.5～17.5mで、現代のマッコウクジラにほぼ匹敵する。あらゆる動物のなかで最大の歯をもち（高度に改変され食べるために使われなくなった牙は別として）、長さが36cmを超えるものもあった。大型肉食マッコウクジラの頭骨には、頭頂部に大きな窪みがあり、脳油器官（88ページ参照）の存在を強くうかがわせる。こうしたクジラが自分と似たサイズの巨大な獲物を失神させることができたとはとても考えにくいし、恐ろしい顎と歯があるのにそんなことをする必要があったとも思えない。となると、脳油器官のおもな機能は大きな音で獲物を失神させることだという説（88ページ参照）とは相いれない。科学者にもこの器官の目的を突きとめられないというのは意外だが、これが多くのマッコウクジラの仲間にとって、時代を超えて有益だったことは間違いない。

大型肉食マッコウクジラの化石はほとんどがここ20年の間に発見され、今後もさらに発見されることが期待できる。そうなれば、この古代の巨大生物への理解が一段と進むだろう。この大型の海生捕食者が絶滅する原動力となった選択圧のひとつは、シャチとの競合だったのかもしれない。ヒゲクジラやアザラシ、イルカ、ペンギン（囲み記事参照）を襲っていたシャチとは、生態学的なニッチを共有していた可能性が高い。

## 獲物としてのペンギン

絶滅した大型肉食マッコウクジラは、海生哺乳類のほかにも先史時代のペンギン類を襲っていたようだ。現生のペンギンで最も大きいのは、有名なコウテイペンギン（*Aptenodytes forsteri*）で、体高1.2m、体重45kgに達する。しかしながら、過去4,500万年にわたって、それよりかなり大型のペンギン類が数多く存在した。ノルデンショルトジャイアントペンギン（*Anthropornis nordenskjoldi*）は、身長1.8mのわたしほど背は高くないが、体重はもっと重く、90kgだった。ジャイアントペンギン（*Pachydyptes ponderosus*）はこれより背は低いが、恐らく少し重く、時には100kgに達することもあった。また、イカディプテス・サラシ（*Icadyptes salasi*）は、サイズはほぼ似たようなものだが、いまより気候が暖かかった時代の南アメリカの地層から見つかっていて、ジャイアントペンギンの仲間が極端に寒冷な環境だけでなく、さまざまな環境で繁栄できたことを示している。

ペンギンの多様性は海生哺乳類の隆盛とともに減少し、特に大型種の減少が顕著だった。コウテイペンギンが陸上でヒナを孵すにあたって途方もない困難に直面することを思えば、驚くには当たらない。それにひきかえ、哺乳類は胎生（胚が親の体内で発育する）であるうえ、母乳を与えて育てるという効率良い保育のおかげで、競争上かなり優位に立てる。

▼先史時代のペンギンは現在の子孫たちと同じく、海生哺乳類の格好の獲物だった（恐らく、この想像画のような姿をしていたのだろう）。

# シャチ

シャチはハクジラの中で最大とは決していえないが、最大6トンにもなるため、
体重の点では、現生の最重量級の陸生動物と肩を並べる。
ここで取り上げることにしたのは、他の大型の海生生物と重要なかかわり合いをもつからだ。
実際、どの海の生物にとっても、シャチが捕食者となる可能性は十分にある。
そのうえ、シャチは本書を貫くテーマのひとつ（典型的な例がアリと人間）を象徴する。
つまり、もし結束すれば、巨体でなくても自然界において巨大な影響を及ぼせるのだ。

**シャチ**
*Orcinus orca*
体長：最大10m

シャチは一気に加速することができる。その推進力で水から完全に飛びあがり、飛んでいる鳥をキャッチして食べることもあるほどだ。

▼サイズ、パワー、恐ろしい歯、チームワーク、それに知性、これらすべてが揃ったシャチの前では、水中はもちろん水の近くでさえ、どんな生物も安全ではない。地球上に広く生息しているため、いつ不意を襲われるかわからない。

## シャチの生態

シャチは世界中の海に生息し、観測されたことのない場所はほとんどない。イルカと同じ科に属すが、サイズが大きくなる方向に進化し、サケから最大のヒゲクジラに至るまで非常に幅広い獲物を捕食する。母系を中心とする複雑な社会生活を送り、最年長の個体が他の個体の母、祖母、さらには曾祖母の場合さえある。50〜80年の全生涯を同じ群れで過ごすこともある。

シャチの群れは社会性をもつあらゆる動物の群れの中で最も安定していて、文化的伝統の基盤であると考えられている。たとえば、同じ母系の個体は似た声で鳴き、同じように行動し、同じタイプの獲物を食べる。

シャチは単独でさえ恐ろしい捕食者で、最大の個体は体長が約10m、体重は少なくとも6トンになる。強力な顎には鋭くしかも頑丈な歯が生えている。空中のカモメから、島のあいだを泳いでいるシカまで、極めて多様な獲物を捕らえた例が報告されているが、シャチの群れのおもなエサは魚か海生哺乳類だ。1頭のシャチが日に200kg以上の魚を食べる。

▲上：シャチ（*Orcinus orca*）はとても緊密で複雑な社会システムをもち、それが捕食者としての成功におおいに役立っている。
▲下：シャチは極めて適応力のある捕食者であり、水の外や浜辺、浮氷の上にいる獲物さえ進んで襲い、海面すれすれに飛んでいる鳥まで捕まえる。

## 狩りのテクニック

世界中に広く分布し、さまざまな魚を食べるが、一般に群れは、季節ごとに特定の獲物を中心に捕食する。たとえばノルウェー沖の群れは、カルーセル方式と呼ばれるテクニックを使ってニシンを捕らえる。1頭またはそれ以上のシャチが魚群の周りを、気泡を出しながら回り、周囲にカーテンをつくる。魚を囲い込んでどんどん密集させると、最後に尾ビレを叩きつけて魚を気絶または傷めつけ、気の向くままにくわえ取って食べるのだ。

基本的にあらゆる海生哺乳類がシャチの獲物になりうるが、小さい種ほど餌食になりやすい。他のクジラには文字通り隠れる場所はどこにもなく、アザラシやアシカはたとえ水から出ていても安全とは言えない。シャチが浮氷にわざと衝突してアザラシを追い出したり、波を起こして氷の上から洗い流したり、故意に浜に乗り上げて、水際にいるアザラシを襲ったりする様子は、自然番組の定番となっている。こうした狩りの多くが、シャチ同士の協調行動によってさらに効果を上げる。シャチの群れがクジラを追い回す場合も、同じことが言える。これはリカオン（*Lycaon pictus*）の狩りのスタイルとよく似ているが、シャチのほうが有利な点がある。クジラが空気を求めて浮上するのを絶えず邪魔することで、すぐに消耗させせることができるのだ。

シャチは適応能力にも優れている。捕鯨が盛んに行われていた時代には、クジラ漁師の立てる音を頼りに集まり、漁師から逃れたクジラを襲ったり、まだ引き上げられていないクジラに群がったりしていた。アラスカ周辺では、しかけられた延（はえ）縄（なわ）に沿って泳ぐことを学習し、漁師が縄を巻き上げる前に釣り針から魚をむしり取ることもあるようだ。

野生のシャチが人間を襲ったという報告はごくまれで、その場合も命にかかわった例はない。地球全体では恐らく少なくとも5万頭のシャチが生息し、極めて柔軟な食性の持ち主であることを考えると、驚くべきことだ。ひょっとするとこれも知能の高さの現れかもしれない。彼らは人間を他の動物と間違えないし、襲った経験のあるシャチはきっと、ひどいトラブルのもとになりかねないと悟るのだ！

# 海のモンスターとなった爬虫類たち

海生哺乳類は陸生哺乳類のある系統が進化して、遠い祖先が行っていた海中生活へと回帰したものだが、同じように陸生爬虫類のグループのいくつかも海に戻っていった。現在、ウミガメやワニ(8章参照)はわたしたちに馴染み深い存在となっている。しかしここでは、恐竜時代の海生爬虫類のうち、巨大化を遂げたが、現代までは生き残ることのなかったグループをいくつか紹介しよう。

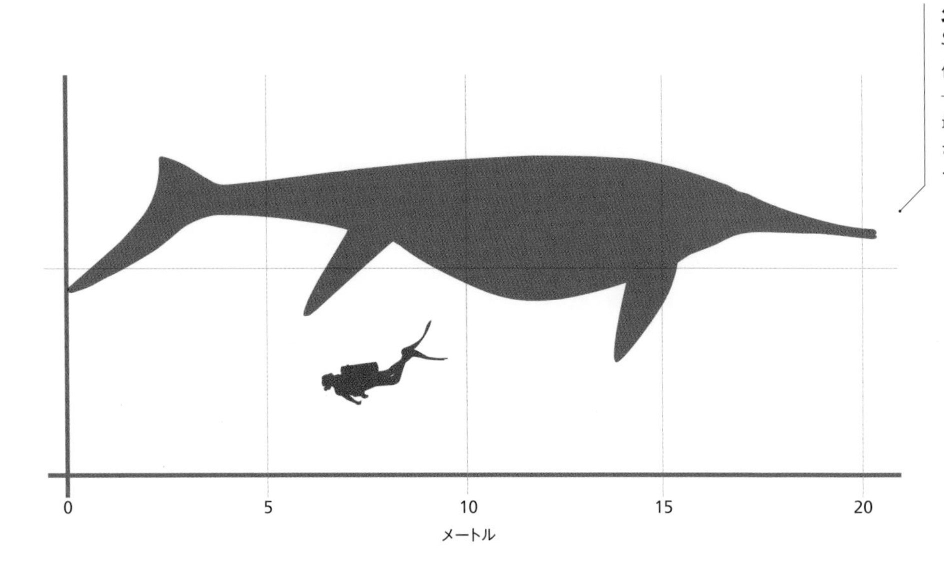


**ショニサウルス・ポピュラリス**
*Shonisaurus popularis*
体長：少なくとも20m

最大の魚竜の1種で、直径約1mと推定される最大級の眼は、深海の暗い水中でものを見るのに役立ったことだろう。

▲ショニサウルス・シカニエンシス(*Shonisaurus sikaniensis*)は
S.ポピュラリスとごく近縁で、やはり魚竜のなかではまさに最大級の部類に入ると考えられる。
魚竜の多くはイルカと驚くほどよく似た体制(ボディプラン)をもち、生態も似ていたに違いない。

## 魚竜

魚竜(イクチオサウルス類：意味は"魚トカゲ")は2億5,000万年前から9,000万年前ころまで世界中の海を遊泳していた。陸上に恐竜がいた時代と大部分が重なっている。極端に流線型のイルカのような動物から、もっとがっしりしていて、単に尾ビレを振るだけでなく全身をウナギのようにくねらせて泳ぐ生物まで、極めて多様性に富んでいた。

サイズの点では、巨大なものもいたようだ。体長1mしかないものがいた一方、少なくとも15mになる種がいくつかいたのは確かで、18m、20m、さらには25mに達するものもいたらしい。大きな個体は総じてショニサウルス属に分類されており、ショニサウルス・ポピュラリスとショニサウルス・シカニエンシスが、最大の種として一番よく名前が挙がる。魚竜はすべて肉食だが、摂食のための適応形態にはある程度の幅があった。一番よく見られるのはすばやく動かせたであろう長くて細い鼻先で、細く鋭い歯がびっしり生えていた。動きの速い中くらいのサイ

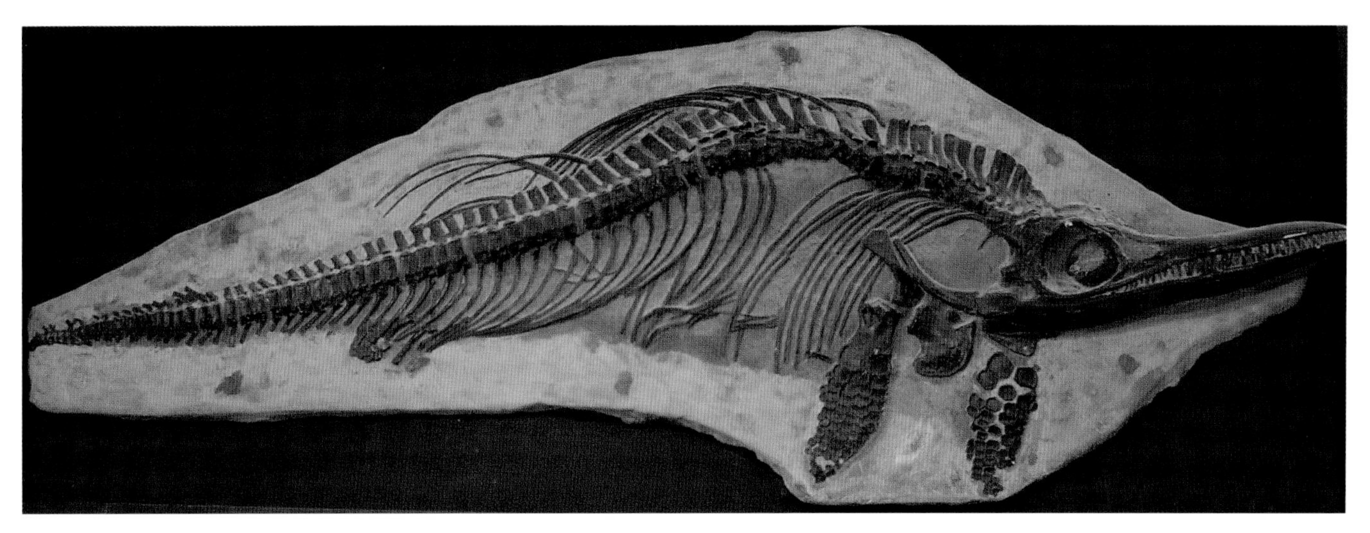

▲この化石からは、多くの魚竜がもっていたおびただしい数の“指”の骨がはっきり見て取れる。
こうした骨のおかげで前ビレを極めてしなやかに動かすことができ、泳ぎの速度と敏捷性が向上した。

ズの魚を捕らえるのに理想的なつくりと言える。その他の魚竜はもっと短くて頑丈な顎をもち、鋭いけれども短く折れにくい歯はハサミのように剪断をすることができた。これは、他の海生爬虫類や大型魚などのもっと大きな(自分と同じくらいのサイズの)獲物を食べていたことをうかがわせる。平たくて強靭な歯の生えた、並外れて頑丈でパワフルな顎をもつ種も少数いた。軟体動物の殻を砕いて食べていたのではないかと思われる。実際、そうした捕食者の歯で開けられた穴の痕のあるアンモナイトが見つかっている。

魚竜の摂食方法で最もまれなのが、ごく小さな獲物の濾過摂食のように思われる。この方法を用いていたとわかっているのは、ほんの一握りの種だけだ。すでに述べた(83ページ参照)ように、この摂食方法は魚類や哺乳類に比べて爬虫類ではそれほど頻繁には進化しなかったようだ。最大の魚類や海生哺乳類が濾過摂食者であることを考えると、魚竜はどれほど大きくなっても、最大のクジラほどにはならなかったのは、そのような理由によるのかもしれない。少なくとも一部の魚竜は内温動物だったという証拠がある。彼らは開けた水域を泳ぎ回っていたと考えられ、長時間の泳ぎで生じた熱を、巨体、体表面への血流の最小化、断熱作用のある厚い脂肪層の3つの組み合わせによって、体内に保持することができたのだろう。

魚竜は6,600万年前の白亜紀-古第三紀絶滅事件よりも前に死に絶えた。最終的に絶滅する何千万年も前に多様性の減少が起こっており、最大級の種たちは比較的早期に姿を消していたようだ。絶滅の原因はまだよくわかっていないが、他の海生爬虫類との競合が関係しているようには思えないし、わたしの勘では、サメやその他の大型肉食魚との競合によって引き起こされたわけでもないと思う。もしそうした競合が大きな意味を持っていて、魚竜が内温動物だったなら、温かい水域のほうが先に絶滅が進んだはずだが、そうしたしるしは見られない。魚竜が絶滅したあとに優位に立った海生爬虫類は開けた水域での遊泳はそれほど得意でなく、待ち伏せ型捕食に適応していて、急激な加速と瞬間的なエネルギーのバーストに頼っていた。魚竜は比較的高速での巡航を効率的に行えるデザインになっていたように思われるが、それでも、絶えず動いていることはコストが高くつくし、高速で泳げば特にそうなるという事実から逃れることはできない。生態系全体が、生産性が低下するような方向に変化したのかもしれない。そのような場合、魚竜のような開けた水域の巡航者、つまり、獲物を探すために絶えずエネルギーを消費し、食物連鎖の上位に位置し、体が大きい内温動物は、エネルギー収支の点で不利になりすぎ、生きていくことができなかっただろう。動きのすばやい獲物が進化してもっと効率の良い泳ぎをするようになり、魚竜にとっては、追いかけるのはエネルギーの点であまりにも高コストになってしまったのではないだろうか。

▼陸上の恐竜の化石とは対照的に、
魚竜やその他の先史時代の海生爬虫類については
完全な骨格が数多く発見されている。

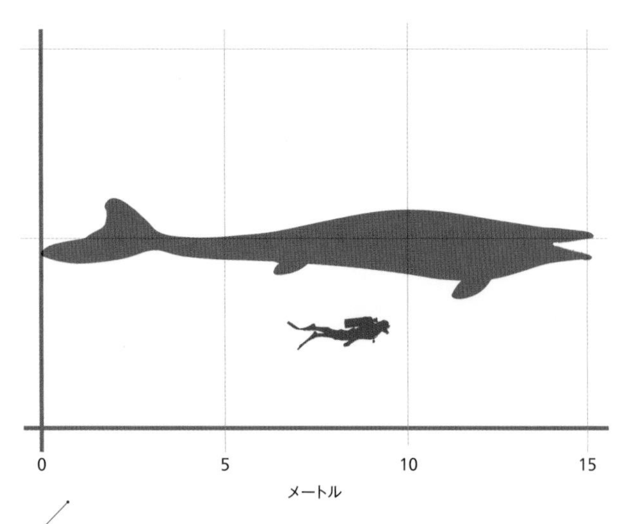


**モササウルス・ホフマニイ**
*Mosasaurus hoffmannii*
体長：17m

この種は魚竜の絶滅後によく見られるようになったモササウルス類の最大種のひとつと考えられている。

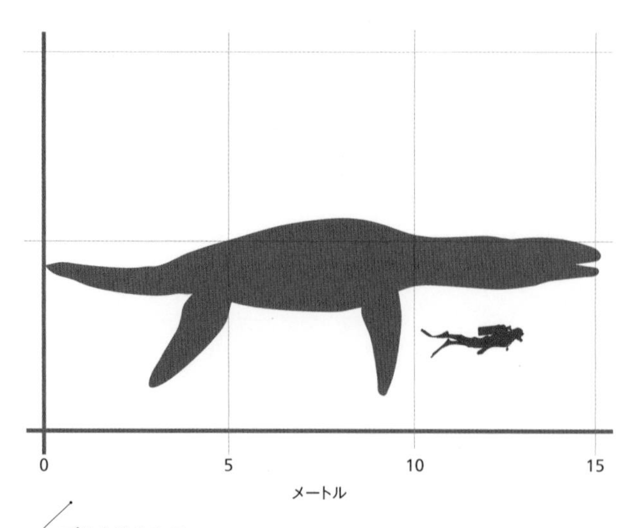


**プリオサウルス**
*Pliosaurus*
体長：最大15m

プリオサウルス型の最大種のなかには、プリオサウルス属の仲間が含まれる。

## モササウルス類

魚竜が死に絶えた後、海生爬虫類の別のグループがよく見られるようになった。モササウルス類（意味は“マース川のトカゲ”＊）だ。これも大型で、体長4m以下はめったになく、17mになることもあった。多くの点で魚竜と似ていて、やはり内温動物だったらしく、アンモナイトや魚を専門に食べていたものから、自分と同じ大きさの動物を襲う頂点捕食者までさまざまだった。とはいえ体型は、開けた水域での遊泳ではなく、待ち伏せをし、通り過ぎる獲物に襲いかかるのに適したデザインだと思われる。内温性だったことは意外だ。待ち伏せ型の捕食者なら、外温動物特有の低い代謝率の持ち主のほうが、長時間じっと動かずにいることができる。空気呼吸する水生生物の場合は特にそうだ。わたしの感じでは、モササウルス類は極めて活動的なハンターだったが、魚竜と違って、開けた単調な外洋には出て行かなかったのだろう。身を隠せるサンゴ礁やケルプの林のある沿岸の浅瀬の複雑な環境や、接近を気づかれにくい濁った水域を好んだのかもしれない。

最大級のモササウルス類には、体長が17mに達したと推定されるモササウルス・ホフマニイ、体長12～17mのハイノサウルス、最大14mに達したと考えられるティロサウルス属の仲間などが含まれる。

## 首長竜

首長竜（プレシオサウルス類：意味は“トカゲに近い”）もやはり陸にすむ祖先から進化して海に戻った海生爬虫類の主要なグループのひとつで、魚竜やモササウルス類と同じ時代に生息していた。これらは体型が大きく異なり、したがって泳ぎ方も異なっていた点で区別できる。他の2つのグループが尾を振動させたり全身をくねらせたりして推進力を得たのに対して、首長竜には4枚の巨大なヒレがあり、それを用いて水中を“飛行”した。とはいえ、空気呼吸をする（あらゆる爬虫類と同じ）、決して上陸しない、胎生である（現存するウミヘビでは普通）、恐らく内温動物であるといった多くの点が、他の海生爬虫類と同じだった。

首長竜にはおもに2つのタイプがあった。長い首の先に小さな頭のついたプレシオサウルス型と、首が短く頭が大きいプリオサウルス型だ。首が長いタイプの摂食戦略についてはほとんどわかっていない。どこかに潜んでいて、獲物が近くを通りかかると、大きな体を加速させる努力をすることなく、長い首をさっと繰り出して捕まえる待ち伏せ型捕食者だと、当初は考えられた。しかし、そういう動きをするには首の柔軟性が足りないように思われる。わたしの考えでは、透明度の低い沿岸や河口近くの水域で、獲物を目がけて泳いだのではないだろうか。小さな頭は襲いかかる寸前まで気づかれにくく、その後ろに続く大きな体は薄暗い水中では見えにくい。別の可能性として、プレシオサウルス型は海底を泳ぎ、頭を用いて堆積物を掘り起こして、見えないところに埋まっていた獲物を捕まえたとも考えられる。海底につくられた奇妙な溝が化石化したものが発見されており、一部の学者はまさにこのタイプの摂食ス

＊マース川はモササウルス類の見つかったオランダのマーストリヒトを流れる川のこと。

▲ティロサウルスのようなモササウルス類は、このようにして首長竜を襲ったかもしれない。またその逆も然りで、巨体への進化を促す強力な自然選択の原動力となった。

タイルによるものだとしている。しかしわたしとしては、この生物の頭や歯が、やはり砂に埋まっている岩に太刀打ちできるほど頑丈かどうか疑わしいと思う。首の短いタイプのほうはたぶん、もっと快適に遊泳しながら、比較的大きな獲物を探して襲っていたのだろう。

最大級のプリオサウルス型のなかには、プリオサウルス属の仲間たちがいる。完全な骨格は見つかっていないので、サイズの推定値には異論が多い。最大の個体は体長15m、体重45トンに達したかもしれないとされている一方で、同じ標本に基づく別の計算では体長が10〜13mとなっている。エラスモサウルス属の首の長い個体は、7mの首を含めて全長10mと推定されている。

▼スティクソサウルス・スノウイ（*Styxosaurus snowii*）はプレシオサウルス型首長竜のうち最大種のひとつで、体長が12mあった。長い首を使って、動きの速い獲物目がけて頭を突きだしたらしい。

第5章

# 空を飛ぶ巨大生物

飛行する脊椎動物というと真っ先に頭に浮かぶのは鳥類だが、コウモリも忘れるわけにはいかない。また、何千万年にもわたって、原始的な鳥類がまったく別の脊椎動物グループ、すなわち翼竜と大空を共有していたことも忘れてはならない。すでに述べたように、飛ぶ鳥のサイズは空を飛ぶことによって制約されている。かつて存在した最大の鳥は飛べない鳥の一部が進化したものであり、現在目にする最大の鳥もまた、飛べない鳥だ。

# 現代の最大の飛べる鳥

非常に大きな昆虫もいる(6章で紹介するように)とはいえ、飛行する最大の生物は鳥類のような脊椎動物だ。彼らは飛行に必要なエネルギーを生む筋肉を最大限に活用できるよう、頑丈な骨格をもっている。ここでは現存する最大の飛べる鳥を紹介し、それらの種が滑空をおおいに活用しているという事実に注目する。サイズが増すにつれ、翼の羽ばたきで生じる揚力で重力に対抗するのが難しくなるため、滑空の利用は避けられない。ただし、飛び立つときにはほぼあらゆる鳥が羽ばたきを必要とするし、どこまでの大きさなら空中に留まれるかを最終的に決めるのも羽ばたきだ。

アフリカオオノガン(*Ardeotis kori*)は一般に現生の飛べる鳥のなかで一番重いとされており、飛び抜けて大きな個体は体重が19kgもある。しかし、アフリカオオノガンとは近縁でない種でも、同じような大きさの鳥も数種類いる。カリフォルニアコンドル(*Gymnogyps californianus*)は最大14kg、ワタリアホウドリ(*Diomedea exulans*)は最大13kg、そしてコブハクチョウ(*Cygnus olor*)の特に大きな個体は14kgに達することがある。こうした異なる系統の鳥が同じように、最大約9~20kgの体重になるように進化したことは、飛べる鳥のサイズを20kg以下に抑えるような何らかの制約をうかがわせる。これらの鳥を観察してみると、さらにその感が強くなる。飛んでいるときはいかにも堂々としているが、離陸や着地時には、かなりぶざまなのだ。

**アフリカオオノガン**
*Ardeotis kori*
体重:19kg

この種は現生の最大の飛べる鳥と言われることが多いが、ノガン(*Otis tarda*)もこれよりわずかに小さいだけだ。どちらもオスのほうがメスよりかなり大きい。アフリカオオノガンはアフリカ南部の樹木がまばらな地域に見られる。当然のことながら、ほとんど地上で過ごしている。

## 飛行には多くのエネルギーが必要

羽ばたき飛行は多大な労力を要する。カモのローストに見られるようなどっしりした胸の筋肉が何よりの証拠だ。とはいえ、1章で述べたように、生物が筋肉から得るパワーは、体重が2倍になれば2倍になるわけではない。これは飛ぶ生物にとっては深刻な問題だ。飛ぶには重力に逆らわなくてはならず、重力は体重に正比例するからだ。揚力は翼の面積（体重とともに増えるが、増え方は体重よりゆるやか）と羽ばたきの頻度（体重が増えるにつれて減る）に比例する。したがって、空中に留まれなくなる最大のサイズというものがある。そこを超えると、重力と、筋肉のパワーによる羽ばたきで生み出される揚力とを釣合わせることができなくなる。その証拠に、先に述べた大型の鳥はどれも、可能な場合は常に羽ばたきより滑空を用いて飛翔する。

滑空飛行では、翼を広げて上昇気流に乗り、翼に当たる空気に体を持ち上げてもらう。上昇気流が生まれるにはいくつかの状況や条件が必要だ。日当たりのよい場所では、特に温まった地面（濃い色の岩など）の上の空気が温められて上昇する。遮るもののない場所では、断崖とか海の大波のような物体に風がぶつかると、上方に風の向きが変わる。大型の鳥はこうした風を生かして高みに昇る達人で、このときは、翼をしっかり広げておく以上のエネルギーは使わなくていい。ただし、どれほど熱心に滑空を利用する鳥でも、上昇気流のある場所までの移動や、離陸に必要なスピードを得たり、着陸の際にスピードを落としたりするためには、エネルギーを多く使う羽ばたきに頼る。

**コブハクチョウ**
*Cygnus olor*
体重：14kg

50カ国近くで繁殖しているコブハクチョウは、恐らく最も簡単に見られる大型の飛ぶ鳥だろう。ナキハクチョウ（*Cygnus buccinator*）もサイズは同じくらいで、現生の北米産の鳥では最も重いと考えられている。

**上：ワタリアホウドリ**
*Diomedea exulans*
体重：13kg

長くて幅の狭い翼で大きな滑空効果を得ている。

**下：カリフォルニアコンドル**
*Gymnogyps californianus*
体重：14kg

コンドル類は急旋回のできる幅の広い翼をもつ。

# 巨大なグライダー

恐竜の時代以降、現在目にする最大の鳥の数倍も体重のある飛ぶ鳥がいたことが、化石からうかがわれる。最大の鳥のひとつは現代のコンドルよりもアホウドリに似た形の翼をもっていたようで、そこから、この絶滅した巨大生物の生態についていくつかの仮説を立てることができる。また、そうした鳥にとっては離陸と着陸が最大の問題で、どちらの場合も、成功には強い風が欠かせなかっただろう。

## 飛行機なみの大きさ

1983年、サウスカロライナ州チャールストンで、空港の新ターミナル建設のための掘削工事中に興味深い化石が出土し、ある鳥類学者がペラゴルニス・サンデルシ（*Pelagornis sandersi*）と名づけていた2,500万年前の鳥の化石の一部であると判明した。この鳥の驚くべき点はそのサイズにある。体重が22～40kg、翼開長（よくかいちょう）がなんと6.4m、つまり現生の鳥の最大値の約2倍もあり、軽飛行機とほぼ同じサイズだったのだ！ もちろん、飛べない鳥なら、現存する鳥にも巨大なサイズのものがいる（116ページ参照）が、この鳥は地面を走り回るというより空を飛ぶ鳥だったと考えられる。そうでなければ、非常に長い翼と非常に小さな脚の説明がつかない。細長い翼は現代のアホウドリの翼にそっくりで、この巨大な鳥もまた、大海原の滑空者だったと推測される。

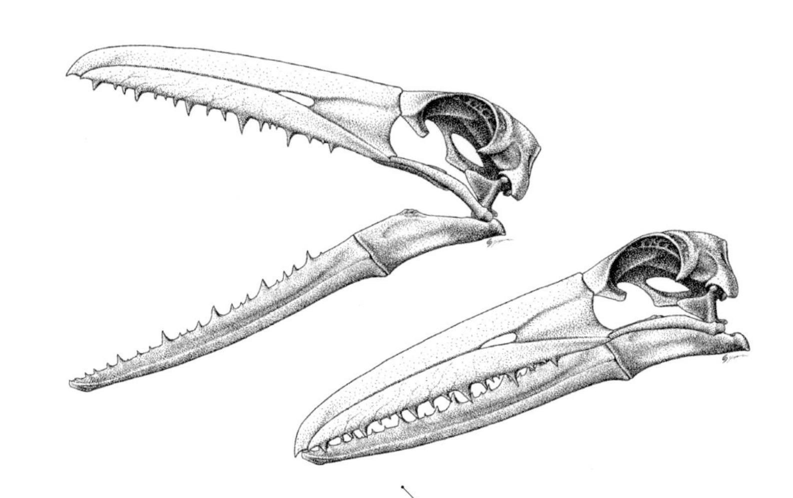

**ペラゴルニス・サンデルシ**
*Pelagornis sandersi*
翼幅：6.4m

嘴の縁に、歯に非常によく似た変わった突起をもっていた。詳しく調べてみると、現在のイルカのような、魚を食べる生物に見られる短くて鋭い歯に似ていることが明らかになった。この古代の鳥が魚のようなつかみにくい獲物を食べていたと考えて、たぶん間違いないだろう。

▼ペラゴルニス・サンデルシは長く細い（非常に効率のよい）翼をもっていた。現代のコンドルの翼（もっと機動性に優れる）よりもアホウドリの翼のほうに似ている。

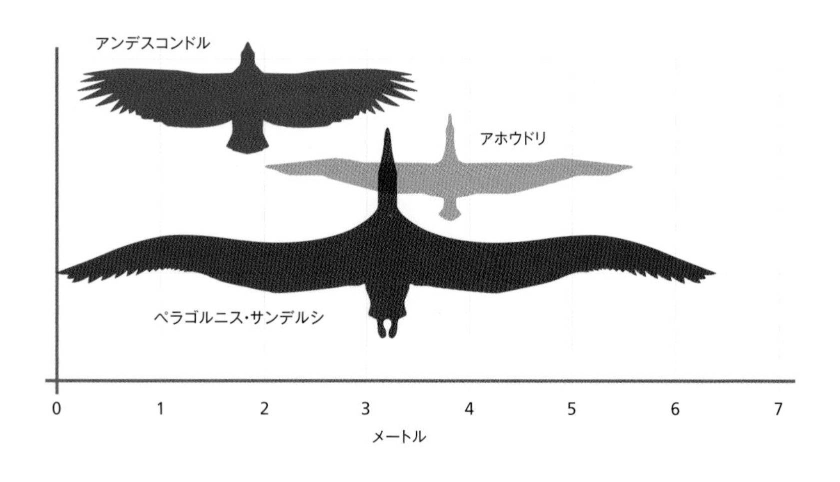

## 鳥の飛行の航空力学

滑空する大型の鳥の代表格はアホウドリとハゲワシだ。どちらも航空力学上の揚力を増すために広い面積の翼をもつが、翼の形はまったく違う。アホウドリの翼は非常に長くて幅が狭いが、ハゲワシの翼はそれよりずっと幅が広い。

アホウドリの翼は揚力と抗力(空中を前進する際の抵抗)との最適の妥協点を提供するようになっていて、わずかな上昇気流中でも巧みに滑空できる。ただしこうしたデザインの代償として、機動性は低下する。その翼の形から、アホウドリが旋回するには大きな空間が必要だが、広々とした海の上なら問題ない。波長の長い波の先端に押し上げられる風の恩恵を受けて、一直線に長距離を飛ぶ。大きな機動性が必要とされるのは、海上での長い滑空よりも、陸上で高みに舞い上がるときだ。

露出した暗色の岩石は周囲より温度が高くなり、その上空には上昇気流の柱ができる。ハゲワシはよくその中で旋回する。こうした空気の柱は一般に中心部が最もパワフルで、ハゲワシもその中で急旋回して、うまく上空に上昇できる。幅の広い翼だからこそ、それが可能なわけだが、抗力の増加という代償が伴うため、舞い上がるにはアホウドリの滑空より強い上昇気流を必要とする。ただし、そのような上昇気流が存在する空間は限られる。

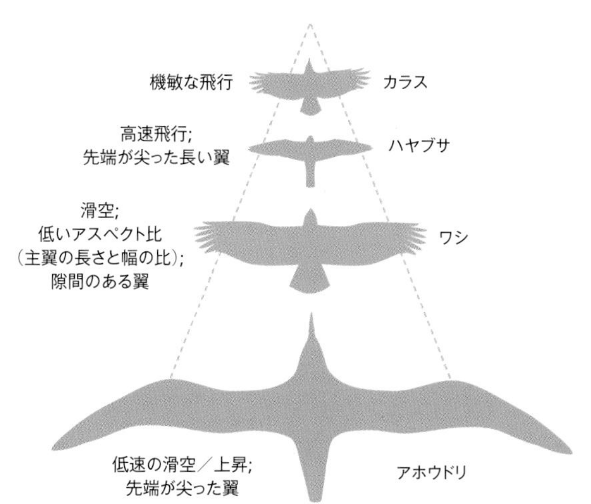


▲短くずんぐりした翼(戦闘機の翼のような)は、航空力学的な効率を犠牲にして最大の機動性を実現する。旅客機やアホウドリはエネルギーの節約を優先して、長く幅の狭い翼をもつ。

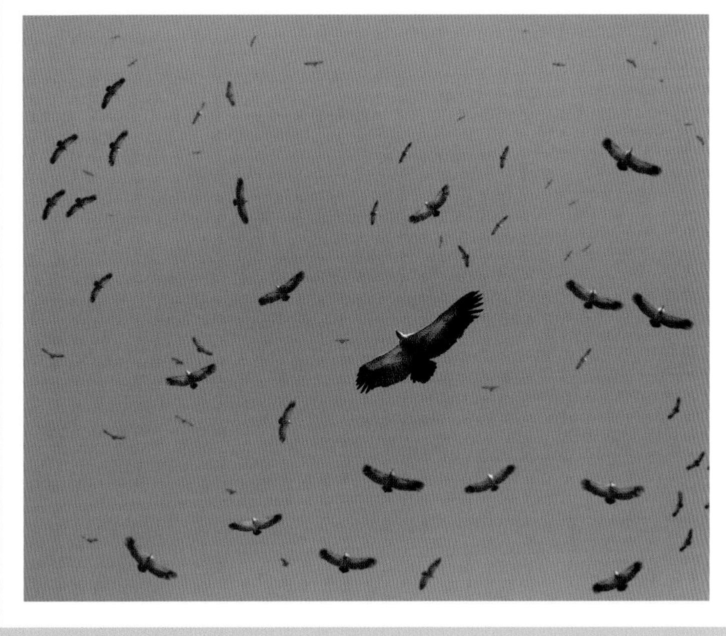

◀上:マユグロアホウドリ(*Thalassarche melanophris*)は大型のアホウドリ類である。
◀下:旋回するケープハゲワシ(*Gyps coprotheres*)の大群はあまり見られなくなりつつある。他の多くのハゲワシ同様に生息数が驚くほど低下している。

▲飛び立つのはコブハクチョウ（*Cygnus olor*）には大仕事だ。

## 飛ぶのは簡単！

いったん空中に上がれば、大きな鳥には滑空という申し分のない選択肢があるわけだが、着陸と離陸は大きな問題だ。一般に、グライダーは大きければ大きいほど速い。航空力学上のモデル化によると、ペラゴルニス・サンデルシは時速36km以下では飛べなかったようだ。これがいわゆる失速速度で、これ以下になると翼で十分な揚力を生みだせず、石のように落ちてしまう。つまり、最低でもこの速度に達するまで翼を広げて水面を走って、やっと飛び立てたということになる。これはなかなか難しい。時速36kmといえば、人間なら最高のアスリートでなければ無理なスピードだ。ただし、飛行の際に問題となるのは空気に対する相対的なスピードなので、向かい風のなかで走ることがひとつの解決策になる。時速18kmの向かい風があれば、ペラゴルニス・サンデルシほどのサイズの鳥でも、水面を時速18kmで走るだけで離陸できることになる。

着陸も、大型の鳥にとっては難題だ。時速18kmというのは、着地の際に激突してけがをする高いリスクなしに鳥が出せる最高速度だと考えられているからだ。ここでもやはり、向かい風のなかで着陸することで問題が解決するかもしれない。しかし、風に頼って離陸や着陸をすることは危険な生き方のように思える。もし、海面でエサを食べようと着水したはいいが、風がやんでしまったら？ たまたま通りかかったシャチなどの海の捕食者の格好の餌食になってしまう。

▲このアホウドリは着水の際に脚にかかる水の抵抗を利用して減速している。

▲グンカンドリ（*Fregata minor*）がアカハシネッタイチョウ（*Phaethon aethereus*）を追い回して、食べ物を吐き出させている。

## エサを採るのが一仕事

離陸と着陸をあまりしなくてすむように、ペラゴルニス・サンデルシはグンカンドリのようなエサの採り方をしたのではないかという指摘がある。グンカンドリは飛びながら海面の獲物をさっとくわえ取ったり、ほかの鳥をしつこく追い回して獲物を落とさせ、それを奪い取ったりする。グンカンドリが地上に下りるのは休む必要があるときだけで、一度飛び立てば何週間も飛び続けることができる。ただしこうした採食スタイルには極めて正確な飛行が要求される。ペラゴルニス・サンデルシがそれほど機敏だったかどうかは疑わしい。船にたとえれば高速モーターボートというより大型タンカーで、向きを変えるには時間と空間がたっぷり必要だったはずだ。現代のアホウドリは海面に着水して、動きが遅い獲物や死んだ獲物を食べるが、最大の種類でも、空中に飛びあがるのに十分な速さが得られるまで海面を疾走して、離陸することができる。こうしたことから、ペラゴルニス・サンデルシはアホウドリのような暮らしをしていて、適度な風を得られる海域にしかすめなかったように思われる。

▼グンカンドリは長期間飛び続け、休むときと繁殖のときしか地上に下りない。いくつかの種のオスにはよく目立つ赤い喉袋があり、求愛中に大きく膨らませる。

# ラテンアメリカの巨大生物

飛べる鳥としてはこれまでに知られている最大の鳥が、先史時代の南アメリカにいた。
驚くほど巨大な種で、人間の大人と同じくらいの体重があり、翼の形から、
現代のハゲワシのように腐肉食であったと推測できる。
そうした巨大な鳥はなぜ、現代の生態系から姿を消してしまったのだろうか。
彼らが特殊な生息環境を必要としたことに原因がありそうだ。

## アルゲンタヴィス：翼のある巨人

ペラゴルニス・サンデルシよりさらに重い飛べる鳥の化石が、南米のアルゼンチンで見つかった。化石の主であるアルゲンタヴィス・マグニフィセンスは600万年以上前に生息していた鳥で、体重は約70kgあったと考えられている。非常に長い翼をもっていただけでなく、骨の中が中空で軽かったことから、この鳥もやはり飛べる鳥だったことは間違いない。飛べない鳥の翼は体の割に小さく、おもにディスプレイやバランスのために使われる。また、飛べる鳥と違って重さを減らす必要がないので、重く強靭な骨をもつ。さらに、アルゲンタヴィス・マグニフィセンスの翼には航空力学上重要な機能を果たす次列風切羽（じれつかざきりばね）が付着していた突起があるが、この突起は飛べる鳥にだけ見られる。その巨体からして、この鳥はおもに羽ばたき飛行よりも滑空をしていたに違いないが、ペラゴルニス・サンデルシとは翼の形がまったく違うことから、生態も異なっていたと思われる。

**アルゲンタヴィス・マグニフィセンス**
*Argentavis magnificens*
体重：70kg

現代のハゲワシよりもワシに似た嘴をもっていたように思われることから、小動物の捕獲と大きな動物の死骸の腐肉食の両方をしていた可能性が高い。恐らく、現代のサギのように立った姿勢で地上の動物を捕食したのだろう。ただし、ここに描かれているように飛ぶことができた。

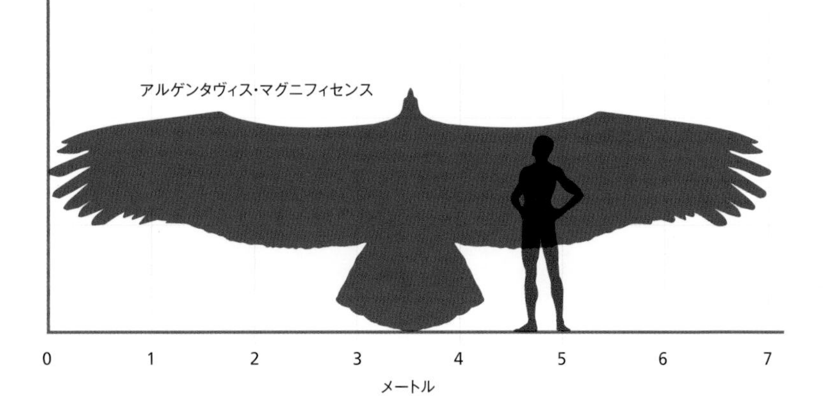

## 異なる2つのライフスタイル

アルゲンタヴィス・マグニフィセンスの化石はアルゼンチンのいくつかの発掘現場から見つかっている。見つかるのは常に、この鳥が飛んでいた時代には内陸深くに存在した地層の内部であるため、外洋性の鳥ではなかったと考えられる。完全に揃った翼の骨はまだ発見されていないが、すでに見つかっている骨のサイズから、翼はペラゴルニス・サンデルシの翼より飛び抜けて長いわけではなく、恐らく7mほどだったと推測される。ただし幅はずっと広かったようだ。この翼の形は、水の上での長い滑空よりむしろ陸地の上空で高く舞い上がる飛び方をしていたことを強くうかがわせる（105ページの囲み参照）。現代のアンデスコンドルのような腐肉食で、事故や病気、老衰、捕食などで死んだ大きな動物の死骸を食べていたと考えられる。

ペラゴルニス・サンデルシと同じように、アルゲンタヴィス・マグニフィセンスにとっても離陸と着陸は大きな問題だっただろう。航空力学モデルによると、最低滑空速度は恐らく時速65kmだったようだ。安全に着陸するには向かい風を見つけることが欠かせなかったに違いない。離陸に十分なスピードを得るには、外洋性のペラゴルニス・サンデルシにはない代替策を使えた。第一に、崖から飛び出すことができた。最初は石のように落ちるが、翼を広げれば、20mほど落下したあとは、翼に受ける空気の流れから十分な揚力を得て滑空に移れたはずだ。これは基本的にハンググライダーの滑空と同じで、崖の切り立った面で上向きになる風の助けで飛ぶ。第二に、やや華々しさには欠けるが、斜面を駆け下りて十分なスピードを得たのかもしれない。ただし、脚の形からすると、歩くのには問題ないが走るのはあまり得意ではなさそうだ。向かい風に逆らって下り坂をきびきびと歩けば、十分に離陸できたのだろう。このことから、アルゲンタヴィス・マグニフィセンスはたぶん、中程度から強風までの風を受けられるところにしか棲めなかったと考えられる。

## 巨大になったわけ

体が大きければ大きいほど飛ぶのに苦労するのに、ペラゴルニス・サンデルシやアルゲンタヴィス・マグニフィセンスがなぜそれほど巨大なサイズに進化したのか、はっきりとはわかっていない。答えは獲物をめぐる競争にあるのかもしれない。大きな動物の死骸を食べていたアルゲンタヴィス・マグニフィセンスにとっては、この競争が特に激しかった可能性が高い。そうした死骸にはほかの肉食鳥や哺乳類の捕食者も集まっただろうから、負けずに分け前を確保するには大きな体が必要だったのだろう。

現代のハゲワシがそれほど大きくならないのは、いまはそうした巨体を支えられるような環境がないからではないだろうか。600万年前の南アメリカはいまより暖かく、風も強かった（それが滑空飛行を助けた）が、それでも、豊かな植生を維持できるほど湿潤だったと考えられる。この植生が動物の豊富な個体数を支え、その動物がやがてアルゲンタヴィス・マグニフィセンスの食料となったのだ。今の世界では、そうした条件がそろう地域は、まず見られない。

ペラゴルニス・サンデルシについても、もし死んだ海生哺乳類のような大きな浮遊した獲物を漁っていたなら、競争に関する同様の理屈が成り立つかもしれない。生きた獲物を捕らえるにしても、体が大きいほうが大きな獲物を捕らえることができるし、食料がなかなか見つからなくても、巨体の蓄えで長期間、食べずに獲物を探し続けることができる。現代にはやはり、巨体に見合った適度な風と、それほど大きな鳥を養える食料を提供できる海域は、たぶんどこにもないのだろう。これほど巨大な飛べる鳥が生息するには、いくつかの条件が揃う生息環境がなければならないのだ。

▲アンデスコンドル（*Vultur gryphus*）はこの死んだ馬のような大きな獲物を喜んで分け合う。

# コウモリ：飛膜の不思議

現在地球に生息する大型の飛翔性脊椎動物にはコウモリもいるが、コウモリは鳥類ほど大型化していないようだ。いま東南アジアの至るところで見られる"オオコウモリ"のさまざまな種が1kgより重くなることはまれで、いまのところ、化石記録からはそれより大きなものがいた痕跡は見つかっていない。大きさの点では、コウモリは最大の飛翔性鳥類の足元にも及ばない。なぜ、そうなのだろうか？

## 揚力の限界

巨大なコウモリがいないのは、単に鳥ほど力強い飛行ができないからのように思われる。コウモリの羽ばたきは同じ体重の鳥よりもゆっくりで、羽ばたくための筋肉も少ないため、羽ばたきそのものの力が弱い。その結果、体重にかかる重力に対抗できるほどの揚力を生み出すことができない。この違いの原因は、鳥のほうが効率のいい呼吸器系をもっている（次ページの囲み記事参照）ことにありそうだ。コウモリは、哺乳類としては体の割に大きすぎる肺をもっているにもかかわらず、飛行に必要なエネルギーを鳥類ほどうまくは発生させられない。前にも述べたように体が大きくなるにつれて飛行は困難になるため、コウモリは小さいままでいるしかないのだ。

とはいえ、これは大型の滑空性コウモリがいないことの説明にはならない。コウモリは鳥がもつ採食ニッチのすべてを満たすようには進化せず、ほぼ全てのコウモリが昆虫や果物を食べる。そうした食料源を利用するには機敏さが要求されるが、一般に体の大型化と飛行の正確性は両立しないのだ。たとえば大型のハゲワシ類はアホウドリよりも機敏ではあるが、旋回するには数メートルの空間を必要とする。ハゲワシが動物の死骸を食べようと地上に下りるようすを見ると、そうした正確な機動性の欠如がよくわかる。彼らは突然の風にすばやく対応できなかったり、意図した地点に正確に着陸できなかったりするので、周辺に着地してから、死骸に歩み寄ることが多い。確実なのは、おおまかに目的物の近辺に下りることだけなのだ。

▼運がよければ、東南アジアでは都市部でもライルオオコウモリ（*Pteropus lylei*）を見ることができる。

◀インドオオコウモリ
(*Pteropus giganteus*)は
世界最大のコウモリの一種で、
最大1.6kgの重さになる。
本文で言及した以外にも、
コウモリには胎生による制約がある。
つまり、妊娠中のコウモリは、
早い段階で卵を産むことができる
鳥類よりも長い期間、余分な重量を抱えて
飛ばなければならないということだ。

## 哺乳類と鳥類の肺

人間やコウモリも含め哺乳類は、空気を肺に引き入れ、再び同じ管(気管)を通じて押し出す。息を吐くあいだは肺が収縮しているから、半分の時間は酸素を吸収していないことになる。また、酸素の消費された空気を肺から気管に押し出し、その一部を再び吸い込むので、外界から集めた100パーセント新鮮な空気を吸い込んでいるわけではない。これに対して、鳥の呼吸器系はもっと効率がよく、新鮮な空気が絶えず肺に流れ込むようになっている。つまり鳥類は、飛行のような激しい運動を行うのに必要な酸素を集める能力が、哺乳類よりも優れているのである。

コウモリは翼の羽ばたきと呼吸を同期させ、翼の押し下げと、息を吐くための横隔膜の閉鎖に同じ筋肉を使うことでエネルギーを節約している。しかしこれは、羽ばたきの頻度が、飛行の航空力学において最適な頻度と、呼吸効率の点で最適の頻度とのあいだの妥協案になるということも意味する。

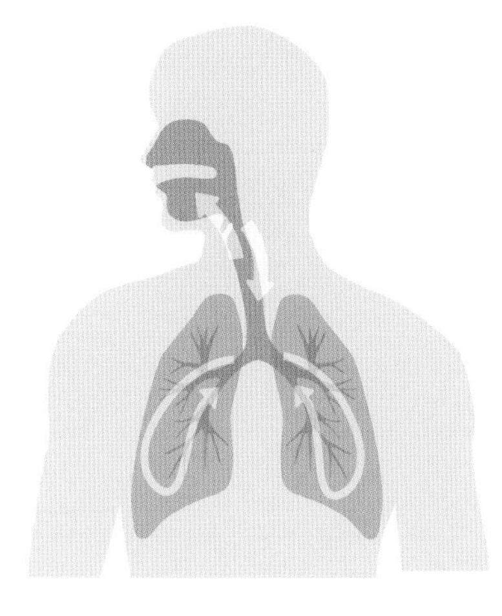

肺を通る空気の
流れは一方通行

気嚢が満たされ、
息を吐くときに空になる

酸素を奪われた空気が
吐き出されるのを待つ

# 巨大な翼竜類

翼竜は飛ぶ恐竜と称されることもあるが、それは正確ではない。
恐竜とほぼ同時代に生存し、同時に絶滅したが、近縁ではないからだ。
皮肉なことに、現代の鳥類こそ恐竜の直接の子孫だと、多くの研究者は考えている。
先史時代の飛べる鳥の場合と同じく、翼竜のなかにも飛行する巨大生物がいた証拠がある。

## プテラノドン類：巨大翼竜

鳥類とコウモリに加え、飛べるように進化した第3のグループがある。恐竜がいたころ、それとは別の爬虫類グループである翼竜が、初期の鳥類と空を共有していたのだ。なかには非常に巨大なものもいた。翼竜の1グループであるプテラノドン類については比較的完全な骨格の化石がいくつか見つかっていて、最大のものは翼幅が7mに少し足りないくらいで重さが40kg前後だったと推測される。この章ですでに紹介した最大級の絶滅した鳥類と同じくらいだ。やはり翼が長く、軽い骨をもっていたことから、この古代の動物も飛べたに違いない。

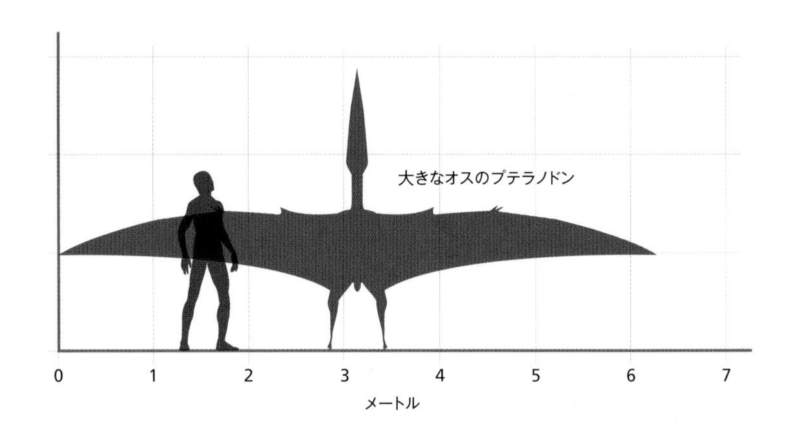

## コウモリでも鳥でもない

先史時代の翼竜がどのようにして飛んでいたのかについては、絶滅した鳥やコウモリ以上に、よくわかっていない。生きている実例がおらず、飛行のようすを観察できないからだ。鳥やコウモリ比較することもできるが、その場合、それらの脊椎動物グループのどちらとも非常に異なった生物だったことを忘れてはならない。

翼竜の翼は皮膚と羽毛からではなく、むきだしの皮膚の薄い膜からできているため、外見上は鳥よりコウモリに似ている。ところが翼竜の翼はコウモリの翼ともまったく違う。コウモリの翼の膜は4本の指全部で支えられていて、それらの指が独立して動き、翼の形を変えられる。これに対して翼竜の翼の膜は、翼の前端に沿って長く伸びた1本の指だけで支えられている。したがって、膜をぴんと張り、翼の形をコントロールできるようにするため、コウモリの膜よりも厚く、複雑で、より筋肉質だった可能性が高い。このような違いから当然、翼竜の飛行の航空力学は、鳥やコウモリとはまったく違っていたと予想されるが、実はまだ十分に解明されているとは言い難い。

翼竜の体も、コウモリとはまったく違っていた。コウモリは後肢が短く、短い首の先に小さな頭がついているが、翼竜は後肢が長く、長い首の先に大きな嘴のある頭がついていた。これは恐らく翼竜が、主に昆虫や果物を食べるコウモリとはまったく異なるライフスタイルをもっていたことを示している。

翼竜と鳥類の形態学的な比較から、大型の翼竜のライフスタイルは、地面を歩き回って魚やカエルのような小動物を捕らえる大型のコウノトリやサギと似ていたのではないかと想像できる。陸生動物の歩行の物理学に照らしても、体の割に後肢が長いという単純な事実からして、翼竜はコウモリより遥かに快適に地上を歩いていたと考えられる。翼竜の足跡の化石からは、邪魔にならないように翼を畳んで四つ足で歩き、走りさえできたことがうかがわれる。

**プテラノドン**
*Pteranodon*
体重:40kg

プテラノドン類は海洋動物だったように思われる。化石はほとんどが海成の堆積層から見つかり、時には体内に魚の骨が残っていることから、魚や海生無脊椎動物を食べていたことがわかる。

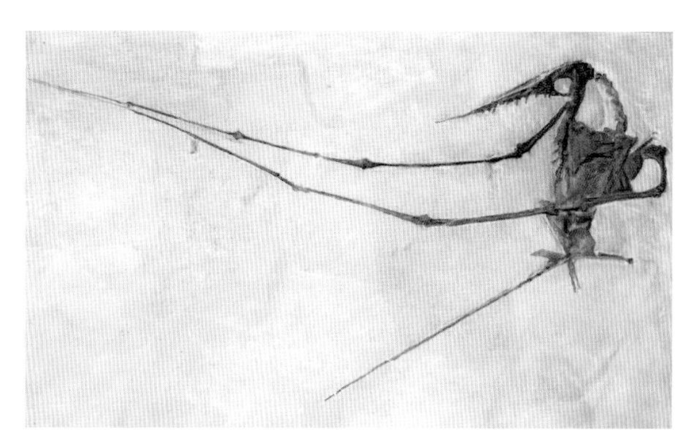

▲この翼竜は異常に長い尾をもっていたようだ。
このすばらしい保存状態の化石では翼とともに片側に折り曲げられている。

▼翼竜の場合、翼を支える骨はごく少ししか必要なかった。
骨は一般に重いため、少しの骨で十分だったことが、これらの爬虫類がこれほど大きくなり、それでいて飛ぶことができた理由のひとつかもしれない。

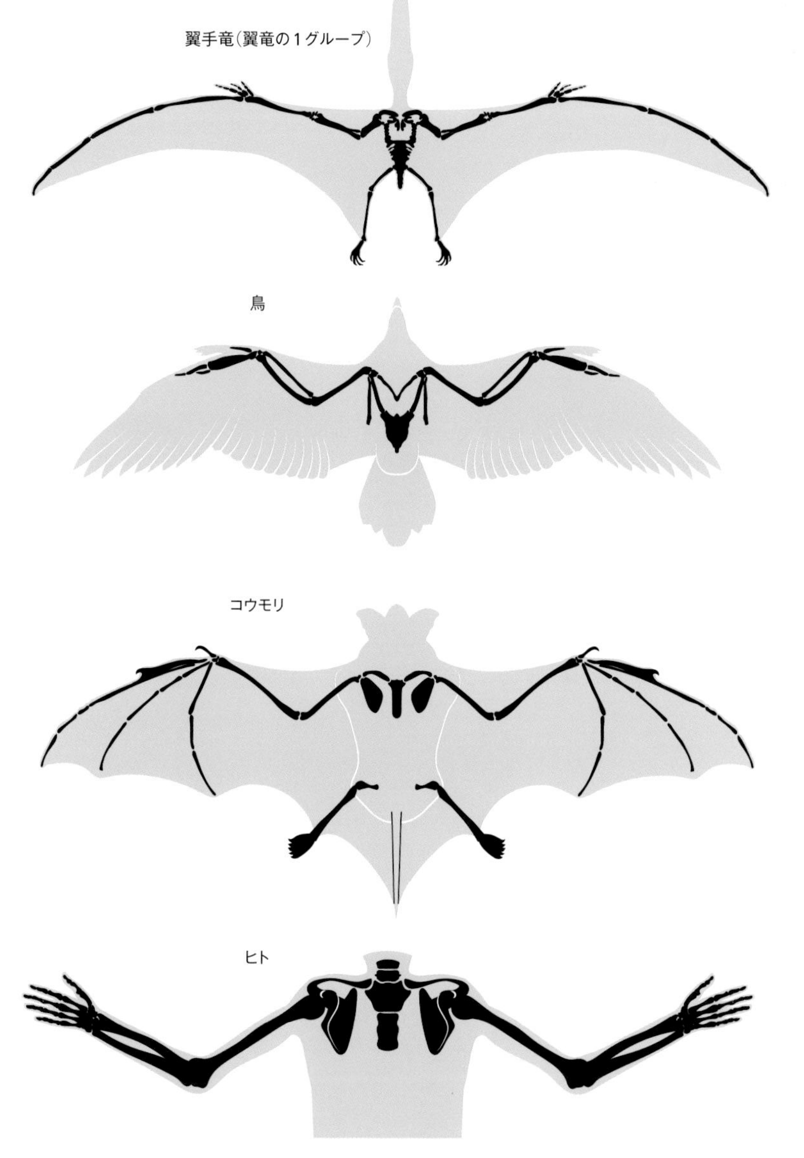

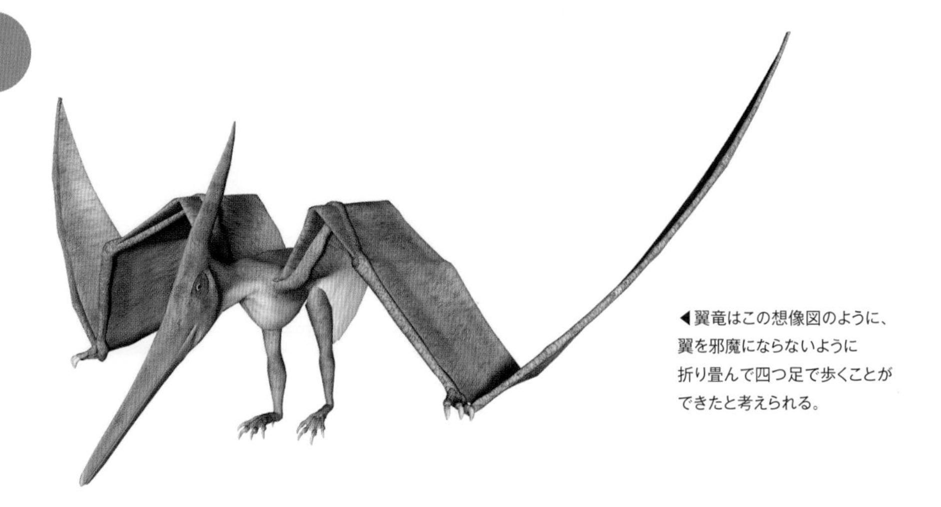

◀翼竜はこの想像図のように、翼を邪魔にならないように折り畳んで四つ足で歩くことができたと考えられる。

## 翼竜は飛べたのか?

最大のプテラノドン類でさえ飛べたことに、ほぼ疑いの余地はないように思われる。そうでなければ非常に長い翼の説明がつかない。また、骨格の化石には今の時代の飛べる動物にしか見られない特徴、たとえば中空で軽量の骨や、羽ばたき飛行に使う強力な筋肉が付着するための場所などがある。そうは言っても、摂餌方法が現代の大型のコウノトリやサギと似ていたなら、ほとんどの時間を地上で過ごして、飛ぶのはごくたまに捕食者から逃げたり、新しい餌場に移動したりするときだけだったかもしれない。サギやコウノトリは歩くことができるものの、新しい餌場に短い飛行をするほうが、速いし労力も少なくて済む場合がある。飛べば、空中からざっと見渡して、またエサを探すのにいい場所を選ぶこともできる。

プテラノドン類の巨体は捕食者となりそうな一部の相手を思いとどまらせるのに十分だっただろうし、それが無理でも、ただ走るだけで逃げおおせることができたかもしれない。しかし、陸生の捕食者に対しては、飛ぶことが最高の避難法となっただろう。

## 翼竜の離陸と着陸

最大のプテラノドン類は、絶滅した最大の鳥と同じくらいの翼幅をもちながらも、もっとずっと軽量だった。したがって、離陸と着陸は難しかったにしても、最大の鳥よりは簡単だっただろう。地面のものを漁るサギやコウノトリのライフスタイルには、特に正確な着陸は必要ない。大型のプテラノドン類も河口や浅い湖、沼地など、平坦で障害物のない柔らかいもので覆われた環境で採餌していたと推測できる。そうした場所なら、少々荒っぽい着地でも問題がなかっただろう。

離陸については、いまのところ一番有力な説は、最大のプテラノドン類でさえ、上昇気流のあるところを探さなくても、空中に飛びあがってしばらく翼を羽ばたけば高みに昇ることができただろうというものだ。ごく小さな鳥は立った姿勢から飛び立つことができるが、大型の鳥にはそれは無理で、飛び立つには翼を広げて走らなければならない。一説によれば、プテラノドン類は鳥と違って、四肢すべての力強い筋肉を使い、空中に飛びあがるときに地面を蹴ることができた。この動きによって、立った姿勢から飛びたてたという。ただし、それが本当に可能だったかどうかは不明だ。小さな鳥が即座に飛び立てるのは、空中に飛びあがるのと同時に、揚力を生むのに十分なほど高速で羽ばたくことができるからだ。大型のプテラノドン類が7mもある翼を高速で羽ばたけたとはとても思えない。最大級の翼竜は現在の大型の鳥と同じように、走って離陸したのではないだろうか。長い後肢のおかげで二本足で速く走ることができただろうし、翼を広げることで、最初はバランスをとり、走る速度が増すにつれ、揚力を得ることができただろう。鳥(あるいは翼竜)にとって、平坦で地形が単調な河口や沼地でエサを漁る利点のひとつは、接近する捕食者の姿が遠くから見え、飛び立つための時間がたっぷり取れることだ。

## 超大型翼竜

インターネットで検索すると、プテラノドン類とは近縁でなく、さらに巨大だったかもしれない翼竜のグループについての報告がある。もし、翼幅が10mを超え、体重が恐らく大人の3倍(260kg)という推定値が正しければ、かつて自然界に存在した最大の飛べる生物ということになる。それらの巨大生物はケツァルコアトルス・ノルトロピ(*Quetzalcoatlus northropi*)、ハツェゴプテリクス・タムベマ(*Hatxegopteryx thambema*)、アランボウルギアニア(*Arambourgiania*)と名づけられているが、どれも、ごくわずかな骨の断片しか見つかっていない。実際、化石を全部まとめてナップサックに詰め込んでも、まだランチを入れる余地があるほどだ。したがって、これらの動物に関してわかっていることと言っても、ほとんどは憶測に過ぎない。

この3つの巨大翼竜のうち、最も多くの資料があるのはケツァルコアトルス・ノルトロピで、54cmの完全な骨1本と、同じ翼からのその他の骨の断片少々が見

▲飛行中のケツァルコアトルス・ノルトロピを描いたもの。色彩はあくまでも画家個人の考えによる。

つかっている。この種が生息していたのは6,600万年以上前で、恐らく飛ぶことができただろう。知られている翼竜はすべて飛ぶことができ、ケツァルコアトルス・ノルトロピの化石も、そうしたグループに典型的な軽量化した骨をもっていたことを示している。とはいえ、絶滅した動物の姿をたった1本の骨から再現しようとすれば、これまでに触れたほかの動物の場合よりも多くの想像力を必要とするし、結局は不確かさがいっそう膨らむことになる。

いまのところケツァルコアトルス・ノルトロピの体重として最も信憑性の高い推定値は260kgだが、この10年の研究では全身の形をどう仮定したかによって、64kgという低い値も、540kgという高い値も提出されている。手がかりとなる化石がもっと見つかるまでは、これ以上の憶測は控えるべきだろう。いま確実に言えるのは、1,000件以上の標本が見つかっているプテラノドンの仲間には、恐竜の時代に空を飛んでいた巨大な種類がいたということだ。しかし残念なことにそうした巨大生物は、6,600万年前に巨大な隕石が地球に衝突し、舞い上がった塵の雲が太陽を覆い隠したとき、恐竜とともに滅んでしまった。

**ケツァルコアトルス・ノルトロピ**
*Quetzalcoatlus northropi*
翼幅:10m

この翼竜は地上ではそれほど捕食者を恐れる必要はなかっただろう。背の高さからしてこっそり近づくことは難しかっただろうし、その大きさだけでも、たいていの敵を思いとどまらせることができただろう。

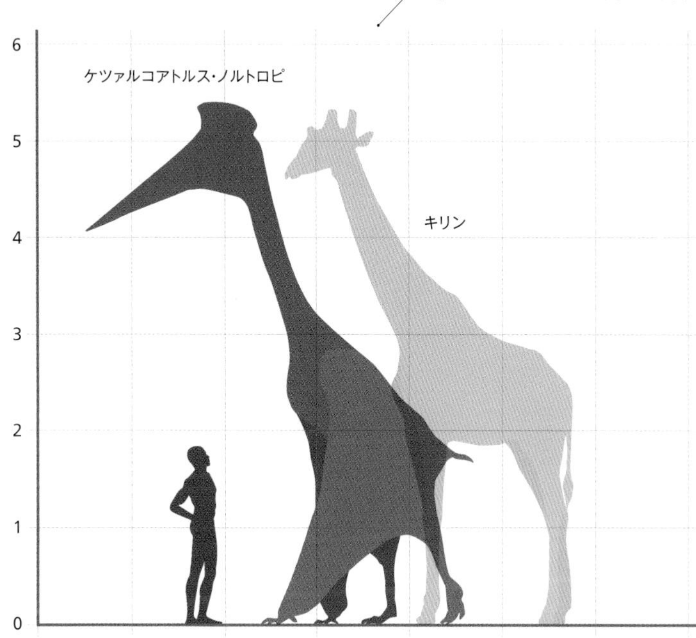

# 飛べない巨鳥

現代の巨大な鳥たちは飛ぶことができない。
飛べない鳥がすべて巨大なわけではないが、最大級の鳥たちは大人の人間の身長を楽に超える高さがある。
体の構造のいくつかの特徴から、これらの鳥が飛べる祖先から進化したことがわかる。
一番はっきりしているのは翼があることだ。しかし飛ぶ能力は高くつく。
一部の種では飛翔の利益がそのコストに見合わなくなったのかもしれない。

## 生きている巨鳥たち

飛べない南米産のレア（レア目に3種がいる）は体重が40kgに達することがあり、オーストラリアには体重がそれぞれ50kgのエミュー（*Dromaius novaehollandiae*）と60kgのヒクイドリ（ヒクイドリ属3種がいる）がすんでいる。しかし最も大きいのはアフリカのダチョウ（*Struthio camelus*）で、体重150kgという例がある（120ページ参照）。これらの鳥はすべてもっと小型の飛べる祖先から進化したが、時とともにしだいに大きくなり、ついには、飛ぶには大きくなりすぎてしまった。そうなると、大きな翼と羽ばたくための筋肉をもっている意味がない。その結果、いまでは体の割に小さな翼になり、走る際にバランスをとったり、求愛のダンスをしたりする以外はほとんど使われない。

▲上：南米のアメリカレア（*Rhea americana*）は最大45kgに達する。
▲中：オーストラリアのエミュー（*Dromaius novaehollandiae*）は最大60kgに達する。
▲下：オーストラリアのヒクイドリ（*Casuarius casuarius*）は70kgを超えることもある。

## 巨大なモア

もし現代の飛べない巨鳥のひとつが絶滅して、骨でしかその存在を知ることができなかったとしても、やはり飛べない鳥だったとわかるだろう。翼が短すぎ、胸の骨は大量の飛翔筋を支えられるほど大きくも、頑丈でもないだろうからだ。まさにそうした特徴を示す絶滅した巨大生物の骨がある。600〜700年前まで、モアと呼ばれる巨大な飛べない鳥のいくつかの種がニュージーランドにすんでいた。最大のサウスアイランドジャイアントモア（*Dinornis robustus*）は立つと大人の2倍の高さがあり、体重は230kgもあった。当時ニュージーランドは深い森に覆われ、モアは現代のヒクイドリのような暮らしをしていた。森林性の雑食動物で、果物、植物の芽や種子、菌類、それに捕らえることのできた無脊椎動物や小さな脊椎動物は何でも食べていたのだ。

モアにはあいにくなことに、ニュージーランドには哺乳類がいなかった（次ページの囲み記事参照）ため、この鳥が、1250年ころにやってきた初期の入植者の狩りの標的となった。明らかに、モアはその卵ともども、十分な食料となったようだ。入植者が来る前は地上の捕食者を心配する必要などなかったモアは、捕まえるのも容易だっただろう。悲しいことに、ニュージーランドに人類が到達して150年で、モアは完全に姿を消してしまった。

**サウスアイランドジャイアントモア**
*Dinornis robustus*
体重：230kg

モアには種がいくつあったのかについては意見が分かれているが、一部の個体が本当に巨大だったことは疑いの余地がない。最大級の個体は長い首を計算に入れなくても、肩が成人男性の身長より高かった。

◀最大級のモアでさえ、槍のような投擲武器をもった人間には容易な獲物だった。槍の投げられる距離まで人間が近づいても平気だったため、人間への恐れを発達させる間もなく、絶滅させられてしまった。

# 巨大なワシ

一般に、猛禽類が悪夢に登場することはない。
すでに述べたような理由から、飛べる鳥は飛べない鳥に比べて小型で、軽量なことが多い。
そのうえ、猛禽類はおもに自分よりかなり小さな獲物を狙う傾向がある。
その理由のひとつは、自分より小さい獲物でないと、落ち着いて食べられる場所まで運べないからで、
もうひとつは、獲物を制圧する際に翼に傷を負えば、飛べなくなる恐れがあるからだ。
ところが最近まで肉食の哺乳類がいなかったニュージーランドには巨大なワシの生存する余地があり、
ジャイアントモアをエサにしていたらしい。

## ニュージーランドの最高位の捕食者

モアには、人間がやって来る前にも敵がいた。人間をさらうほど巨大なワシが登場するのはギリシャ神話のなかだけだが、マオリの言い伝えによればニュージーランドのサウスアイランドにはかつて、子どもを襲うほど大きなワシがいたという。それがハーストイーグル（*Harpagornis moorei*）で、体重は15kgもあったが、翼はそのサイズの鳥にしては著しく短く、翼開長が"わずか"3mしかなかった。ところが骨格を見ると骨は太く頑丈で、その構造から、並外れて巨大な飛翔筋と脚筋が付着できるように進化したことがわかる。

ハーストイーグルは、現在南アメリカの森やジャングルで見られるオウギワシ（*Harpia harpyja*）の巨大化版（約30パーセント重い）のようなものだ。オウギワシは長時間飛ぶことはせず、高いところに止まったまま獲物を探す。ナマケモノやサルを見つけると、巨大な筋肉を使ってさっと飛び立ち、短い翼のおかげで、すぐれた機動性ですばやく飛行できる。そうした飛行は非常にエネルギーを消費するが、ちょうどチーター（*Acinonyx jubatus*）の全力疾走のように、ごくたまにしか行わなければ持続可能なのだ。

巨大なモアといえども、大型犬ほどの体重があって時速80kmで突っ込んでくるハーストイーグルの筋肉質の脚になぎたおされれば、一瞬で気絶してしまったことだろう。モアが倒れると、ハーストイーグルは地面に下り、恐ろしい嘴でとどめを刺す。獲物を横取りしようとする肉食哺乳類がいないことを知っているので、それから悠々と食べ始める。ハーストイーグルがモアと同じ頃に姿を消したことは、この飛べない鳥がおもな食料源だったことを示している。

## 隔絶された島

ニュージーランドとオーストラリアはかつて南極大陸と地続きだったが、およそ8,500万年前にニュージーランドが分離し、離れ始めた。当時はまだ恐竜が地球を支配していて、哺乳類はほんの脇役にすぎなかった。6,600万年前ころの白亜紀-古第三紀絶滅により恐竜が滅んだ後、オーストラリアにいた原始的な哺乳類が繁栄し、現在見られるさまざまな有袋類に進化した。ところが何らかの理由で——ひょっとすると単なる偶然の成り行きかもしれないが——ニュージーランドでは初期の哺乳類が重要な役割を演じることなく死に絶えた。

人類がニュージーランドに到達したとき、そこにいた唯一の哺乳類がコウモリだった理由は、ひとつは、哺乳類が繁栄できないようなタイミングで島が分離したことと、島という隔絶した状況がもたらした結果だった。そのうえ、ニュージーランド周辺の卓越風と海流はほぼ常に、飛んだり漂ったりしている動物や植物を引き寄せるより遠くへ押しやるように作用した。こうして大型の捕食者や競争相手がいなかったため、飛べない鳥が繁栄し、ほかの場所ではブタやシカが占めているニッチを埋めたのだ。ニュージーランドは、人類が植民した最後の場所のひとつであるという意味でもユニークだった。下の絵のようなポリネシア人の船は長い航海に耐えることができ、太平洋の民族がニュージーランドに到達することを可能にした。

**ハーストイーグル**
*Harpagornis moorei*
体重：15kg

この絵では大きなモアを襲っているが、可能であれば、もっと小さな種や若鳥を狙っただろう。

# アフリカの巨鳥

アフリカは地球最大の現生鳥類であるダチョウのふるさとで、これまで知られている中で最大の鳥類の骨が見つかっている。
いみじくもエレファントバードと呼ばれたそれらの鳥、エピオルニスはマダガスカル島にすんでいた。
ここでは、アフリカの現生の鳥類と絶滅した鳥を詳しく調べて、
それほど巨大なサイズをもたらした選択圧は何だったのか、考えてみることにしよう。

## ダチョウ：最大の現生鳥類

117ページで述べたように、大型の飛べない鳥、モアがニュージーランドで繁栄できたのは、肉食の哺乳類がいなかったからだ。となると、現在のアフリカのサバンナで、なぜダチョウは大型のネコ科動物やリカオン、ハイエナと共存できるのだろうか。実際、これらの捕食者はすべて、時折ダチョウを狙うが、捕まえるのはそう簡単ではない。頭の高さが3m近くある動物に忍び寄るのは難しく、危険を察知すればダチョウは長い脚を生かして時速64km以上で逃げることができる。鳥類特有の効率のよい呼吸器系のおかげで、哺乳類の捕食者が全力疾走できるより長く、このスピードをずっと維持できるのだ。たとえ追い詰めたとしても、ダチョウをしとめるのは容易ではない。強力なキックで人間が殺されたこともあるほどだ。こうした理由から、アフリカの捕食者はたいてい、もっと手頃な獲物を追いかける。

## エレファントバード（象鳥）

エレファントバードはニュージーランドのモアよりさらに巨大だった。最大の仲間（エピオルニス属の一種）は高さが3mを超え、体重が350～500kgあって、約10kgの卵を産んだ。これは鳥類最大の卵で、ニワトリの卵150個分に相当する。形態と、人間の影響が及ぶ前のマダガスカルの環境からすると、これらの鳥の生態は恐らくモアと似たようなものだっただろう。祖先は島に飛んで来たずっと小さな鳥で、大型の植物食有蹄類や肉食哺乳類がいなかったため、巨大な飛べない鳥に進化したと考えられる。絶滅したのは17世紀か18世紀ころだが、2,000年前ころに人類がマダガスカルに初めて入植して以来、数は減り続けていた。

**エレファントバード**
エピオルニス(*Aepyornis* sp.)
体重:500kg

鳥類は一般に成長が速く、ダチョウは1歳で親に近い大きさになるが、エレファントバードの場合、卵は巨大であるにもかかわらず、幼鳥が成鳥の大きさになるにはしばらくかかったようだ。幼鳥は親と一緒にいることで、捕食者から護ってもらったのかもしれない。

**ダチョウ**
*Struthio camelus*
体重:150kg

飛ぶ能力は失ったが、羽毛に覆われた小さな翼(この写真では体の周りの羽毛の塊のように見える)を有している。小型の飛べる祖先から受け継いだもので、求愛中のディスプレイや、卵や孵化したばかりの雛の日除け、でこぼこした地面を走るときのバランス維持に使う。

◀みごとにつなぎ合わされたエレファントバードの卵とニワトリの卵の大きさの対比。

# 恐鳥類

現生の巨大な鳥の一種に殺されるには
よほどの凶運の持ち主でなければならないが、
500万年前の南アメリカの平原ではまったく
事情が違っていた。当時の最上位の捕食者は、
恐鳥という印象的な名前で呼ばれる鳥だったのだ。
ここでは、これらの鳥について現在わかっていることを
紹介したのち、巨大な鳥がなぜそれ以上大きく
ならなかったのかを考察して、この章を終えることにする。
人間より遥かに大きな鳥もいたものの、
最も大きな飛べない鳥でさえ、最大級の哺乳類や
爬虫類のサイズにまで進化することはなかった。

## 危険な捕食者

この章で最後に紹介する巨大な鳥は、ゾッとするほど恐ろしいものが好きな人たちの関心を引くような名前をもつ鳥、恐鳥だ。この肉食鳥が人間を殺したことは一度もないが、それは殺すべき人間がまだいなかったからに過ぎない。恐鳥は約6,200〜200万年前にかけて、南アメリカ一帯の最上位の捕食者だった。化石から、最大の個体は立つと3mの高さがあり、体重は150kgで、どっしりした筋肉質の脚をもっていたことがわかる。その脚のおかげで、時速50kmで突進し、強力なキックを繰り出すことができた。とはいえ、これまで紹介してきた鳥との際立った違い、そして恐鳥を明白な肉食動物として特徴づけるもの、それは肉を引き裂く強力な嘴だ。

## 残念な最後

簡単に言うと、恐鳥は地質学上のあるできごとに殺された。およそ250万年前まで南北アメリカは海によって隔てられ、双方でまったく異なる動物グループが進化していた。南アメリカには大きな肉食哺乳類がほとんどおらず、恐鳥類（学名を使うならフォルスラコス類）が支配していた。ところが250万年前に海面が下がり、パナマ地峡が形成されて陸橋ができた結果、“アメリカ大陸間大交差”が起こり、動物が2つの大陸のあいだを移動し始めた。クマ科、イヌ科、大型ネコ科動物が北アメリカから南アメリカへ移動し、恐鳥を駆逐したと考えられている。最大級の恐鳥類の一種であるティタニス・ワレリ（*Titanis walleri*）だけが、科のなかで唯一、北へ移動していまのフロリダまで達したが、そこで特に広がることもなく、20万年後には完全に死に絶えた。

▲250万年前に始まったいわゆる“アメリカ大陸間大交差”で、
南北アメリカ間での動物の移動が起こった。
その結果もたらされた競争によって、恐鳥が絶滅した可能性が高い。

**ティタニス・ワレリ**
*Titanis walleri*
体重：150kg

恐鳥がしとめた獲物を奪おうとするのは、非常に勇敢か、よほど空腹な動物だけだろう。強靭な脚、鋭い鈎爪、恐ろしい嘴に、たいていの競争相手はすぐに退散したに違いない。

## 大きさには限界がある

大きな鳥は昔もいたし、いまもいるが、真に"巨大な"鳥はいない。体が大きくなると、翼の生み出す揚力で重力に対抗することが難しくなる。実際に大きな飛べる鳥がいない理由は、それで簡単に説明がつく。しかし、現生のものも絶滅したものも含め、最大級の鳥はすべて飛べない鳥だ。また、鳥類は何千万年も昔からいるのに、同じ時間の長さで他の脊椎動物が繰り返し達したようなサイズには一度も進化したことがない。鳥類が500kgを超えたという証拠は何もないのだ。これに対して、乳牛は軽いものでも500kg、ゾウはその10倍もあるし、最大級の恐竜は100倍もあったに違いない。

鳥類がなぜ巨大なサイズにならないのかを説明する有力な説では、固い殻の卵を親の片方または両方が温めて孵すという、鳥類のユニークな特性が重要になる。親鳥が大きくなれば、卵の上に座って温めても潰れないように、殻が丈夫になる必要がある。しかし殻が厚くなると、中の雛が呼吸するための酸素が通過しにくくなるだけでなく、孵る準備ができたときに雛が殻を割りにくくなるというのだ。

とはいえ、この答えで完全に納得できるかというと、そうはいかないようだ。地面に埋まっている爬虫類の卵に比べて（例えばウミガメの卵は浜辺の砂に深く埋められている）、空気に曝されている鳥類の卵では酸素の吸収は容易なはずだ。それに、外に出たがっている雛を親鳥が手伝うように進化できないわけはない。ナイルワニ（*Crocodyus niloticus*）は実際にそうした行動を進化させていて、孵る準備ができたと鳴く仔ワニの声を聞くと、卵を口にくわえて転がしてやる。そのうえ、鳥類の中には親鳥による抱卵をやめたものさえいて、ツカツクリ（ツカツクリ科）は発酵熱で温かい塚に卵を産む。爬虫類の習性に戻ったわけだ。

というわけで、鳥類が巨大になるのを妨げる要因は何もなく、単に哺乳類のほうが巨大になるのが容易だっただけのように思われる。哺乳類は胎生で、大きな仔を少数産む。この6,600万年のあいだ、哺乳類のほうが、真に巨大なサイズを要求するニッチを満たすことが容易だったのだ。それ以前は、鳥類が登場する前に、そうしたニッチはすでに恐竜によって占領されていた。ひょっとすると、もし恐竜と同時に哺乳類も絶滅していたなら、いま地球上を5トンもあるシチメンチョウが歩き回っていたかもしれない。

第6章

# 大型昆虫

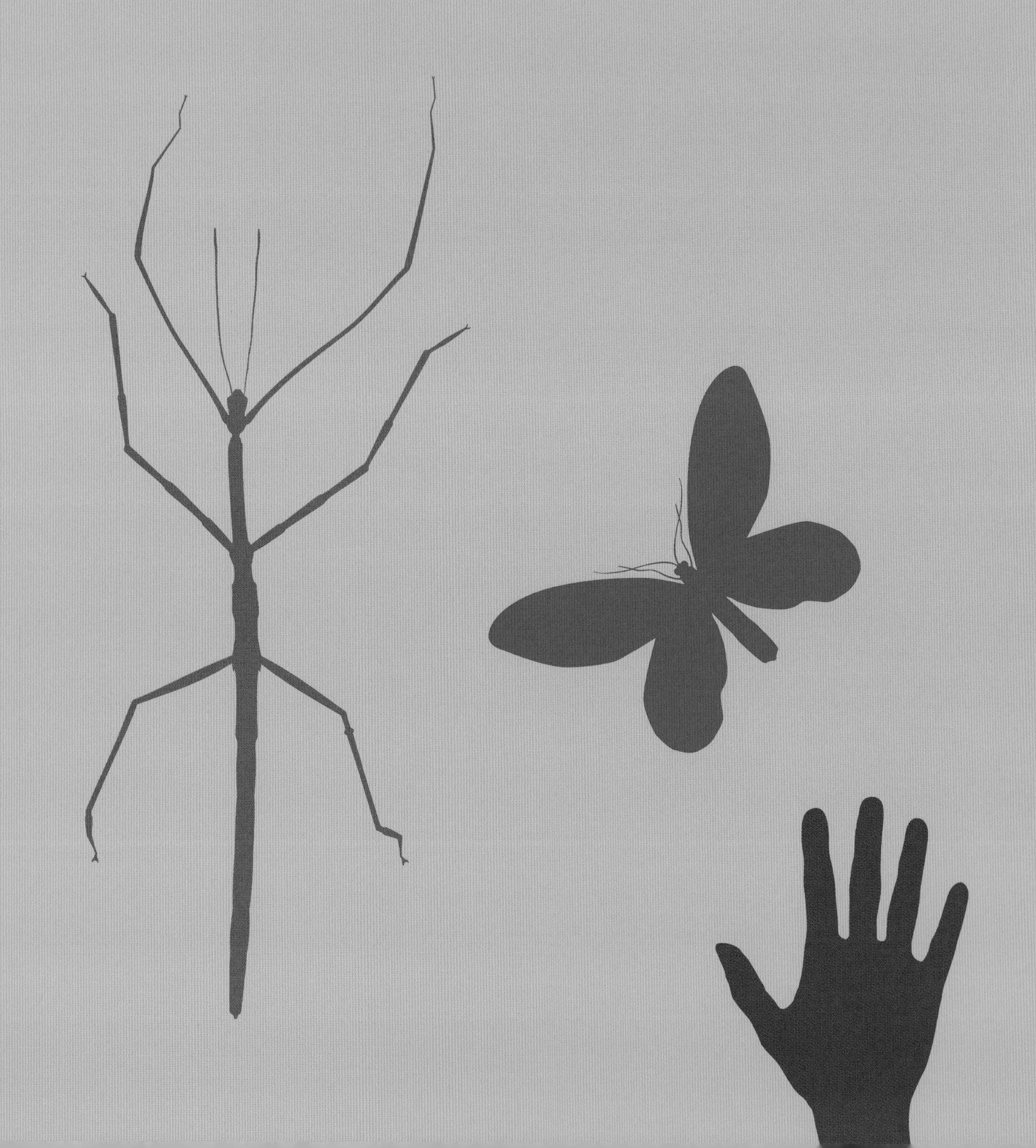

昆虫には100万以上もの命名された種が含まれ（鳥類はわずか1万種、哺乳類は5,000種に過ぎない）、あまり大きな生物という印象はないものの、なかにはかなり見事なものもいる。いまのところ最大の昆虫としての記録保持者はメスのジャイアントウェタ（*Deinacrida heteracantha*）で、2011年にスミソニアン国立自然史博物館のマーク・モフェットによって、ニュージーランドの小さな島で発見された。この昆虫界の巨人は重さが普通のマウスやスズメの約3倍もある。

# 巨大な陸生昆虫

ジャイアントウェタが地球上で唯一の、本当に大きな昆虫というわけではない。
少なくとも成虫段階では、飛ぶことが昆虫に共通する重要な特徴だが、5章の鳥類に関する考察からすると、
この世界最大の昆虫が飛べないことは驚くには当たらないだろう。昆虫の一グループである甲虫には
さまざまな環境で生活している無数の種がいて、成虫には羽があるものの、すべてが飛ぶわけではない。
というわけで、巨大昆虫を探すなら、まず甲虫から始める方法がよさそうだ。

## ニュージーランドの恐ろしいバッタ

ウェタは大型のバッタのような昆虫38種の総称で（属名のデイナクリダ：*Deinacrida*はギリシャ語で"恐ろしいバッタ"という意味）、いずれもニュージーランドの固有種だ。この地域は地理的に非常に孤立しており、いまから700年前になってようやく人類が入植した（118ページの囲み記事参照）。この孤立状態のため、人類の到達以前にはコウモリ以外の哺乳類がおらず、世界の多くの地域では齧歯類が占めている夜行性雑食動物のニッチを、ウェタが占めていた。

ウェタの大型種ではメスがオスよりずっと大きいので、見つかった最大の個体がメスだったのは当然だろう。この性的二型はオスのあいだの競争の結果と考えられる。小さなオスのほうが機敏なので、メスを見つけて交尾する確率が高い。記録破りの個体は計量されたとき卵を目いっぱい抱えていたため、なおさら有利だった。ジャイアントウェタの生息地は差し渡しが6kmしかない小さな島ひとつに限られている。したがって、その大きなサイズは島嶼巨大化、つまり孤立した島で小さな動物の体のサイズがしばしば大きく進化する現象の一例と考えられる（1章参照）。

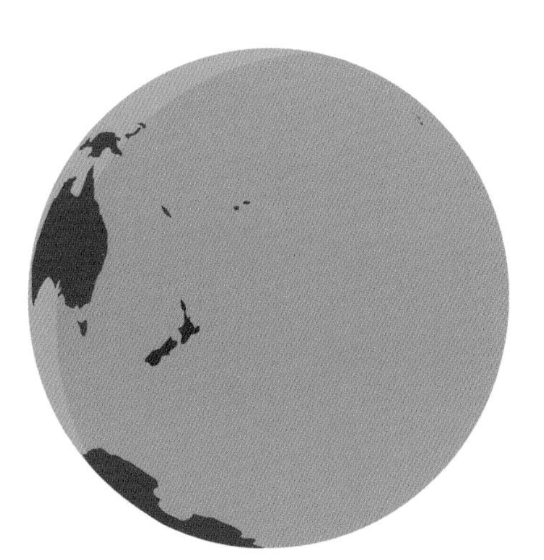

▲太平洋が地球の半分近くを占め、
ニュージーランドと最も近い
陸塊とのあいだには大海原があった。

▼昆虫は他のどの生物と比べても、種の数が多い。
これまでに命名されたあらゆる生物種の56パーセントが昆虫だ。

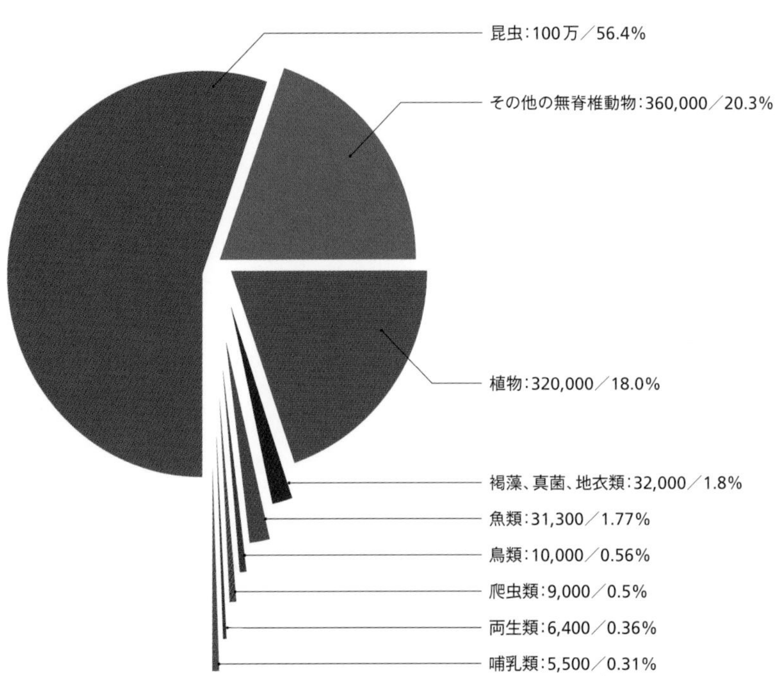

## 最大の甲虫

命名された昆虫の種の半数前後が甲虫なので、このグループには当然、巨大な種がいくつか含まれる。たとえば、いかにもという名前のゾウカブトムシ(*Megasoma elephas*)、ゴライアスオオツノハナムグリ(*Goliathus*属の5種)、それに成虫段階では体長が15〜18cmで重さが50gになるタイタンオオウスバカミキリ(*Titanus giganteus*)などがいる。ゴライアスオオツノハナムグリはアフリカの森林で、ほかの2種は南および中央アメリカで見られる。幸い、彼らは人間にはあまり興味を示さない。おもに果物を食べ、残りの時間は交尾の相手を探すことに専念しているからだ。

ところがこれらの種の成虫は実は昆虫界の真の巨人ではなく、重さは朽木を餌にしている未成熟の白い幼虫の半分しかない。それらの幼虫が成長を終えてサナギになるころには、重さが100g以上に達する。サナギの内部で幼虫の組織が分解され、再編成されて、まったく異なった外見の成虫になる(ちょうどイモムシがチョウになるように)。サナギから現れる成虫がもとの幼虫よりかなり軽い理由のひとつは、幼虫に蓄えられていたエネルギーの一部が再編成プロセスで消費されるからだ。さらに、質量の一部は変態する幼虫を保護するためのサナギの外皮に使われる。また、幼虫組織の一部は変換に適さず、サナギの外皮の内側で廃棄される。いったん成虫になるとそれ以上は成長せず、交尾相手を見つけるまで、そしてメスの場合はどこかで卵を産むまで、活動し続けるのに十分なだけしか食べない。

**リトルバリア・ジャイアントウェタ**
*Deinacrida heteracantha*
体長:75mm

重さが70gになることもある。かつてはハウトゥルオトワ/リトルバリア島にしかいなかったが、最近になって、肉食哺乳類が導入されていないニュージーランドの、ごく小さな島のいくつかにも移入されている。

▼左:ゾウカブトムシのオスは体長が120mmに達することもある。この個体はほぼ3年をかけて成虫になったが、成虫として生きるのはせいぜい1年だ。
▼右:このゾウカブトムシの幼虫はもう少し成長した後、脱皮して成虫になる。

# 巨大な飛ぶ昆虫

大型の飛ぶ昆虫というと、まず頭に浮かぶのはチョウやガだろうから、
次はこれらのグループを見てみよう。ただし、甲虫のところで見たように、チョウの場合も
成虫よりもサナギになる寸前のイモムシのほうが重いと予想される。

## 大型鱗翅目(りんしもく)(チョウ目)

ジャイアントウェタには羽がなく、前述の大型甲虫類の成虫には羽があるものの、飛行は生活の重要な要素ではない。大型の飛行する昆虫ということなら、アレクサンドラトリバネアゲハ(*Ornithoptera alexandrae*)、ヨナグニサン(*Attacus atlas*)、ナンベイオオヤガ(*Thysania agrippina*)で決まりだろう。すべて、羽を広げると28~30cmになる。実際、アレクサンドラトリバネアゲハはあまりにも大きくて飛び方がゆっくりだったので、ヨーロッパ人の集めた初期の標本は小型の散弾銃で撃ち落とされた。

▲ヨナグニサンの羽の差し渡しは30cmにも達することがあるが、不釣合いなほど体が短い。

軽量なほうが飛ぶのは容易なので、これらの大型のチョウは、もっと地面にいる時間の長い前述の種とは段違いに軽く、当然、幼虫もそれほど巨大ではない。とはいえ、ヨナグニサンが抜け出たあとのまゆは昔から台湾の女性たちが小銭入れとして利用していた。雨林の林冠の高いところの葉を食べるため大半のチョウに比べて高く飛ぶ習性があり、捕らえるにはコツが必要だった。サナギになる直前の幼虫の重さは、サナギから出てくる成虫より常に重い。これは変態にエネルギーが費やされるとともに、幼虫の体の成分がすべて成虫に再使用されるわけではないからだ。

**アレクサンドラトリバネアゲハ(オス)**
*Ornithoptera alexandrae*
羽の差し渡し:20cm

メスはこの写真のオスほどカラフルではないがもっと大きく、前翅の開長が25cm、重さが12gになることもある。

## 名前の表すもの

全身が幽霊のように青白いその姿を見た人なら、ホワイト・ウィッチ(ナンベイオオヤガの英語名)という名前に納得がいくだろうし、アトラス・モス(ヨナグニサンの英語名)も、ギリシャ神話を知っている人なら、なるほどと思うはずだ。しかし、クイーンアレクサンドラズ・バードウィング・バタフライ(アレクサンドラトリバネアゲハの英語名)には、少し種明かしが必要だろう。もちろん、"バードウィング"はサイズのことだ。そして、このチョウがウォルター・ロスチャイルド卿に仕えていた採集人によって1907年にヨーロッパに紹介されたとき、当時のイングランド王、エドワード7世の妃だったのが、アレクサンドラ女王。ウォルター・ロスチャイルドはイングランドの有力な銀行家一族の出だったが、銀行業には興味あるいは素質がなかったため、自然界の探求に身を捧げた。

ロスチャイルドは採集人を雇い、鳥の皮30万枚、鳥の卵200万個、チョウ200万頭以上のほか、何千もの標本を収集して私設博物館をつくった。動物園ももっていて、彼の名を検索すれば、シマウマに引かせた馬車に乗る姿とか、ゾウガメにまたがり、棒の先につけたレタスをカメには届かない前方に突きだして前進させようとしている姿など、奇行を撮った写真がすぐに見つかるだろう。1973年の彼の死後、博物館は公共に寄付され、ロンドン郊外で一般に公開されている。ある意味で、ロスチャイルドの動物園も続いている。彼のコレクションからオオヤマネ(*Glis glis*)が逃げ出して、いまもなお1万匹ほどの集団が地元で繁殖しているのだ。

## 巨大なハエとイトトンボ

世界最大のハエは恐らく、中央および南アメリカの森林にすむティンバーフライ(*Pantophthalmus bellardi*)だろう。幼虫は木に穴を開けてもぐり込み、木を食べて成虫になる。成虫は羽を広げると8cm以上あるが、あまり飛びたがらないようだ。成虫になってからはわずか数日の命で、何も食べず、交尾することと適切な木に卵を産むことに専念する。人間にもピクニックのお弁当にも興味がないので、探しに行かなければ見かけることはないだろう。

やはり大型のハエであるオオムシヒキアブ(*Gauromydas heros*)は体長が6cm前後もある。この種については、成虫がティンバーフライより長く生きることと花の甘い蜜を吸うこと以外はほとんどわかっていない。つまり、ピクニックのお弁当に引き寄せられて来てもおかしくないわけだ。もし、ピーナツバターとゼリーのサンドイッチの上にそれと同じくらい大きなハエが止まって食べようとしたら、慌てず騒がず、博識ぶりを披露するように「おや、ヘロス(*heros*)だ」と言って写真を撮れば、友人たちに見直されること間違いなしだ。

中国産のヘビトンボ(*Acanthacorydalis fruhstorferi*)は羽の開長が22cmもある。ヘビトンボ類は南北アメリカ、アジア、南アフリカに広く生息し、しばしば大型になる。羽を広げると15cmを超える種が多いが、めったに人目につかない。トンボやイトトンボのように幼虫のときは水中で暮らしているが、成虫はそうしたグループのような機敏な捕食者ではない。ぎごちなくパタパタと飛び回る夜行性の生物で、わずか数日しか生きず、たいていはただ交尾して卵を産むだけで、食べ物には興味を示さない。

ハビロイトトンボ(*Megaloprepus caerulatus*)はイトトンボおよびトンボ中最大(140ページの写真参照)で、羽の開長が最大19cmになる。トンボ目の種の多くは、極めて機敏に飛び回ることができ、巣にいるクモをかっさらって食べるものもいる。しかし、たいていのトンボのように池の上でホバリングしている姿は見られない。中央および南アメリカの雨林の高いところで、木の穴に雨水が溜まった小さな池に卵を産むからだ。こうすれば、卵や幼虫を魚に食べられる心配がなく、水中には幼虫の餌になる小さな生物がいることになる。ほかにも多くの昆虫が魚に襲われないようにこの空中のすみかを使用し、カエルのなかにも、木をよじ登って、オタマジャクシのための安全な場所を探すものがいる。ただし、もし間違った池を選べば、オタマジャクシは成長するイトトンボの幼虫の格好の餌になってしまうかもしれない。

▼北アメリカ東部のせせらぎの近くではヘビトンボの仲間(*Corydalus cornutus*)を見る機会がかなりある。特に鮮やかなわけではないが、体長が14cm以上になることもある。巨大な顎が目を引くが、成虫は数日間生きるあいだ何も食べないようなので、単に飾りと威嚇のためのものらしい。

## 針の驚くべき威力

オオベッコウバチは英語名のタランチュラホークが示すようにタランチュラを狩る。ただしホーク(タカ)とは言っても鳥ではなくハチだ。ペプシス属(*Pepsis*)とヘミペプシス属(*Hemipepsis*)の仲間が世界中に少なくとも250種いる。メスがタランチュラを刺して麻痺させ、掘っておいた穴まで引きずって行って、卵を1個産みつける。卵から孵った幼虫は、まだ生きているが動けないタランチュラにもぐり込んでエサにする。卵を産みつけた母バチは、わが子のために確保した食料をほかの母バチに横取りされないように、穴の入り口を塞いで立ち去る。そして、また同じ手順を繰り返して別の卵を産む。母バチはタランチュラを生かしておくことで、幼虫の食料をできるだけ新鮮に保つのだ。幼虫は全過程をタランチュラの中で過ごし、成虫になると自分で出口を掘って穴から這い出て、交尾相手を探しに行く。オスの成虫の暮らしはメスよりずっと気楽で、花の蜜を吸って体力を維持しながら交尾するだけだ。

メスのオオベッコウバチが進んで人間を攻撃することはないが、手で捕まえれば刺されるだろう。ハチ類に刺された場合の痛みの尺度であるシュミット刺突疼痛指数によると、オオベッコウバチは最大の痛みをもたらす昆虫のひとつとなっている。いかにも科学的な尺度のように聞こえるが、おもにある非凡なアメリカ人昆虫学者、ジャスティン・シュミットの個人的な体験に基づく尺度だ。彼は見つけられる限りの不快な昆虫にわざと自分を刺させたのだ。やはり高いスコアをもつのが、中央および南アメリカのブレット・アント(弾丸アリ)と呼ばれるサシハリアリ(*Paraponera clavata*)で、銃で撃たれたのと同じレベルの痛みを引き起こすそうだ!

### 特別賞

この章の最初に述べたように、昆虫には驚くほど多様な種類がいるが、残念ながら紙面には限りがあるため、大型の昆虫すべてを取り上げることはできない。選に漏れたなかでも特に大きな仲間をここで簡単に紹介しよう。

ナナフシ類(ナナフシ目(もく))には、昆虫界で最も長い体をもつ種がいくつか含まれ、60cmを超えるものさえいる。ただし、体が非常に細いので、重さの点では最大というわけにはいかない。下の写真はオーストラリア東部で見つかったゴリアテナナフシ(*Eurycnema goliath*)だ。ゴキブリにも巨大な種がいくつかいるが、一番重いのは恐らく、最大35gに達するオーストラリア産ヨロイモグラゴキブリ(*Macropanesthia rhinoceros*)だろう。大型の水生昆虫(138ページも参照)の仲間には、水面で狩りをしたり、餌を求めて水中に潜ったりする水生甲虫がいる。その一部、ゲンゴロウモドキのヨーロッパ産種(*Dytiscus latissimus*)などは体長が40mmを超えることもあり、小魚を捕まえることができる。

南アメリカのディノハリアリ(*Dinoponera gigantea*)のような種の働きアリも、やはり体長40mmに達する。その気になれば、巨大昆虫のリストはまだまだ続けることができるのだ!

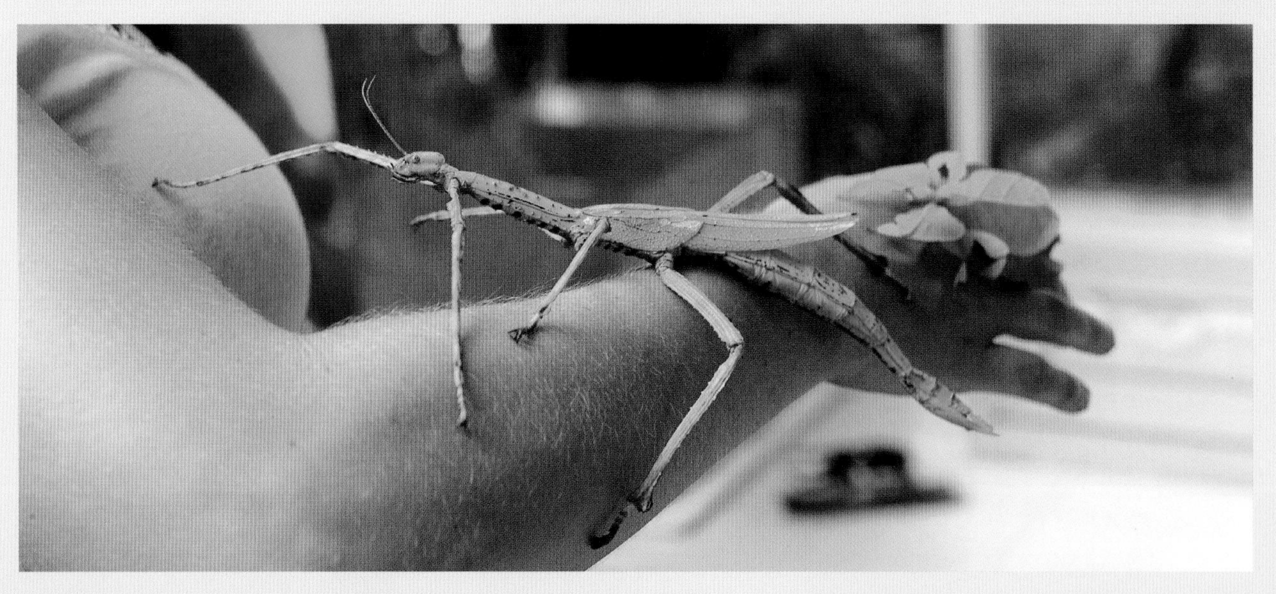

▲オオベッコウバチは寄生バチで、メスがタランチュラを狩り、その体内に卵を産む。成虫はタランチュラを食べず、花の蜜を吸うだけで満足している。

## 巨大スズメバチ

オオスズメバチ（*Vespa mandarinia*）は体長が45mm、羽を広げると75mmだが、何と言っても恐ろしいのは長さが6mmもある針だ。熱帯アジア全域に見られるが、一番多いのは日本の農村地帯で、毎年30人を超える死者を出している。人が死ぬには50カ所以上刺される必要がある（ハチ毒に対するアレルギーがない限り）が、地面を掘り返していてうっかり巣に当たってしまった場合に、そうしたことが起こる。夏の終わりには巣に最大100匹の働きバチがいることがある。

そうした危険があるにもかかわらず養蜂業者がスズメバチの巣を故意に壊すのは、さまざまな大型昆虫、特にミツバチのコロニーを襲うからだ。日本の在来種であるニホンミツバチ（*Apis cerana japonica*）はスズメバチに対する独自の防御法をもっている。スズメバチがミツバチの巣を見つけると、ごちそうがあることを近くの仲間に知らせる化学フェロモンを出し始める。ほかのスズメバチが検知できるほどフェロモンレベルが上がるのは数分後だが、ミツバチはすぐに気づく。偵察しに来たスズメバチを巣に侵入させたうえで、何百匹ものミツバチがこの侵略者にどっと群がってボール状になる。ボールの中に封じ込めて合図のフェロモンがそれ以上漏れないようにしてから、いっせいに飛翔筋を激しく震わせ始める。この動きによってボール内部の温度が45℃以上に上昇するとともに、ボール内部の酸素が消費され、高温と酸素不足が相まってスズメバチは死に、増援部隊の招集が防がれるのだ。さらに興味深いことに、体力を消耗するこの防御法を常に終わりまで行う必要があるとは限らない。接近を感知したというシグナルをミツバチがスズメバチに送れば、侵入しないほうが賢明だと考えたスズメバチは退却して、もっと簡単な獲物を探しに行く。

▲日本原産オオスズメバチ（*Vespa mandarinia japonica*）は世界最大のスズメバチであるオオスズメバチ（*V. mandarinia*）の亜種で、成虫は体長が最大45mmに達する。

# 初期の巨大昆虫たち

世界のあちこちにはかなり大きな昆虫がいまもいるとはいえ、3億年前の先史時代の風景のなかを這ったり、飛び回ったりしていた巨大昆虫とは比べものにならない。なかには途方もない大きさのものも含まれる。これまでに発見された最大の昆虫はトンボに似た捕食者だが、羽を広げれば70cm、つまり中くらいのアヒルと同じ大きさがあった。そうした巨大昆虫がかつては存在したのに、いまはもういないのはなぜなのか。それに、巨大とはいえ、多くの飛行する脊椎動物よりはずっと小さかったのはなぜなのか。一考の価値がありそうだ。

▼メガネウラ属（*Meganeura*）は3億年前の石炭紀に生息していたトンボのような昆虫で、羽の開長が70cmもあった。

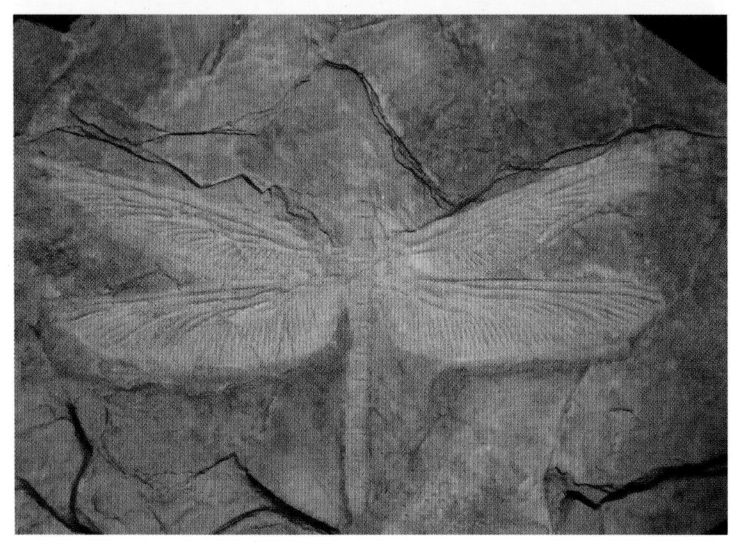

◀この完全な保存状態の化石から、メガネウラの仲間と現生のトンボの類似性がよくわかる。

## 必須の酸素

上記の問いに対する答えの一部は、あらゆる動物が体を動かすために必要とする酸素と関係があるように思われる。問題は、周囲の空気から酸素を取り入れて細胞に届ける方法だ。昆虫は人間のような大型脊椎動物よりもずっと単純な仕組みを採用している。わたしたち人間は息を吸うことで能動的に空気を体内に引き入れる。肺の内部構造は極めて複雑で、血液を酸素と非常に密接に接触させるようなつくりになっている。その接触が起こるのは肺胞（はいほう）と呼ばれる約7億個の微小な袋の中で、その壁はわずか0.1mmの厚みしかない。酸素はこの壁を通ってすぐに血液中のヘモグロビンに吸収されて、しだいに細くなる複雑な血管のネットワークで体中にポンプ輸送され、最終的に筋肉細胞のような個々の細胞の近くまで運ばれる。体の最深部の筋肉と外界とのあいだには10cmもの厚みの組織があるわけだが、空気から取り入れた酸素をその筋肉にわずか2、3秒で届けることができる。このスピードの鍵は、酸素分子が大きな流れに乗って呼吸器系と循環器系をすばやく流れることにある。酸素が自分でしなければならないのは肺胞の壁を通り抜ける部分だけなのだ。

▲現存するトンボ同様にメガネウラの成虫は貪欲な捕食者だったらしい。おもな獲物はほかの昆虫だが、小さな脊椎動物も食べていた可能性がある。

## 拡散の難点

酸素は拡散によって、肺胞の壁を通って移動する。流体中のあらゆる分子は、温度が絶対零度(-273℃)以上である限り、絶えず動いている。実際、温度は分子の運動速度の指標のひとつと考えることができる。わたしたちを取り巻く空気中では何十億もの分子が猛スピードで動き回り、互いに衝突しては、また猛スピードで別の方向に動く。ここで、呼吸を止めたと考えてみよう。あなたの鼻の外の空気は、肺の中の空気に比べて酸素の濃度が高い(呼吸を止める前に肺の空気の酸素を大部分使ってしまったからだ)。濃度の勾配がある場合、拡散は差を解消するように働くので、鼻の外から肺へと、酸素の移動が起こるはずだ。こうして拡散によって酸素が肺まで運ばれるなら、なぜわたしたちはわざわざ呼吸などという大げさなことをするのだろうか。問題は、拡散だけでこの行程をこなすには非常に長い時間がかかることにある。

平均して、空気中の酸素分子1つは時速1,600km以上で動いている。ところが、それぞれの分子は1ミクロン(1mの100万分の1)も移動しないうちに別の分子に衝突し、その衝突によってまったく別の方向に動き、また即座に別の衝突が起こり……と、どこまでも続く。このため、酸素分子は毎秒60億回の方向転換を起こすことになる。統計的に見れば、こうした衝突すべてを合わせると、酸素分子の少ない場所、この場合は肺へ向かって正味の移動が起こる。しかし、このやり方で濃度の均一化をして肺が新鮮な空気で満たされるようにするには、30分かそこらかかるだろう。

体が一生懸命働いているときには、肺の酸素をおよそ1秒に1回、補充する必要がある。だからこそわたしたちは、鼻から細胞に至る酸素分子の旅のごく一部しか、拡散に頼らないのだ。拡散に要する時間は距離の二乗に比例して増加するが、肺胞の壁を通り抜けるだけなら、プロセス全体のスピードを落とすことはない。つまり、拡散は距離が大きければとても遅いが、細胞壁を通るような微小な距離ならとても速いのだ。たとえば、分子1個が30cmの距離を拡散するには30分かかるかもしれないが、1cmなら2秒、1mmならたったの0.05秒しかかからない。

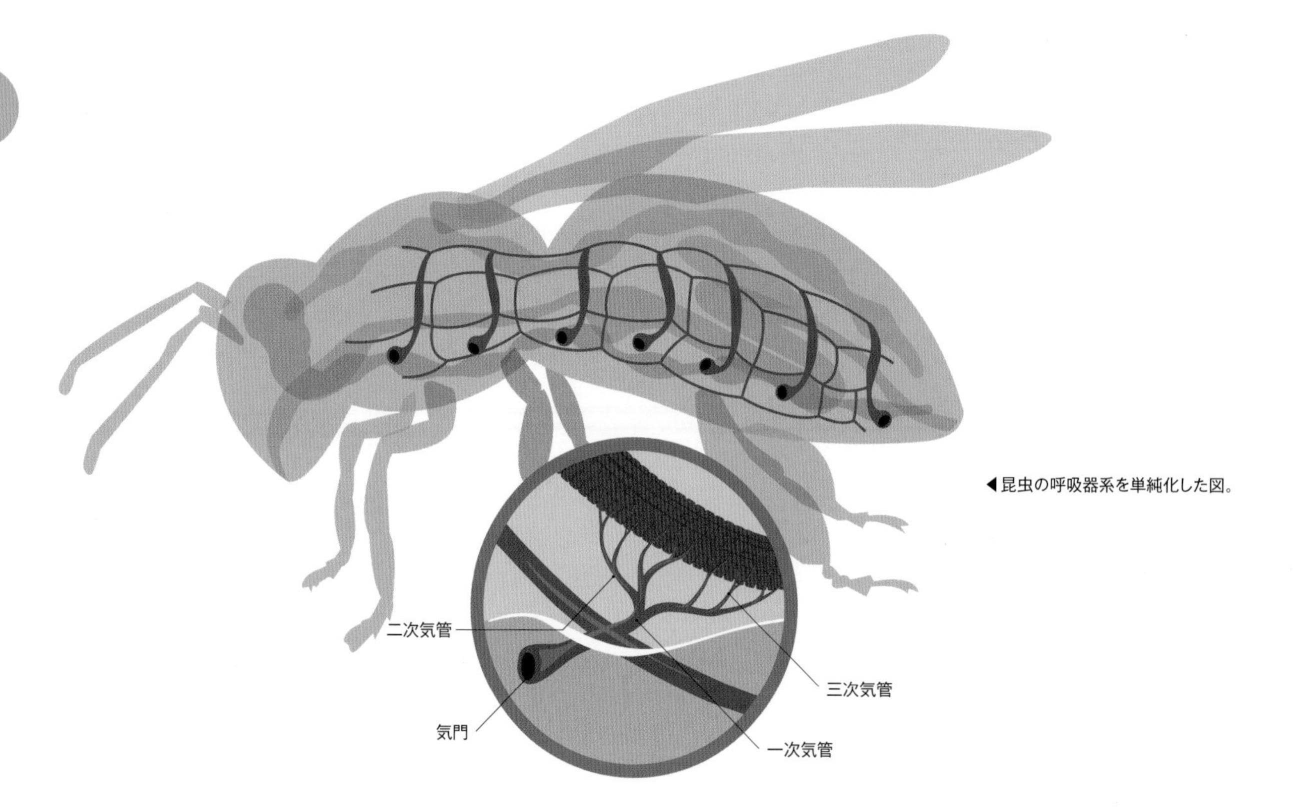


◀昆虫の呼吸器系を単純化した図。

## 昆虫の呼吸器系

ここで昆虫の話に戻ろう。昆虫はわたしたちに比べて遥かに拡散に頼る呼吸法を用いている。体には気門と呼ばれる外界への開口部が無数にあり、それが一次気管と呼ばれる太い管に繋がっていて、各一次気管はそれより細い数本の二次気管に枝分かれし、さらに三次気管に枝分かれしている（上記の図参照）。このネットワークが外の世界と直接繋がっていて、気門から入った空気がしだいに細くなる管を通って細胞の近くまで行く。ここで重要なのは、一次気管はある程度律動させることができるものの、外界から細胞への酸素運搬プロセスの大部分は単純な拡散によって行われる点だ。

この仕組みの魅力はその驚くべき単純さにある。昆虫の酸素運搬システムはわたしたち人間の複雑なシステムとはまるで違い、維持コストもかからなければ故障にも強い。確かに拡散は距離が長ければ時間がかかるが、小さな昆虫なら酸素は1mmか2mmしか移動する必要がないので、問題にはならない。とはいえ、拡散時間は距離の二乗に比例して増えるという法則からすると、サイズが2倍ある昆虫は細胞まで酸素を運ぶのに4倍の時間がかかり、10倍の大きさなら100倍の時間がかかることになる。こうした拡散への依存が、人間ほどもある昆虫がいない（そして今後も決して現れない）大きな理由である可能性が高い。それを聞いて深く失望するか、安心して熟睡できるかは、あなたの考え方しだいだが。

昆虫の酸素輸送法がわたしたちのやり方より劣っているとは、決して思うべきではない。実際、短い距離なら昆虫のシステムは実にうまくいく。それどころか、一部の昆虫の飛翔筋は既知のどんな動物組織よりもエネルギーを高速で発生させる（したがって酸素消費が速い）。昆虫のやり方の唯一の制約は、サイズが大きくなるにつれ、困難になっていくことだ。人間を含めたいていの動物では、循環器系は体のそう多くはない一定の部分を占めている。ところが昆虫の場合、サイズが大きくなればなるほど、酸素を輸送する管に体のいっそう多くの部分を充てなければならなくなる。なぜなら、酸素が体中に拡散するのにより長い時間がかかるようになるため、時間当たりの輸送量を多くしなければならないからだ。

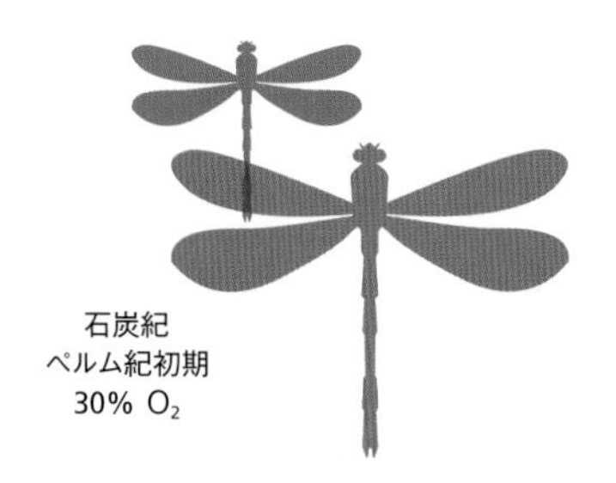


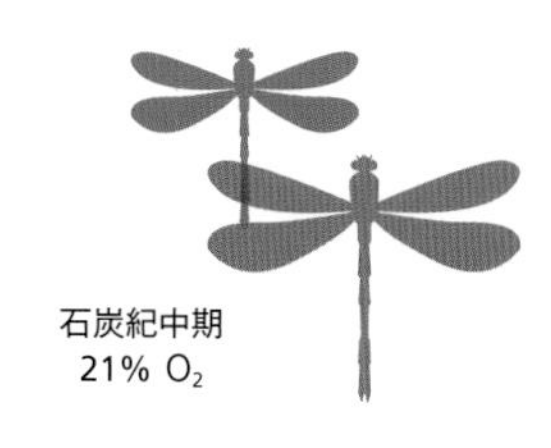


▲空気中酸素濃度の異なるさまざまな時代に見られる昆虫の平均および最大サイズ。

問題に対処するひとつの方法として、酸素を欲しがる組織をできるだけ胸部に多く集めれば、酸素が拡散しなければならない距離を短くすることができる。しかし脳や脚の筋肉はどうしても遠くなる。さらに大型昆虫では、体の狭くなっている部分、つまり首や脚のつけ根にいっそう多くの気管が密集する。こうした部分が、空気中の酸素濃度に応じて体のサイズに最終的に制限をもたらす要素である可能性が高い。ある臨界点を超えると、そうした狭くなっている部分にそれ以上の管を通すことができなくなり、酸素が移動しなければならない距離の増加に追いつけなくなるのだ。

## 酸素濃度

昆虫にとってはがっかりだが、彼らが呼吸器系を通じて輸送する空気の大部分は彼らにとって何の役にも立たない。現在、わたしたちの周りの空気はその約21パーセントが酸素で、残りはほとんどが窒素なのだ。わたしたちの血液は酸素だけを運び、窒素は肺に残す。これに対して、昆虫は管のシステムの初めから終わりまで、酸素と一緒に窒素も運ばなければならない。ところが、過去のある時期には空気中の酸素の割合がいまよりも多かった。昆虫にはうれしいニュースだ。もし使える酸素の割合が多いなら、システムを通じて拡散させる空気がそれだけ少なくていい。つまり、あるサイズの昆虫に要求されるネットワークの規模がより小さくていいことになり、昆虫の最大サイズを縛る制約がちょっぴり緩む。これが、過去に巨大な昆虫が存在したわけを説明する鍵だ。

2012年、カリフォルニア大学サンタクルーズ校の2人の科学者、マシュー・クラパムとジャレド・カールが、3億5,000万年前に地球上で昆虫が優勢になって以来の、最大の昆虫サイズを時系列に沿ってまとめた（下記のグラフ参照）。この時間枠の最初の2億年間は、酸素含量にかなり変動があるにもかかわらず、化石に見られる最大サイズと空気中の酸素含量とのあいだには密接な関連がある。この期間の初めには酸素レベルがいまよりも高く、空気中の約35パーセントあったが、その後現在のレベルに低下し、次いで約25%にまで小規模な上昇を見せてから、また下がっている。昆虫のサイズはこの期間、酸素濃度を忠実に追い、最大の昆虫が最大のピークに一致して現れ、それが石炭紀後期からペルム紀後期（3億2,000万年前から2億4,000年前）にかけて続いた。この密接なつながりは、酸素の増加が昆虫を束縛から解き放って大型にする鍵であることを示している。酸素があればあるほど、昆虫は大きくなれるのだ。

▼既知昆虫の最大サイズならびに大気中の推定酸素濃度の時代ごとの変遷。

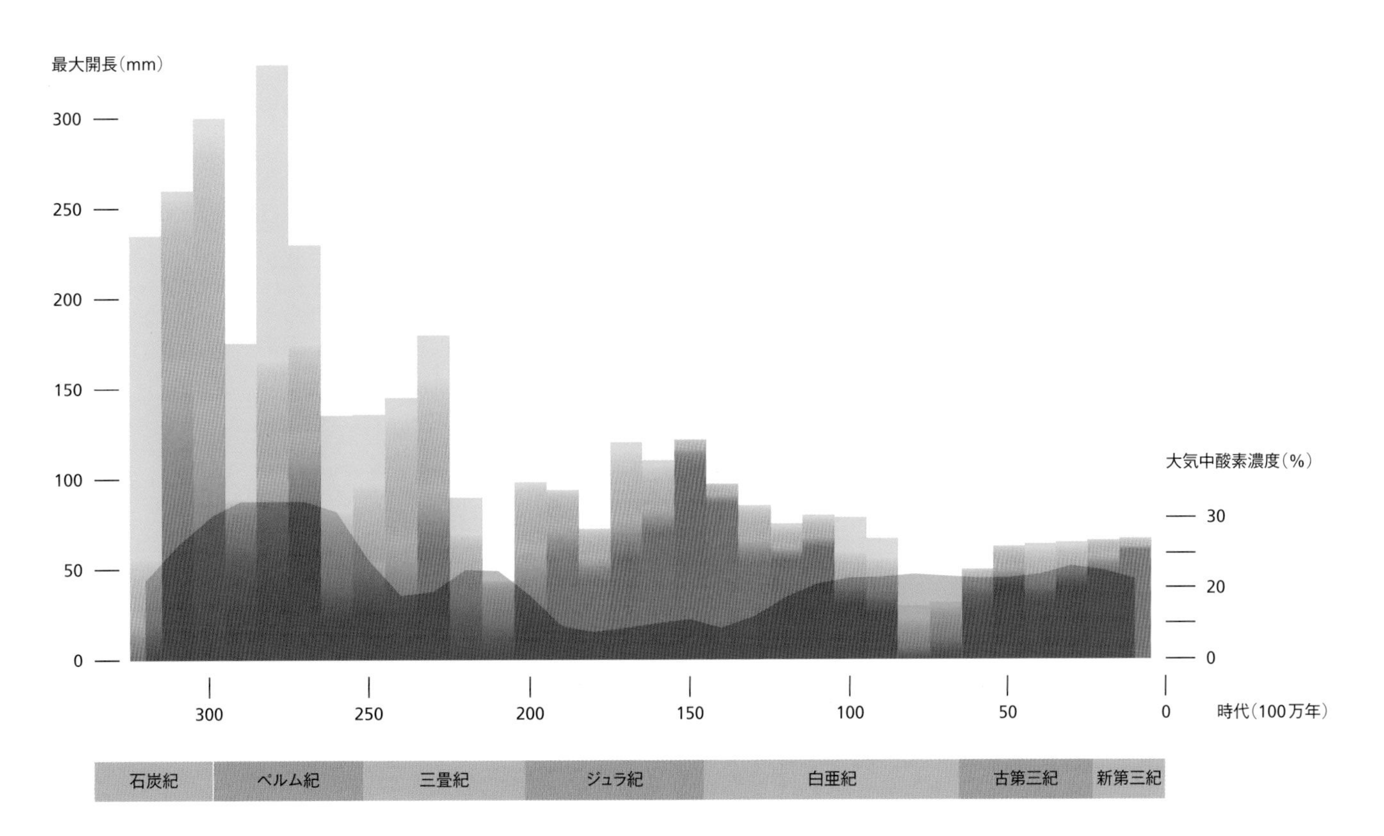

# サイズを制限するその他の要因

昆虫に必要なのは酸素だけではない。
ほかの動物と同じように
彼らも十分な食料を見つける必要があるし、
自分がエサにされてしまうことを避ける必要もある。
この1億5,000万年というもの、
昆虫の最大サイズの制限には、こうした要素のほうが
酸素レベルより重要になって来ている。
しかし、そのほかの条件しだいで、いま見られる
昆虫や化石に残っている昆虫よりさらに大きな
昆虫が生まれることはありうるのだろうか？

▲この美しい鳥はアオショウビン（*Halcyon smyrnensis*）で、英語名はホワイトブレステッド・キングフィッシャー（王の白い胸の漁夫）だが、魚ではなく大きな昆虫を食べようとしている。

## 鳥の登場

過去1億5,000万年については、マシュー・クラパムとジャレド・カールの集めたデータで明らかになったパターン（135ページ参照）に変化が見られる。1億5,000万年前ころ（白亜紀が始まったころ）、空気中の酸素濃度は15パーセントという低い値だったが、その後5,000万年にわたって着実に上昇し続け、現在の濃度付近で安定して、この1億年間はそのままの状態が続いている。ところがこの酸素の増加は、時系列上で昆虫の最大サイズの上昇とリンク"しない"初めての事例となった。それどころか、最大サイズは実際にはこの期間中、低下している。考えられる原因としては、1億5,000万年前に鳥類が登場し、機敏な飛行への適応策を着実に身につけてきたことがある。鳥類が大型昆虫と競合してしだいに優勢になり、鳥類が昆虫を餌食にするようになったからではないだろうか。そして、鳥類が曲芸飛行の技術を身につけるにつれ、そうしたことが昆虫にとっていっそう重大な問題になり始めたように思われる。現在、飛べる昆虫にとっても飛べない昆虫にとっても、鳥類は恐るべき捕食者だ。

鳥類には、最大級の昆虫に対して明らかに有利な点が2つある。第一に、空中での機動性にはすばやく方向転換するための大きな力が求められるが、内温動物である鳥類は代謝率が高いため、昆虫のような代謝率の低い同サイズの外温動物より、瞬間的にずっと大きな力を出すことができる。第二に、鳥類の羽毛が翼にすばらしい柔軟性を与えているのに対して、昆虫の羽は遥かに堅く、柔軟性に乏しい。

約6,550万年前、恐竜が絶滅した。その他のあらゆる種類の動物がこのときの大変動の影響を受け、クラパムとカールのデータでも当然、このあとに昆虫の最大サイズの一時的な落ち込みが見られる。その後、最大サイズは跳ね上がるものの、それほど大きな上昇ではない。鳥類の一部は絶滅事件を生き延び、やがて多様化して、現在見られるような驚異の曲芸師へと進化した。大型昆虫にとってはなお悪いことに、絶滅した恐竜の残したニッチに哺乳類が繁栄し、その一部がコウモリとなって空に進出した。現在、哺乳類の種全体のおよそ4分の1がコウモリだ。鳥類のようにコウモリも内温動物で曲芸飛行には有利なうえ、わたしたち人間が指を自由に動かしてどんなことができるか考えてみればよくわかるよう

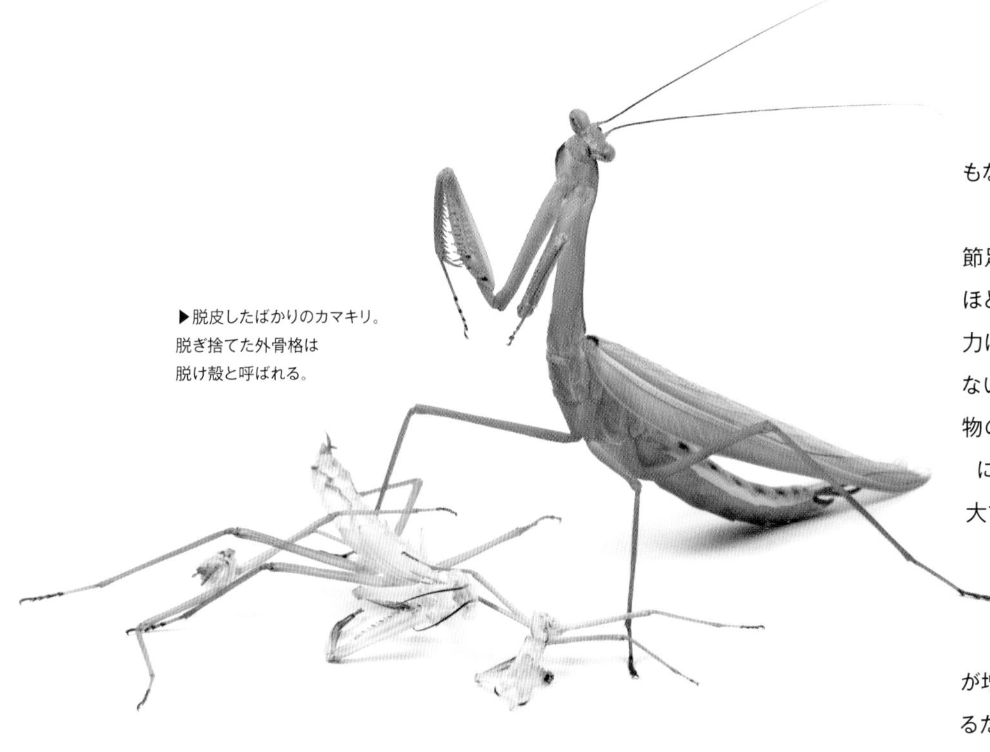

▶脱皮したばかりのカマキリ。脱ぎ捨てた外骨格は脱け殻と呼ばれる。

に、数本の指で支えられたコウモリの翼はすばらしく柔軟性が高い。こうして、昆虫は地球上での4億年に及ぶ存在期間の大半、酸素によってサイズを制限されてきたが、鳥類とコウモリが登場してからは、競合と捕食によってさらに制約を受けることになったのだ。

## 異星人は怪物?

サイズを制限する要因に関連して、最後にひとつ考えてみたいことがある。酸素レベルが非常に高い――たとえば80パーセントの――惑星を発見したが、そこには興ざめな鳥もコウモリもいなかったとする。その場合、本当に巨大な昆虫が進化していることはありうるだろうか? そのような大気のもとでは惑星のいたるところで絶えず炎が猛威を振るい、それほど生命に適しているとは言えないかもしれないという懸念は脇に置いておく。もっと大きな昆虫が存在する可能性はあるかもしれないが、たぶん巨大とまでは言えないだろう。

おもな制限要因があと2つ残っているからだ。まず、拡散は距離が大きくなると急速に効率が低下することを思い出そう(134ページ参照)。たとえ空気中に酸素が余計にあったとしても、拡散時間はやはり距離とともに劇的に増大する。距離が1cmから30cmへと30倍になれば、時間は900倍だから、2秒が30分になってしまう。2つ目の制限要因は外骨格だ。昆虫はクモやロブスターと同じく節足動物なので、骨格が体の外側にある。この外骨格は内側の体を保護し支えるために硬く強固でなければならない。したがって一部の昆虫を除き、節足動物は成長するにつれ、定期的に古い外骨格を脱ぎ捨て、新しい外骨格が形成されて硬くなるまで、じっとしている必要がある。このとき捕食者に襲われると、ひとたまりもない。

節足動物全体を見渡すと、体の大きな種ほど厚い外骨格をもつことがわかる。重力に抵抗して生物体を支えなければならないことを思えば当然だろう。重力は生物の質量とともに増大し、サイズが増すにつれ、質量は表面積よりも急速に増大する(1章参照)。外骨格は体をぴったり包まなければならないので、その面積は生物の表面積と一致する。したがって、生物の重さが増すにつれ、外骨格はその重さを支えるために厚みも増さなければならない。ところが、厚い外骨格は硬くなるのにそれだけ時間がかかるため、体の大きな節足類は、食べることもできず捕食者に襲われやすい状態のまま、長時間じっとしていなければならないことになる。最大級の節足動物が海で見られるのは、それが理由だ。海中では体重の多くが浮力で支えられるので、陸上にいる場合ほど外骨格を厚くする必要がないのだ。しかし、昆虫全体からすると、一生を水中で過ごすのはほんの一握りに過ぎない。昆虫に多くの利点をもたらしている飛行が、水中では不可能だからだ。というわけで、もしほかの惑星の生命体に侵略されたとしても、巨大昆虫ということはありえないのが、せめてもの救いだろう。

▲サナギから出たチョウは、羽が伸展して飛べるようになるまで少し時間がかかる。

# 水生昆虫

4章で述べたように、今の時代に動物界の真の巨人が見られるのは海だ。
そこでは体重の多くを浮力で支えることができる。しかしなぜ昆虫は海洋環境と
もっと強固なつながりをもたないのだろうか。ここでは、なぜ海にはこれほど昆虫が少ないのか、
なぜ淡水環境にすむ昆虫はもっと大きくならないのかを探ってみよう。

## 海に昆虫がいないわけ

昆虫には現生種が100万種以上いるが、海洋環境に生息しているのはわずか1,400種で、その圧倒的多数はほとんど海水には入らず、水際で生活している。アメンボと呼ばれるグループのわずか46種だけが海面に生息しているが、その大半は沿岸部や河口にいて、完全に海洋性と言えるのは5種だけだ。というわけで、ここには説明の必要な謎がある。地上を見ればいたるところに昆虫がいるのに、なぜ海にはいないのだろうか。地球の表面積の70パーセントは海なのに？ 確かなことは誰にもわからない。しかしわたしの仮説では、海上では乾いたところを見つけるのが難しいからではないだろうか。どういうことか、説明しよう。

4万5,000種前後の昆虫が淡水環境に生息している。一般に幼虫段階は水中で過ごし、羽のある成虫に変態する時期が来ると、半ば水に浸かった植生や、その他の水面から突き出ているものにつかまって、水の表面張力を突破する。そうしたものをよじ登って完全に水から出ると、羽を広げて乾かした後、成虫となって飛び去る。ある湖では無風の夜に、一部の昆虫が脱ぎ捨てたばかりの外骨格の上でバランスをとりながら、これを行う。しかし海の上では、何かによじ登って水から出て、広げたばかりの羽を乾かせる乾燥した場所を見つけるチャンスはめったにない。

▲カゲロウの成虫の集団発生。地域の捕食者にごちそうを提供することになるが、交尾相手を見つけやすい。

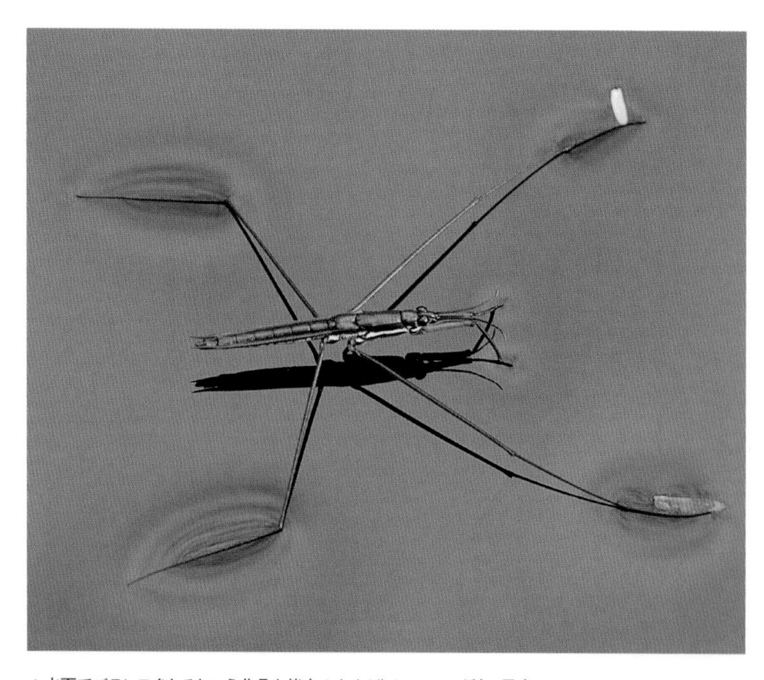

▲水面でバランスをとるという非凡な能力のおかげで、アメンボ科の昆虫は"ウォータースケーター"や"ポンドスケーター"から"イエス・キリストの虫"まで、たくさんの愛称を頂戴している。

ウミアメンボは漂流物の上に卵を産みつける。海に流されたり、ボートから棄てられたりして漂っているものだ。大きな空の樽とか、太い木など十分な大きさと浮力があり、波が来てもしぶきをかぶらずに羽を乾かせるくらい水面から突き出ているものが理想的だが、そういうものはめったに見つからない。乾いたしっかりした基盤がないことが、海洋性のアメンボが飛行を放棄した理由かもしれない。塩水域にすむその他の41種のアメンボはみな、そのような基盤となるマングローブ林や抽水植物(葉や花が水面から出ている植物)群、岩場などのある生息環境と結びついている。そしていずれも水に濡れないところに卵を産む。

というわけで、海にすむ昆虫は飛ぶ能力の放棄を迫られるように思われる。飛ぶことは昆虫にとって、捕食者から逃れたり、食料や交尾相手などを見つけるために広い範囲を探したりできるという、重要な利点がある。アメンボは海面での非常に機敏な動きによって、飛べないことを部分的に補っているが、ほかには海洋性昆虫がいないことから、羽を乾かす場所のないことが、海を極めて魅力に乏しい場所にしていることがわかる。

## 水生アリはいない

アリは陸地の生態系に大きな影響力をもつ。重量では地球の陸生動物全体の約5分の1を占めると推測されるが、これは人間を含めたあらゆる脊椎動物の合計より多い。これまでに命名されたアリが1万2,000種を超え、どこにでも見られることを考えると、水中で餌を探す種がひとつもいないのは少しばかり不思議だ。わたしの考えでは、それはアリの巣と関係がある。アリの繁栄の秘訣は、捕食者から身を護れて拡張可能な長持ちする巣をつくる能力にあるのだが、水中に巣をつくるのはとても難しい。水の底の土は柔らかくて穴を掘るのは厄介で、トンネルが崩壊しないように絶えず気をつけている必要がある。そのうえ、水を含んだ堆積物は大きく移動しやすく、洪水や嵐のあとで巣が流されたり、泥の山の下に埋まったりするリスクが非常に高い。

巣は陸上につくって水中で餌を漁るという暮らしも、実行可能な選択肢とは思えない。その場合、アリの小さなサイズが仇となる。小さな生物ほど、表面張力の影響を大きく受ける。昆虫が水面を歩けるのに人間が歩けないのはそのせいだ。アリにとって、水から出たり入ったりするたびに水面を通り抜けるのは荷が重すぎるし、すでに述べたように昆虫はそれほど大きなサイズにはなれない。こうして、アリは陸上のあらゆる種類の環境に適応できるのに、水には勝てないのだ。

▼たとえ広い水域を渡らなければならなくても、アリは一般に濡れることを避けようとする。

▲ハビロイトトンボ(*Megaloprepus caerulatus*)は開長が19cmになることもあり、トンボ目の現生種中最大である。英語名の"ジャイアントヘリコプター・ダムゼルフライ"は、飛行中の羽がヘリコプターの回転している翼に似ているところから来ている。

## 淡水にすむ昆虫

川や湖とつながりのある昆虫4万5,000種に話を戻すが、これらのサイズを制限している要素は何だろう?トンボとイトトンボからなるトンボ目には、幼虫段階で半水生または完全水生の種がいる。最大の種であるハビロイトトンボ(*Megaloprepus caerulatus*)は羽の開長が19cmあるが(129ページ参照)、現在のトンボやイトトンボの祖先の一部(メガネウラ・モニイ:*Meganeura monyi*やメガネウロプシス・ペルミアナ:*Meganeuropsis permiana*など)は30〜33cmもあった。これらは体が非常に細く、羽も幅が狭くて薄いため、重さはたいしたことがない。しかし開長は前に紹介した最大級のチョウと遜色がない。トンボの幼虫は肉食で、オタマジャクシから小さな魚まで、そばに来たものなら何でも食べる。そして水から這い出て変態を遂げ、羽のある成虫となる。これらの個体が一生の大半を過ごす水生環境と高タンパク質の食事とが相まって、真に巨大になる条件は揃っているわけだが、最大級のチョウほど大きくなるのを妨げる要因がいくつかある。

まず、成虫のトンボは肉食で、飛びながら昆虫やクモなどを捕まえる。そのため、極めて機敏なすばやい飛行が求められるが、機敏さはサイズの増加に伴って低下する。もしトンボがいまより大幅に大きくなれば、すばしっこい獲物を捕まえられるほど急速に向きを変えることができなくなってしまう。2つめの要因は、チョウの幼虫から成虫への変態はサナギの段階を経るのに対して、トンボはその段階を飛ばして、幼虫が脱皮して成虫になることと関係がある。サナギの段階を経ればそれだけ時間がかかるが、体を完全に再編成することができ、幼虫とはまったく異なる体制の成虫になれる。トンボの場合、チョウのような全面的な改築なしに幼虫から成虫に移行できるように、幼虫または成虫の体制のデザインにどっちつかずの要素が多いに違いない。つまり、トンボの成虫は、いまより遥かに大きく成長するのに理想的なつくりにはなっていないということなのだろう。トンボはいま生きている最大の昆虫ではないかもしれないが、その目の覚めるような色合いで、最も美しい昆虫の仲間となっている。

## 建築家と芸術家

陸生昆虫が、たとえばシロアリの塚、アリ塚、スズメバチの巣などのように、複雑で時には巨大な構造物をつくることはよく知られている。しかし、水中の昆虫、特にトビケラの創造物は見過ごされがちだ。1万種以上のトビケラが世界中の淡水域に生息しており、大半は幼虫のときに、有効サイズを拡大できる、つまり自分が実際より一回り大きくなれるようなものをつくる。一部の種は、周囲に見つかる材料を自分が分泌する絹糸で結びつけて、中にすむためのケース（巣）をつくり、移動の際にも持ち運ぶ。使う材料には種によって好みがある。砂粒、石や軟体動物の殻のようなもっと大きなかけら、樹皮、種子、小枝から、大きさを揃えてカットした木の葉までさまざまで、それらをレンガのように積み上げて壁をつくる。とはいえ一般に順応性が高く、周囲にある材料なら何でも、なんとかして使う方法を見つける。幼虫が大きくなるにつれ、端に増築部分を付け足す。

幅広い捕食者から物理的に身を護れるような頑丈な巣をつくるものもいれば、大きくて恐ろしげな外見の巣で捕食者を寄せつけまいとするものもいる。多くの魚やカエルは獲物を丸呑みにするので、開けた口の広さで、襲うことのできる獲物の大きさが決まる。トビケラの巣（特に大きな小枝が突き出ているもの）は、そうした捕食者を撃退するのに理想的だ。

フランス人アーティストのユベール・デュプラがトビケラの幼虫を集めて水槽に入れ、念入りに選んだ巣の材料を与えた。金の粒などの宝石や半貴石をつづり合わせてできた宝飾品のような巣は、彼と幼虫の共同作品と言えるだろう。幼虫を傷つけずに巣から出すことができ、出された幼虫はすぐにまた別の巣をつくり始める。

トビケラのなかには、巨大な（彼らのサイズに比べれば）漁網をつくるというやり方で自分の有効サイズを大きくするものもいる。この網を流れの中に架け渡せば、食物粒子がひっかかる。クモの巣のようなものだ。体を動かすことなくそれだけ広い範囲の流れをカバーできるわけだから、エサを採るには賢い方法と言える。そしてクモの巣同様に、その構造物は極めて美しく、たとえ芸術家の介入がなくても、十分に目を引く。

▲アーティストのユベール・デュプラとトビケラの幼虫が共同制作した宝飾品。

▼流れてくる食物粒子を集めるためにトビケラの幼虫が川床に張り渡した網。

# 第7章

# 巨大な無脊椎動物

6章では無脊椎動物の一グループである昆虫だけを取り上げた。昆虫に1つの章を充てたのは、世界中どこにいっても、非常によく目につく生物だからだ。イギリスの進化生物学者のJ・B・S・ホールデンはかつて冗談交じりに、「神は異様に甲虫がお好きだ」と言ったことがある。しかし、無脊椎動物にはほかにも多くのグループがある。すべてを取り上げることはできないが、興味深い巨大なメンバーをいくつか簡単に紹介する。まず、人々の悪夢の根源、巨大グモから始めよう。

# 並外れたサイズのクモたち

アラクノフォビア(クモ恐怖症)の人、つまりクモが怖くて仕方がないという人は多い。実際、スウェーデン(決して危険なクモが多い地域ではない)での研究では、大人の推定4パーセント前後がこの症状に苦しんでいるという。そこで、そんな人たちに安心してもらうためにズバリ言おう。ホラー映画に出てくるようなスケールの真の巨大グモはいない。

## 最大級のクモたち

重さが最大なのはルブロンオオツチグモ(*Theraphosa blondi*)で、大きなものは170gに達することがある。大型のハムスターとそう変わらない大きさだ。英語名の"ゴライアス・バードイーター"もかなり物騒だが、ハチドリを食べている個体が目撃されたことに由来する。と言っても、そう驚くことはない。クモは普段は鳥など食べないし(たいていはイモムシ類を食べる)、ハチドリは鳥のなかでも最少サイズなので、この場合も、その鳥がクモよりずっと小さかったことは間違いない。"ハムスターサイズド・ワームイーター"のほうが正確だろう。これなら、確かに悪夢のタネにはなりにくい。それに、このクモは南アメリカの高地の熱帯雨林にすみ、いつも深い穴の中に潜んでいるため、あなたが偶然出くわすこともないだろう。脊椎動物を食べていたという報告はめったになく、哺乳類で餌食になるのは小さなコウモリだけだ。ただし、ごく小さな鳥がたまにクモの巣に引っ掛かっているのが見られ、南アメリカのクモの一部はカエルを捕食する。オーストラリアのシドニーでは、クモが庭の池の金魚を捕まえていたという報告さえある。

**ルブロンオオツチグモ**
*Theraphosa blondi*
体重:170g

そのサイズから食料としての価値があるとみなされ、アマゾンの熱帯雨林に住む地元民が積極的に探し、捕獲する。

広げた脚の先から先までの長さで最大を主張するのが、アシダカグモの仲間(*Heteropoda maxima*)だ。ラオスの洞窟にすみ、2001年になるまで学術文献に報告がなかったほど稀な種類なので、偶然出くわすことはもっとありそうもない。

**アシダカグモの仲間**
*Heteropoda maxima*
脚の先から先まで:30cm

洞窟にすんでいるにもかかわらず視力がよく、洞窟の入り口付近に潜んで獲物を待ち伏せするのではないかと考えられる。

化石のクモで最大のモンゴララクネ・ユラシカ(*Mongolarachne jurassica*)は現生の最大種たちとそう変わらない大きさだ。骨がないという単純な理由から、無脊椎動物は化石になりにくい。絶滅した動物の大半は、歯と骨2つの構造物を通じてのみ、その存在が知られているに過ぎない。柔らかい組織が保存されるのは例外的な状況の場合だけなのだ。したがって、もっと大きなクモが過去にいたとしてもおかしくない。クモ類が3億年も前から存在し、極めて多様な生息環境に生息できることを考えると、その可能性はおおいにある。ただし、昆虫のサイズを制限しているのと同じような要因(134ページ参照)が働くため、桁違いの大きさということはないだろう。クモは昆虫よりわずかに性能のよい呼吸器をもつものの、それほど大きな違いではない。そのうえ、彼らは節足動物で、成長するにつれ絶えず外骨格を脱ぎ捨てなければならない。新しい保護カバーを繰り返しつくるコストを考えると、このグループの動物にとって大きなサイズが非常に魅力的とは言えないだろう。

## とてつもない巣をかける

非常に大きなクモは巣をかけない。獲物が通りかかるのを待って飛びかかる待ち伏せ捕食者だ。巣をかければ、飛びかかるよりも遥かに大きな捕獲半径が得られるだけでなく、より大きな獲物を捕まえる可能性も高まる。それなのになぜ、大きなクモは巣を放棄したのだろう？ 体重が増えるにつれ、重力（14ページ参照）に逆らうのが難しくなったのではないだろうか。クモの体重が倍になれば、体重を支える糸は倍以上太くならなければならないが、太い糸はつくるのにコストがかかるうえ、獲物に気づかれやすい。巣をかける最大のクモであるネフィラ・コマチ（*Nephila komaci*）はマダガスカルと南アフリカに生息する非常に珍しい種で、2000年まで発見されなかった。これまでに紹介したクモよりずっと小型で、脚の先から先までは12cmだが、巣は直径が1mにもなる。

ネフィラ・コマチは巣をかけるクモとしては最大かもしれないが、最大の巣をかけるクモではない。ダーウィンズ・バーク・スパイダー（*Caerostris darwini*）は重さが0.5gほど（ペーパークリップより軽い）だが、巣をつくるにあたって、まず川をまたぐ25mもの長さの糸を張る。その糸から直径が2m近い巣を垂れ下げ、それを毎日新しくする。ちっぽけなクモには大変な負担のように思えるが、それだけの甲斐はあるのかもしれない。これまでに見つかった巣は川をまたぐものか、川に非常に近いところにかけられたものだけだ。トンボやカゲロウを含め多くの昆虫が幼虫時代を水中で過ごし、集団で羽化して成虫となり、交尾して次の世代を残す。こうした集団羽化が、ダーウィンズ・バーク・スパイダーにとっては一大捕獲イベントとなるのだろう。そうした光景を実際に見た人はまだいないが、このクモは2009年に発見されたばかりなので、もう少し待てば、そういうチャンスがあるかもしれない。

**ダーウィンズ・バーク・スパイダー**
*Caerostris darwini*
巣の直径：2m

これまでに知られている最大の巣をつくる。水に寄って来たり、水中から羽化したりする飛ぶ昆虫を捕らえるチャンスを活かせるよう、巣は常に川の上か近くにある。

◀ダーウィンズ・バーク・スパイダー
自体は巨大な巣から想像されるほど
印象的なクモではないが、
その糸の強度は既知の生物由来物質中
最強で、防弾ベストに使われる
ケブラー繊維の10倍の強度がある。

# 節足動物の適応策

昆虫やクモは節足動物で、硬い外骨格を特徴とする。
このグループの締めくくりとして、節足動物中最大の仲間である甲殻類のカニとロブスターを見てみることにしよう。
ただし、何がこれらの動物のサイズを大きくしたり制限したりするのかを理解するために、
まず一般的な原則をいくつか検討してみる必要がある。

## 陸と海の節足動物

陸上にすむ最大の節足動物は4kg前後なのに対して、水生節足動物の最大記録は20kgになる。どうも水中と陸上ではあたかも異なる要因が働いてサイズを制限しているかのように見える。この件に結論を出したのが、2015年にイギリスとデンマークの科学者チームが行った大規模研究だ。研究では世界中から集めた節足動物を12のグループに分け、研究室内の異なる温度に保たれた環境で飼育した。すると水生種の体の大きさはたいてい水温が上がるにしたがい、つまり緯度が下がる(両極から遠ざかって赤道に近づく)につれ小さくなった。一方、陸生種では飼育温度が上がってもこうした効果が見られなかった。これは、環境中の酸素が水生種にとって体のサイズを決める制限要因となるが、陸生種ではそうではないことを示唆している。

動物は大きくなればなるほど酸素を多く消費する。さらに、代謝率が高いほど酸素を多く必要とする。節足動物は外温動物なので代謝率は基本的に周囲の温度に追随する(囲み記事参照)。したがって代謝率(酸素消費も)は周囲の温度が上がれば上昇する。温度は赤道に近いほど高いので、そこでは酸素消費も増加する。そのため温度の高い赤道域の節足動物は大きくなれないのである。実際、節足動物の最大の個体は、代謝率が低下して酸素の要求量が減る非常に冷たい水域に見られる。

▼体重4kgのヤシガニ(*Birgus latro*)は世界最大の節足動物で、体の大きさは外骨格の重さによって制限されている可能性が高い。

## 内温性と外温性

哺乳類や鳥類は内温動物だが、そのほかのほぼあらゆる動物は外温動物だ。内温動物では体内で生み出される熱によって体温がだいたい一定に保たれるのに対して、外温動物はおもに外部の熱源、主として太陽によって体が温められる。わたしたち人間は、食べ物を大量に摂取してそのカロリーを活動的なライフスタイルで燃焼させるが、その代謝過程の副産物として熱が発生する。その熱を使って周囲の温度より高いほぼ一定の温度に体温を維持する。これに対して外温動物の体温は周囲の温度より高くなることはめったにない。周りから熱を貰って体を温めているからだ。チョウが羽を広げて日光浴をしているのをよく見るが、それはこういう理由からなのだ。魚の体温は泳いでいるところの水温とだいたい同じだが、内温動物のイルカの体温は一般にもっと高く、周囲の水温の影響をあまり受けない。つまり、内温動物は低温の環境でも活発に動けることになる。ただし、高い代謝率に見合うだけの食料を見つけなければならないという代償がついて回る。

◀タカアシガニ(*Macrocheira kaempferi*)は脚の先から先までが5mあり、節足動物中最長である。

## サイズの限界

魚も外温動物なのに、なぜ水生節足動物より遥かに大きなサイズになるのだろう? それは魚が(あらゆる脊椎動物同様に)閉鎖循環系をもっていて、単純な開放循環系をもつ節足動物よりも遥かに効率よく、全身に酸素を届けることができるからだろう。閉鎖系では血液が複雑な管のネットワーク内に蓄えられ、心臓によってポンプ輸送される。このシステムが迅速かつ効率的な酸素移動を可能にし、体のさまざまな部分で異なる酸素要求量に対応している。一例として、運動するときに多くの血液を筋肉に送ることがあげられる。一方開放系は、心臓が血液を体のあらゆる空隙に押し出すだけで、血液はそこから組織に染み出したのち、それぞれ道を見つけて心臓に戻る。血液が長距離を移動する必要がない小さな動物の場合は開放系でうまくいくが、大きくなると、もっとコントロールの効く閉鎖系が有利だ。このように、水生節足動物のサイズは、十分な酸素を代謝系に送ることができるかどうか、開放循環系の性能によって制限を受ける。

▲体重20kgのアメリカンロブスター(*Homarus americanus*)は現生の最も重い節足動物だ。危険を感じると恐ろしいハサミを躊躇なく使うので、扱う際には注意が必要。

▲オーストラリアのジャイアント・スパイダー・クラブ(*Leptomithrax gaimardii*)は脱皮のときにあちこちに大量に集まって山をなすことが知られている。集まることで、捕食者に一番襲われやすい時期の安全を図っているのかもしれない。

## 重大問題

節足動物の中で陸上よりも水中のほうが大きくなれるグループはカニだけではないので、酸素輸送の問題以前に、陸上での節足動物の暮らしには何らかの制約が働いていることは明らかだ。この制約は外骨格と関連があるようだ。わたしたちの薄い皮膚に比べて外骨格は、損傷に対しても、捕食者や寄生生物の攻撃に対しても、すばらしい保護を提供する。しかしそれには代償がある。外骨格は全身を覆う硬いよろいのようなものなので、成長するとだんだんきつくなってくる。そのたびに、よろいを脱ぎ捨ててもっと大きなものをつくらなければならなくなる。

脱皮をするのにはさまざまな負担とリスクがある。外骨格を脱ぎ捨てるプロセスには多くのエネルギーが必要で、失敗もありうる。節足動物の死因でよくあるのが、よろいから半分出た状態でそれ以上抜け出せなくなってしまうことなのだ。新しい外骨格をつくって硬くするのにもエネルギーが必要で、そのあいだはエサを探すなどの通常の活動ができないうえ、捕食者に襲われればひとたまりもない。こうしたコストとリスクはすべてサイズとともに増加する。よろいが大きくなればつくるのにそれだけ多くのリソースが必要で、つくるのにも硬くするのにも長時間を要し、脱ぐのもそれだけ難しく時間がかかるようになる。とはいえ、こうしたコストやリスクは恐らく水中でも空気中でも同じだろうから、水中より陸上でのサイズを制限する要因とはなりえないだろう。

よろいのもうひとつの欠点は、動き回るのにエネルギーを余計に必要とすることだ。つまり、外骨格は重いので、陸上で立ち上がって歩き回るにはかなりの脚力を必要とする。一方、水中では体重の多くを浮力で支えることができるので、重いよろいを運ぶためのエネルギーは少なくて済む。というわけで、陸上での節足動物のサイズを最終的に制限するのは、外骨格の重さとそれを支え動かすための筋力とバランスのように思われる。最大級の陸生節足動物のヤスデ類は(次ページの囲み記事および152ページ参照)、体重を無数の脚で支えている。

▲脱皮中に脱ぎ捨てた甲羅から出てきたロブスター。外皮は硬くなるにつれ、すぐに黒っぽくなる。

## ヤスデかムカデか?

脚の数を数えるのは、ヤスデとムカデを見分ける信頼できる方法とは言えない。そもそも、ヤスデの英語名"ミリピード(millipede)"はラテン語で"千の足"を意味するが、そんなに多くの脚をもつヤスデはいないし、脱皮すると数が変わることもある。最高記録は750本だ。一番確かな違いは、どちらも同じ体節が連なった長い体をしているものの、ヤスデは各体節から2組の脚が出ているのに対して、ムカデは1組しか出ていないことだ。チェックするためとはいえあまり近づきたくない場合は、ムカデのほうが逃げ足が速く、植物質のものを食べるのではなく小さな生物を狩ることを思い出そう。

▼この大きなムカデが鮮やかな色なのは、食べれば毒があることを、捕食しようとする鳥に警告するためのようだ。

▼オオヤスデはその印象的なサイズとおとなしいベジタリアンであることから、ペットとして人気がある。

# キングサイズの甲殻類

節足動物のサイズを制限する一般原則から、巨大な実例へと視点を切り替えよう。そのためには甲殻類、特にカニとロブスターだけに目を向ければいい。そうすれば、陸生と水生両方の巨大甲殻類が見つかる。

**ヤシガニ**
*Birgus latro*
体重：4kg

ココナツはこのカニのおもな食料になるとともに、持ち運びできる家にもなる。

## ヤシガニ

ヤシガニ（*Birgus latro*）は最大の陸生節足動物で、脚の先から先までが最大1m、体重が4kg前後になる。太平洋およびインド洋地域に広く見られ、分布がココヤシ（*Cocos nucifera*）の分布とよく一致する。成体は陸上でのみ生活していて、水中ではすぐに溺れてしまう。しかしメスは海中に卵を産み、幼生は最初の1カ月は水中を浮遊してエサを食べる。このカニは漂流物に乗って新しい場所に移ると推測され、こうすることで、魚類の捕食者から逃れ、また沈まないように泳ぐエネルギーを節約していると考えられる。ココナツは水に浮きやすく、損なわれることなく長距離を漂流することが知られている。したがって、このカニとココヤシの分布が一致するのは、両者がしばしば一緒に漂流しながら広がったためかもしれない。しかし、ヤシガニにとって、ココナツの使いみちはこれだけでない。

ヤシガニは小さいうちは外骨格をつくることにエネルギーを使うことはせず、ヤドカリ作戦で身を護り、捨てられたカタツムリの殻などに入っている。成長するにつれ、入れるほど大きな殻は見つけにくくなる。やがて十分に大きくなった個体はヤドカリの生活をあきらめ、丈夫な外骨格をつくるが、中間段階のサイズの個体はしばしばココナツの殻を代わりに使う。太平洋の浜辺を横切って行く不思議なココナツを見かけたら、きっと正体はそれだ！ ヤシガニの成体は雑食性だが、ココナツがエサの大きな部分を占める。手ごろな大きさの熟したココナツの殻に強力なハサミで穴を開け、新鮮な中身をすくい出して食べる（そして食事が終わったときには小型のカニにぴったりの仮のすみかができている）。さらに、硬すぎてハサミではどうにもできない場合は、抱えて木に登り、岩の上に落とす。ココナツが割れると、木から這い下りて中味を食べる。ときには木から這い下りる時間と手間を惜しんで、自分も木から飛び下りることもある。ココナツが割れるほどの衝撃でもヤシガニが傷つかないことが、外骨格の保護機能のすばらしさを証明している。その特異な生態からして英語名の“ココナツ・クラブ”がまさにぴったりだ。

## タカアシガニ

タカアシガニ（*Macrocheira kaempferi*）の英語名“ジャパニーズ・スパイダー・クラブ”も、ぴったりの名前だ。脚の先から先までが5m以上ある異様に長いクモのような脚をもつことから、最も大きな（最も重くはないとしても）カニとされている。しかしこの種は集中的な漁の対象となっていて、たいていはそれほど大きくならないうちに漁網にかかってしまう。漁獲された個体の大半は1mかそこらの大きさだ。そのような硬い甲羅の巨大カニなら、人間以外の捕食者はそう恐れなくていいだろうと思うかもしれないが、どうやらそうではないようだ。体の小さい稚ガニのころに限るが、タカアシガニは殻の

**タカアシガニ**
*Macrocheira kaempferi*
脚の先から先まで：5m

日本近海の深海に生息し、漁獲の対象にもなっている。性質は大人しく、その目を見張る大きさから、水族館などでもアイキャッチャーとして飼育されている。

表面に毛が沢山生えていて、そこにカイメンのかけらや海底のゴミをくっつけるらしい。この行動は捕食者から自分自身を隠すためのものだ。比較的浅い海にすむ稚ガニにとって、同じ場所にすむ力のある大型のタコは危険なハンターであり、その目を逃れるためのカモフラージュなのだ。カモフラージュには獲物に気づかれないために行うものもあるが、成長して大きくなったタカアシガニは深場に移動して植物質または貝のような逃げられない生物をエサとするので、襲うためにカモフラージュする必要はなくなる。（160ページ参照）。

## アメリカンロブスター

巨大甲殻類の締めくくりはアメリカンロブスター（*Homarus americanus*）で、一番馴染み深いカニでもある。北アメリカの北東沿岸一帯で水揚げされているので、米国かカナダの高級レストランでロブスターを注文すれば、出てくるのはこの種になる。サイズの点ではタカアシガニの足元にも及ばないが、甲殻類中最大の重さがあり、最大20kgに達する。

ヨーロッパの高級レストランなら、出されるのはアメリカンロブスターの近縁種であるヨーロピアンロブスター（*Homarus gammarus*）の可能性が高い。2つの種は実はとてもよく似ていて、同じ水槽に入れておけば交配種ができるほどだ。誰でも知っているアメリカンロブスターについてこれ以上こまごまと述べるつもりはないが、彼らの硬い外骨格が交尾行動に制約を加えていることを指摘しておく。交尾はメスが硬い外骨格を定期的に脱ぐ脱皮のときしかできないのだ。

**アメリカンロブスター**
*Homarus americanus*
体重：最大20kg

加熱調理すると甲殻がいっそう均一な鮮紅色になる。

# 古代の節足動物

先史時代の節足動物に思いを馳せると、絶滅した動物に関してわかっていることは、
ごくわずかな物的証拠と大量の推論、そして経験をふまえた憶測に基づくものなのだと思い知らされる。
ここでは、ハサミのある水生捕食者を紹介してから、巨大なヤスデを取り上げる。
これらの絶滅した巨大生物に関して挙げたサイズはタカアシガニ(150ページ参照)の足元にも及ばないが、
タカアシガニの場合、その大きさのほとんどは長くてきゃしゃな脚によるもので、
体はたぶん、5mというサイズのうちの40cm程度のものだろう。
ところが、ここで紹介する絶滅した巨大節足動物はずっと大きな体をもち、遥かに重量があった。

## ハサミをもった捕食者

ヤエケロプテルス属(*Jaekelopterus*)という泳ぐ節足動物の捕食者が、およそ4億年前にいたと考えられている。この属の仲間はこれまでに知られている最大の節足動物で、体長が2.5mほどあったと推定されている。これは長さ34cmに及ぶ巨大なハサミの一部をもとに考えられた値だ。これらの動物がもっと小さな近縁種と同じ形のハサミをもっていたと仮定すると、ハサミの全長は46cmだったと推定できる。そしてさらに、ハサミの全長と体長との比が、もっと多くの化石が見つかっている小型の近縁種と同じだと仮定すると、その体長は2.5mにもなると推定できるのだ。

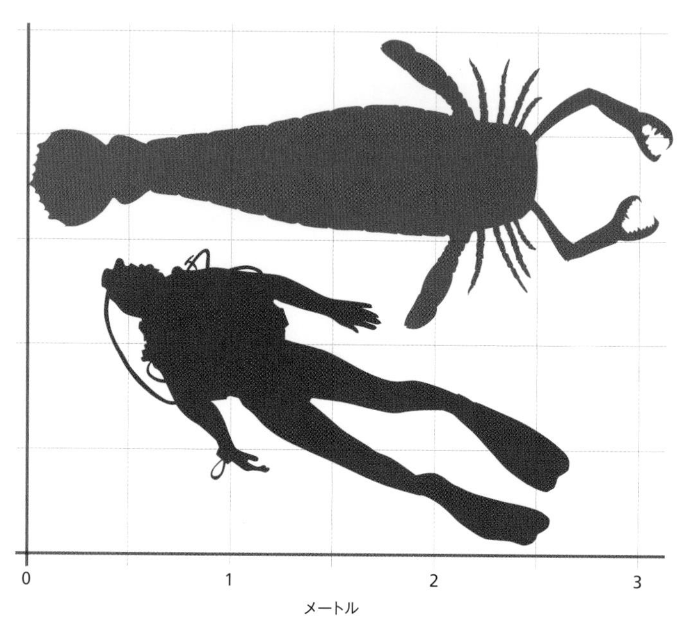


▲ウミサソリ(ヤエケロプテルス属)は既知の最大の節足動物で、体長が最大2.5mに達した。人間の大人の身長を上回り、体重もずっと重かった。

このような仮定はそれほどとっぴとは言えない。十分な化石証拠のあるさまざまな近縁種を調べてみると、体形やハサミの形にかなり一貫性のあることがわかるからだ。とはいえ、仮定であることに変わりはない。問題は、これらの巨大生物のハサミが非常にがっしりしていてよく化石化しているにもかかわらず、外骨格はごく軽くて死後は簡単に分解してしまったらしく、化石として見つかる可能性が低いことだ。この動物が恐らく泳ぐ生物だった(現代の小型の近縁種のように)ことを考えると、軽ければそれだけ泳ぎに費やすエネルギーが少なくて済んだだろう。また、体が大きく、恐ろしいハサミをもっていたことからすると、ほとんどの敵を撃退できただろうから、頑丈な(そして重い)よろいは必要なかったのだろう。しかし、そのような動物が死ぬと、多くの種類の動物が群がり、軽い外骨格を引き裂いて死肉を漁ったに違いない。その過程で体はずたずたにされ、消化できない重いハサミだけが海底の土砂に沈んで、やがて化石となったのだ。推定された体長がたとえ実際よりわずかに長すぎたとしても、やはりこれまでで最大の体をもつ節足動物であることに変わりはない。なにしろ、一番の好敵手である古代のヤスデ属より優に50cmは長いのだ。

## 多くの脚をもつ怪物

ヤスデは4億3,000万年前から存在し、命名されている現生の種は1万2,000種生息している。その多くは動きが遅く、腐植質を食べる。人間を噛むことはないが、身を護るために全身から有毒の化学物質を分泌し、それが刺すような痛みを

▲ウミサソリの巨大なハサミのおもな用途は動きの速い獲物を捕まえることだったようだ。
また、この海生節足動物は獲物の殻を粉砕するほどの力があり、たいていの捕食者を撃退できたと考えられる。

もたらすことがある。

いま生きている最大のヤスデはアフリカオオヤスデ（*Archispirostreptus gigas*）で、東アフリカの低地に広く分布する。長さ39cm、幅6.7cmに達することがあり、およそ256本の脚をもつ。ペットとして非常に人気があり、特に、果物や野菜なら何でもどんな状態のものでもモリモリ食べるので、キッチンの生ごみを大量にリサイクルできる斬新な方法として歓迎されている。しかしこれらの多足類を採るに足りないほど小さく見せるのが、およそ3億年前に北米北西部とスコットランド（当時はつながっていた）に生息していた巨大ヤスデ属だ。当時は大気中の酸素濃度が高かったうえ、敵になりうるほど大きな脊椎動物の捕食者があまりいなかったおかげで、最大のものは長さ2.3m、幅50cmに達した。しかし繁栄は続かなかった。遥かに乾燥したペルム紀になると、石炭紀の豊かな森林が後退して、食料源が枯渇してしまったのだ。スコットランド西岸の美しいアラン島を訪れる理由は人さまざまだろうが、機会があればぜひラガンハーバーへ足を向け、当時のままに残っているこの巨大生物の足跡を見てほしい。

▲アフリカオオヤスデの脚の数は256本にもなることがあるが、
本数は個体によってさまざまで、同じ個体でも一生のうちに変わることがある。

▲石炭紀後期の絶滅した巨大ヤスデの足跡。
スコットランド西岸沖のアラン島の岩盤の上に露出している。

# ゼラチン質の巨大生物

巨大になることの代償のひとつは、代謝の増加に応じるためにたくさん食べなければならなくなることだ。これを回避する方法のひとつとして、維持にコストがかからないもの——たとえば水——を大量に抱えることで体を大きくするやり方がある。クラゲは体の95〜98パーセントが水で、なかにはとてつもなく巨大なものがいる。このジャンボサイズには、獲物を掴まえる際に大きな範囲を一度に濾過できるという利点がある。しかも含水率が高いおかげで代謝維持のためのコストは最小限でいい。

▼クラゲには驚くほど多様なサイズ、形、色のものがいる。

## クラゲとは

クラゲの英語名は"ゼリーフィッシュ"だが、魚ではない。第一、魚には背骨があるが、無脊椎動物であるクラゲには背骨などない。そこで"フィッシュ"を取って単に"ゼリー"と呼んだり、あるいはもっと正式に、"刺胞(しほう)動物門メドゥソゾア亜門の一員"と呼んだりする人もいる。ここでは綿密な分類学にこだわるつもりはないので、"ゼリーフィッシュ"(クラゲ)と呼ぶことにする。何と呼ぼうと、もし砂浜に打ち上げられているのを見れば、すぐにそれとわかる。成体のクラゲは柔らかい体でユラユラと泳ぐ水生動物で、ゼラチン質の傘と、そこから垂れ下がる、しばしばおびただしい数にのぼる触手を持つことも特徴とする。傘を律動させて移動し、触手を使って身を護ったり、獲物を捕らえたりする。「たとえ死んでいても刺されることがあるから、砂浜でクラゲを見つけても絶対に触っちゃダメ」小さいころ、きっとそう教わったことがあるだろう。

## クラゲの生態

いま、世界中でクラゲの生息数が増加する時代を迎えつつあるようだ。わたしたち人間の生活にもいろいろな悪影響が出る恐れがある。海岸でクラゲが大量発生すれば浜辺でのレジャーは危険になり、観光業に影響が出る。漁網や発電所の取水口、船の推進システムを詰まらせたり、養殖魚を殺したりすることもある。

個体数が増加している原因はまだわかっていないが、魚の乱獲が深刻な影響を与えているという指摘がある。人間が好んで食べる魚種は同じ餌をめぐってクラゲと競合していることが多いから、というのがその理由だ。また、さらに困ることに、もし人間がある特定の魚を標的にするのをやめて数を回復させようとしても、クラゲは成長段階のごく初期の魚を食べるので、すでに増えてしまったクラゲが魚群の回復を妨げるに違いない。

一般にクラゲは魚よりも栄養に乏しい水域で育つことができる。このことから、クラゲが増えている原因について、別の2つの可能性が考えられる。気候変動と、窒素肥料の使用の増加だ。地球の気温が上がると海面温度も上がる。すると大洋の上層と下層が混じり合いにくくなり、上層に豊富にいる生物が栄養を使い果たしても、下層から補充されなくなる。つまり上層は魚にとって生きづらい環境になる。加えて、農家が大量の窒素肥料を畑に投入すると、その一部が川に流れ込んで河口に達し、そこでプランクトンの大量発生を引き起こす。魚が減っているとクラゲの取り分となるプランクトンは増え、大発生へとつながるのだ。クラゲの増加の原因はほかにもまだいろいろ考えられるし、さまざまな要因の相対的な重要度も、そのときどきで異なるだろう。しかしあなたが世界のどこにいようと、浜辺を歩けば、打ち上げられたクラゲを以前より多く目にするはずだ。巨大クラゲに遭遇することさえあるかもしれない。

▲クラゲは代謝率が低いため、
食物供給が乏しくても密集状態で生きられる。

## 巨大な希少種

ダイオウクラゲ（*Stygiomedusa gigantea*）が見られたら、あなたはとても運がいい。傘の幅が1m以上、口腕が10mにもなるクラゲだが、この100年で100回ほどしか記録されていないので、偶然出くわす可能性はあまりない。それでも、目撃の報告は世界中に散らばっているので、どこへ泳ぎに行こうとチャンスはあるわけだ。口腕が4本と少なく、人間が触っても刺されたという感覚はしないので、この巨大生物がどうやって餌をとっているのかは謎だ。わたしの推測では、4本の口腕で大きな獲物を抱え込み、強い力で傘にある消化器官へと持ち上げるのだろう。ただしこれはあくまでもわたし個人の考えで、狩りをしている最中の個体が誰かの水中カメラのレンズにフワフワと入ってくるまで、真相はおあずけだ。

◀クラゲの体のどれだけ多くが
水であるか考えれば、
代謝率の低さにも納得がいく。
またその水のせいでクラゲの姿は
見えにくいことがある。

**ダイオウクラゲ**
*Stygiomedusa gigantea*
体長：10m

この驚くべき巨大クラゲの写真は、カリフォルニア湾にあるモントレーベイ水族館付属研究所によって撮影された。

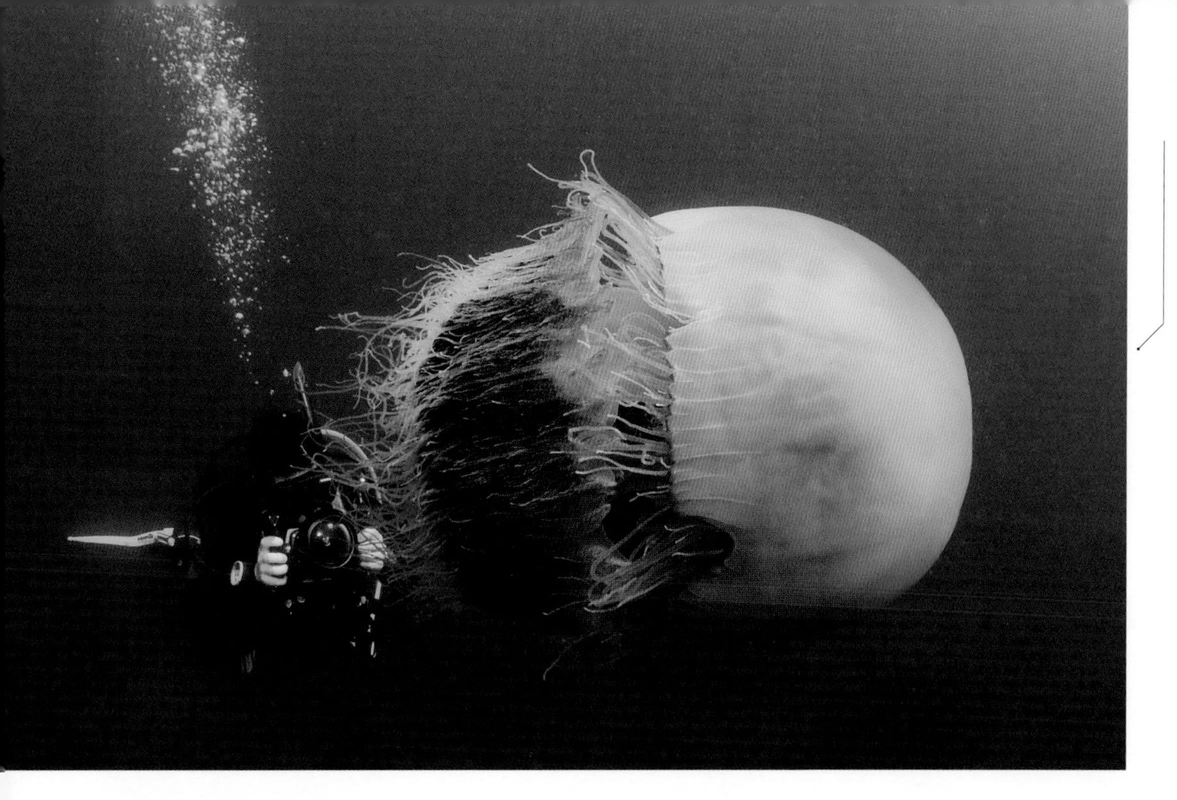

**エチゼンクラゲ**
*Nemopilema nomurai*
体重：200kg

巨大なサイズのため動きが非常に遅く、ダイバーが容易について行くことができる。

## ありふれた存在になりつつある巨大クラゲ

エチゼンクラゲ（*Nemopilema nomurai*）は傘の直径が最大2m、重さは200kgに達する。中国と日本のあいだの海に見られ、この海域では大量発生がありふれた光景になりつつある。これが起こると漁網がエチゼンクラゲで満杯になるため、漁ができなくなる。また、クラゲ自体が大きくなるにつれ、より大型の魚を狙うようになり、漁師と直接競合するようになるという懸念もある。巨大生物と言えば普通は何十年も生きるものと思いがちだが、クラゲのライフサイクルは非常に短く、6カ月以上生きるものはほとんどいない。とはいえ、エチゼンクラゲは成長が最速の動物かもしれない。卵から孵った米粒より小さなものが、たった6カ月でわたしの3倍の重さになるのだ！

## 最大のクラゲ

キタユウレイクラゲ（*Cyanea capillata*）はエチゼンクラゲとは形がまったく違う。毒針のある無数の細い触手がもつれたようになっていて、オスライオンのタテガミのように見えるため、英名の「Lion's mane jellyfish」がついた。北極圏と北大西洋の冷たい海域に見られ、恐らくオーストラリアとニュージーランド周辺にも生息する（非常に離れていることから、南方の個体群は実際には別の種かもしれない＊）。発見された最大の個体は傘の直径が2.3mで、触手の一部は長さが37mもあった。参考のために挙げると、シロナガスクジラ（76ページ参照）の大きいものは体長が25m、ボーイング737は全長が約35mだ。つまり、このクラゲは現生の最長の動物かもしれない（ただし、これを上回るかもしれない虫がいる——168ページ参照）。

キタユウレイクラゲはあまりにも巨大なので、小さな魚をはじめとする海生動物にユニークなすみかを提供する。それらの動物が毒針に免疫があるか、触手から身をかわせるほど機敏ならば、クラゲはほかに身を隠せる場所もない大洋で大きな肉食魚から隠れるための魅力的な場所となるのだ。必要な食べ物をすべて、クラゲの食べこぼしでまかなえる魚さえいるだろう。とにかく、このクラゲのタテガミの下には何十種類もの動物が身を寄せていることが多い。

▲エチゼンクラゲが周期的に大発生し、地元の漁師の網を満杯にして漁を妨げる。

＊2005年に別種であるという論文が発表されている

## 化石クラゲ

クラゲは少なくとも5億年前から存在するので、過去にはもっと大きな種がいた可能性がある。しかしクラゲの化石はふんだんにあるとは言えない。もろくて柔らかい体の動物がうまく化石になるには、特別な条件が必要なのだ。これまでのところ、現在見られる最大のクラゲより大きな種がいた証拠は見つかっていない。わたしの推測でも、キタユウレイクラゲより大幅に大きな種は見つからないだろう。一般にクラゲの泳ぎは、エネルギー効率は良いがのろい。海流や潮流に捕まって浜に打ち上げられるのは、それが理由だ。クラゲが大きくなればなるほど、傘の収縮には時間がかかり、動きがのろくなる。キタユウレイクラゲの泳ぎはゆっくりで、非常に機敏とは言えない。もっと大きな種なら、あまりにものろく不器用すぎて、良い摂食エリアを見つけて追って行ったり、捕食者を避けたりできないだろう。成長しきった巨大なキタユウレイクラゲにさえ、捕食者がいる。海面に近づけば海鳥に襲われるし、大型のマンボウ（*Mola mola*：86ページ参照）や最大のカメであるオサガメ（*Dermochelys coriacea*：184ページ参照）も、このクラゲを好んで食べるようだ。

## 飛ぶゼリー？

クラゲは代謝上低コストの材料で体を満たすことで、大きなサイズを安上がりに達成できた。陸上には、そんな動物はいない。水で体を満たした陸生動物がありえないのは、それではあまりにも重すぎるからだ。しかし、気体ならどうだろう？ 尖った岩やトゲなどで薄い膜に穴が開きやすいため、陸生動物が大きな気体の風船を抱えることもありそうにない。では、空中なら？ それもない。生きている飛行船など存在しないし、過去にも存在したはずがない。考えられる理由のひとつは、飛行船が飛行機に取って代わられた理由と同じだ。飛行船は燃料効率がいいが、遅いうえに、風に流されて簡単に針路をはずれてしまう。生物学的な飛行船も、食物を見つけても追跡に悪戦苦闘することだろう。その食物も問題だ。空気中の食物密度は海洋表層や陸上で利用できる食物の密度に比べれば無きに等しい。飛びながら昆虫を捕らえて生きている鳥類は、獲物が短期間だけ集中しているところを探し出せるほど機敏でなければならない。のろまな生物飛行船には、とても無理な話だ。

▲キタユウレイクラゲ（*Cyanea capillata*）は冷たい水域で繁栄できる。
この個体はスコットランド沖で撮影された。

▼*Cyanea lamarckii*と思われるユウレイクラゲの仲間。
この仲間は現生の最長の動物かもしれない。一部の個体の触手は長さが37mにも達する。

# 巨大イカ

現生の最大の無脊椎動物は水上生物であるダイオウホウズキイカ(*Mesonychoteuthis hamiltoni*)だが、これは驚くにはあたらないだろう。これまでに測定された最大の個体は500kg近い重さだったが、南極海にはさらに大きなものが泳いでいてもおかしくない。マッコウクジラ(*Physeter macrocephalus*:91ページ参照)の重要なエサのようだが、この最大の肉食性クジラとかなり互角に戦えることを示す証拠がある。

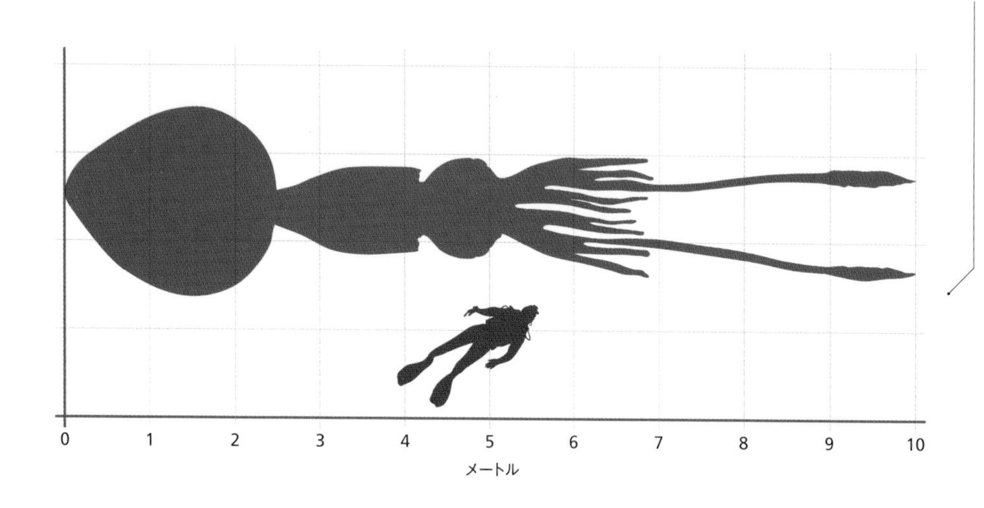


**ダイオウホウズキイカ**
*Mesonychoteuthis hamiltoni*
体重:最大495kg

ダイオウホウズキイカは海中で生きている最大の無脊椎動物で体重は500kgにもなる。陸上の大型動物の中にはそれより重いもの、例えば牛や象などもいるが、それらは脊椎動物であり、陸上で重い体重を支えるには骨格が必要であることが示唆される。

## 正確な重さ

ダイオウホウズキイカが初めて記載されたのは1925年。マッコウクジラの胃からこれまで見たことのない触腕が2本出てきたことがきっかけだった。1981年にようやく、全身が揃った状態でトロール船の網にかかって捕獲されたが、現在までに完全な姿で見つかったのは10体ほどに過ぎない。これまでに漁師の捕獲した最大のものは体重が495kgで、現在はウェリントンにあるニュージーランド国立博物館に展示されている。しかし、さらに大きな個体がいると信ずべき理由がある。

イカの体で最も消化されにくいのはクチバシと呼ばれる上顎と下顎だ。鳥の嘴のように口の硬い部分で、獲物を切り刻むのに使われる。胃の中からそのままの形で見つかるクチバシを調べることで、どの捕食者がどのイカを食べているのかがわかる。吻長が49mmあるダイオウホウズキイカのクチバシがマッコウクジラの胃から見つかっているが、完全な姿で捕獲された個体のクチバシはどれもそれほど大きくない。最大は495kgの個体の吻長42.5mmのクチバシだ。したがって、これまでに見つかっているものよりさらに大きなダイオウホウズキイカがいる可能性があるが、吻長49mmのクチバシをもつ個体の大きさを推測するのは難しい。全身のサイズとクチバシのサイズとの関係はそう単純ではな

▼イカがエサを細かく噛み千切るのに使う頑丈なクチバシ(上顎と下顎)。これはダイオウホウズキイカのものだが、体の割に小さい。

▲これまでに見つかった最大のダイオウホウズキイカ。ニュージーランド国立博物館、テ・パパに保存されている。

いからだ。もしある人物の下顎の骨を見つけたとしたら、その人が大人か子どもかなどは推測できるが、正確な身長や体重の推定は無理だろう。それと同じだ。わたしはこの数年で20パーセント近く体重が減ったが、顎の骨のサイズはまったく変わっていない。

とはいえ、ダイオウホウズキイカが最大の無脊椎動物であることは間違いない。次に大きいダイオウイカ(*Architeuthis dux*)は1,000個体近く捕獲されているので、現在の記録保持者である体重295kgの個体より遥かに大きなものはもう見つからないと断言していいだろう。295kgは、これまでに見つかっているダイオウホウズキイカに比べて大幅に軽い。

## 狩るものと狩られるもの

未成熟のダイオウホウズキイカのクチバシが、あらゆる種類のクジラ、ミナミゾウアザラシ(*Mirounga leonina*)、一部の大型魚、さらにはアホウドリの胃からも見つかっている。しかし本当に大きな個体のクチバシはオンデンザメとマッコウクジラからしか見つかっていない。オンデンザメは体長4.5m、体重800kg以上に達することもあるが、それでも、成長しきった健全なダイオウホウズキイカは簡単な獲物ではないだろう。オンデンザメから大きなクチバシが見つかったという記録があるのは、このサメが病気やけがをした個体をたまに狙うせいかもしれない。しかし、マッコウクジラの胃からは何度も大きなクチバシが見つかっており、ダイオウホウズキイカが重要なエサとなっていると思われる。マッコウクジラがエコーロケーションに使う大きな音で獲物を失神させるという説があるが、イカに対しては考えにくい。マッコウクジラの頭の周りの皮膚にはよく傷痕があり、それがイカの触腕の吸盤や鉤の形とあまりにもよく一致するので、その痕を残したイカの種類を特定できる。ダイオウホウズキイカはそうした傷痕を残したイカとして頻繁に登場する。

マッコウクジラのほうから戦いをしかけることはわかっている。ダイオウホウズキイカはたいてい、自分の仲間(共食いはイカのさまざまな種によく見られる)のほか、冷たい南極海に比較的多いマゼランアイナメの仲間を食べている。ダイオウホウズキイカは不活発な待ち伏せ捕食者で、獲物を探す努力はほとんどしないと言われている。冷たい南極海での代謝の低さも相まって食物要求量は低く、500kgの個体でさえ、日に30kgの魚で十分かもしれない。わたしだったら、ツナ缶1個で3週間ということになる!

# タコ

遥か昔から、タコが船から人をさらったとか、巨大なタコが船を丸ごと沈めたとかいう大げさな話がある。残念ながら、そうした話には物的証拠が何もない。既知のタコ300種のなかで、人間を殺す可能性があるのは太平洋とインド洋にすむヒョウモンダコ4種のみだが、いずれも巨大生物ではない（差し渡しが15cmしかない）。その代り、致死性の毒をもっている。

▼記録にある最も重いミズダコ（*Enteroctopus dofleini*）は71kgだった。

## OctopusesかOctopiか？

英語でOctopus（タコ）の複数形はOctopusesかOctopiかという論争がある。筆者はOctopusesを使っているが、ほかの書籍やオンラインではOctopiという表記を見ることも多い。Octopusはラテン語ではなくギリシャ語由来なのでOctopiとするのは間違いだという意見もある。わたしは生物学者であって言語学者ではないが、英語には例外や変則が溢れているし、Octopiのようによく使われているものを“間違い”とまで決めつけるのはどうかと思う。Octopodesというめったに見かけない複数形を使ってもいいが、これは携帯電話（cellphone）を「cell telephone」と言うようなものだ。

## 海の怪物

最大のタコはミズダコ（*Enteroctopus dofleini*）だ。食用として毎年およそ3万トンが水揚げされているので、その大きさは正確にわかっているだろうと思うかもしれないが、そうとは限らない。漁師なら15kgもあれば結構なサイズの成体だと言うだろうが、50kgを超える個体がたくさん記録に残っている。確かな証拠がある最大の個体は71kgだが、学術論文以外の文献をオンラインで探せば、135kgとか180kg、さらには270kgという数字さえ見つかるだろう。そのような数字はありえないと言うつもりはない。根拠となる標本が保存されていないとか、先入観のない立会人が適切な計量器具を用いて測定したという信頼できる記録がないという理由だけで、否定すべきではないだろう。

サイズの点でミズダコに迫る唯一の種がカンテンダコ（*Haliphron atlanticus*）だ。一部損傷していたが61kgの個体が漁網にかかったことがある。このカンテンダコの体の形はかなりよくわかっているので、生きていたときの全体の重さをかなり正確に推測できる。結果は75kgとなる。というわけで、実際にはどちらのほうが大きいのか、際限なく議論することもできるし、どちらも最大の個体は成人男性くらいの重さなのだなと納得して、それでよしとすることもできる。

迫力あるサイズに活動的な性格のミズダコは公設水族館の人気者だ。わたしも子どものころ、タコが遊ぶように子ども用の積み木セットを与えている水族館によく通ったものだ。そのタコはエッフェル塔の模型を一度も組み立てることなく、いつも部品を引っくり返しては調べていた。タコがよく水槽から逃げ出すのにはいくつか理由がある。第一に、タコは多くの種類では水から出ても数分は生きていられる。第二に、彼らは本当に力が強い。大型のミズダコの8

▲人間が盛んに捕獲するため、ミズダコの大半はこの（それでも印象的な大きさの）個体より大幅に大きくなるチャンスはもてない。

本ある腕の１本の大きな吸盤１個で、大きな石を引き寄せることができる。第三に、非常に体が柔らかい。変形できない部分はクチバシだけなので、クチバシのサイズの穴を通り抜けることができる。そして、50kgの個体のクチバシは差し渡しがわずか5～6cmなのだ。最後に、彼らはとても賢いと考えられている。どんな動物だろうと、実験に使う場合には、苦痛は最小限にとどめるよう、十分注意しなければならない。多くの国で一般に脊椎動物については特別な注意を払うよう、法律で定められている。神経系が複雑にできているからだ。英国とカナダでは、脊椎動物と同じ特別な配慮が求められる無脊椎動物として、タコだけがリストに載っている。

▲体の一部が欠けた死骸をもとにした推定では、カンテンダコ（*Haliphron atlanticus*）は75kgに達する。この不運な個体はアカウミガメ（*Caretta caretta*）に襲われている。

▶４種のヒョウモンダコは巨大なタコではないが、最も有毒な海生動物だ。

# さらに堂々たる軟体動物

ここではまた別の巨大な水生無脊椎動物、オオシャコガイ(*Tridacna gigas*)にまつわる
まことしやかな話をいくつか紹介したうえで、誤りを指摘したいと思う。二枚貝はイカやタコの遠い親戚で、
それらと一緒に軟体動物門、つまり体を守るための貝殻をもつ(または進化のある時点でもっていた)無脊椎動物の仲間に
まとめられる。先史時代の巨大な無脊椎動物の全般的な傾向を浮き彫りにするため、
軟体動物系統の中で絶滅したメンバーもいくつか紹介しよう。

## オオシャコガイ

インド洋と南太平洋の浅い岩礁に見られるオオシャコガイは体長が1mを超えることもあり、最大の個体は重さが250〜300kgもあった。人間がこの貝に捕まったという話は枚挙にいとまがないが、ここでは、そんなことはありそうもない根拠を示そう。また、わたしたちがオオシャコガイを恐れるより、オオシャコガイがわたしたちを恐れる理由のほうがずっと多いことや、ひとつのオオシャコガイが1億ドル以上もの価値のあるものをつくり出したという経緯も紹介する。

ごく最近まで、最大のオオシャコガイは1817年にインドネシアのスマトラ沖で見つかったもので、重さは推定250kgだった。わたしが生まれてから、これを少し上回りそうなものがいくつか発見されているものの、それらについては確実な調査は行われていない。1817年にスマトラで見つかった巨大な殻は、なんと北アイルランドのベルファストにあるアルスター博物館で見ることができる。19世紀にイギリスの昆虫学者フランシス・ウォーカーがベルファスト自然史協会に寄贈したらしい。彼がどのようにしてその殻を手に入れたのかは不明だが、彼は30年にわたってロンドンの自然史博物館のために働いており、その関係で、自然界の珍しい標本を売る商業収集家と接触があったのだろう。ウォーカーがベルファストの協会と特に強いつながりがあったようには思われないが、博物学者のチャールズ・ダーウィンのように学会の熱心な通信会員で、晩年は私的な収集物をいくつかの博物館や学会に分散させている。

二枚貝の殻は化石になりやすく、そうした化石から、過去にはさらに大きな種がいたことがわかっている。白亜紀に生息していたプラティケラムス・プラティヌス(*Platiceramus platinus*)は現生のオオシャコガイに似ているが、殻は3倍の長さがあり、重さは恐らく6〜10倍あっただろう。

▲オオシャコガイ(*Tridacna gigas*)は乱獲のせいで絶滅の危機に瀕している。
たとえ絶滅しないまでも、記録された最大の個体(300kg)に匹敵する大きさになるまで
生き延びる個体は、もう見られないかもしれない。

▲オオシャコガイの殻のくっきりと波打つパターンがよくわかる。

## 人間による脅威

オオシャコガイは急速に数が減りつつあり、以前の生息場所の多くからすでに姿を消している。原因は人間による獲りすぎだ。この貝の肉は一部の地域では珍味とされ、殻は見事な装飾品になり、二枚の殻を閉じ合わせるための貝柱は媚薬とみなされている。外国の裕福な買い手がそれらに支払う金額と、多くの地元民の収入の低さとのあいだの格差が貝の保護を非常に難しくしている。サバンナゾウ（*Loxodonta africana*：42ページ参照）の場合とよく似ている。

閉じようとするオオシャコガイにダイバーが腕や脚を挟まれ、抜けなくなって溺れてしまったという話があるが、わたしにはつくり話のように聞こえる。日中、オオシャコガイはエサを採れるように殻を大きく開けている。実は、この貝は栄養の多くを貝組織の中にすんでいる光合成藻類との共生関係から得ている。藻類が自分の栄養の一部を貝の組織に染み出させ、貝はそれを吸収して、お返しに藻類に安全なすみかを提供する。だからこそ、オオシャコガイは日光がふんだんにある浅い海にすみ、また栄養に乏しい水域でもあれだけの大きさに成長できるのだ。浅い海域に依存しているため、当然、人間のダイバーには容易に手が届く。ダイバーがちょっかいを出し始めれば、オオシャコガイは反応して殻を閉じようとする。しかし大きな個体は閉じるのに30秒かかるし、どんな場合でも完全に閉じることはできないので、人間の手足が抜けなくなることは考えられない。

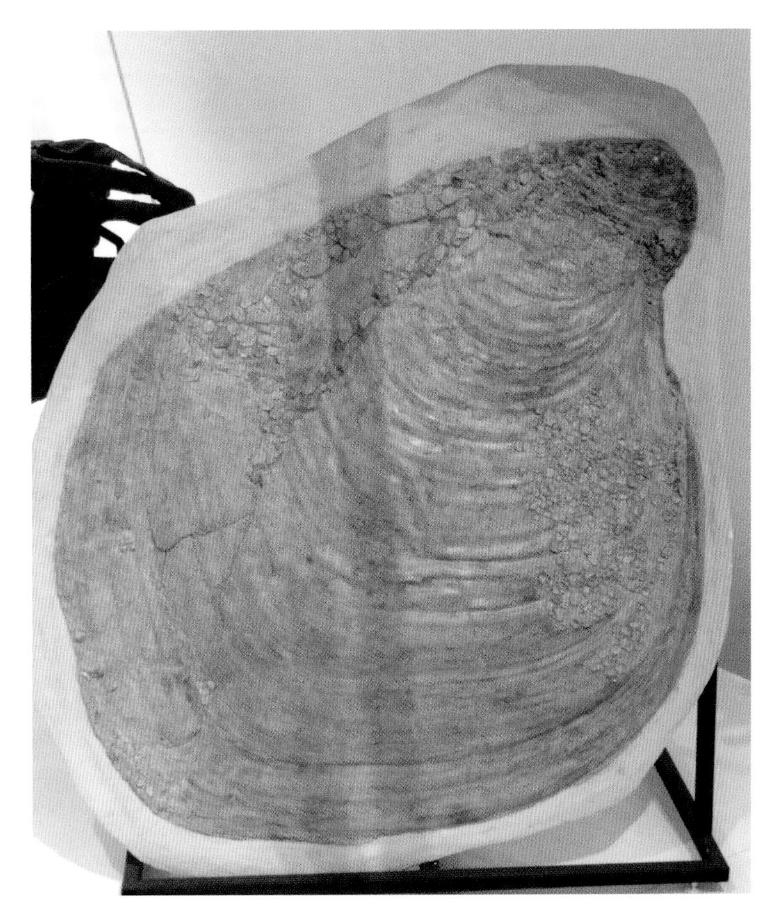

▲白亜紀のプラティケラムス・プラティヌスはこれまでに発見された最大の二枚貝である。

▲これまでに発見された最大のオオシャコガイの殻は現在、
北アイルランドのベルファストにあるアルスター博物館に展示されている。

▲二枚貝を開いて真珠が見えるようにしたところ。

## 巨大真珠

二枚貝(1組の貝殻で身を護る軟体動物)はオオシャコガイも含めすべて、自分で殻をつくり、成長につれ殻も大きくしていく。砂粒のような異物が殻の内側に入り、流し出せないような場所に引っ掛かると、肉にこすれてチクチクしないように、殻の内側をつくるのに使う材料をその周りに分泌する。そうやって異物を何層にもくるみ込んだ結果、わたしたちが宝石として珍重する真珠ができる。真珠のできやすさには二枚貝の種類によって差があり、オオシャコガイでは滅多に見られないのだが、2006年にあるフィリピン人漁師が34kgもあるオオシャコガイの真珠を見つけた。史上最大の真珠だ。漁師は誰にも言わずに幸運のお守りとしてベッドの下に置いていたが、結局2016年に地元の町長に譲った。芸術作品と同じで、真珠の値段も誰かがそれだけ支払う気があるかどうかによって決まるわけだが、ほかの大粒真珠に支払われた額を参考に推定すると、この巨大真珠は1億ドルの価値があるという。この真珠のニュースが世界中に広まればオオシャコガイの保護に助けになるとは考えにくいから、オオシャコガイの真珠はどんなサイズであろうと、本当にごくまれであることを繰り返しておきたい。

## 渦巻き

タコやイカが、貝殻のある生物と一緒に軟体動物とされているのは奇妙に思えるかもしれない。しかしタコもイカも、祖先はれっきとした殻をもっていた。両者と非常に近い関係にあるのが、現存する6種のオウムガイだ。オウムガイは泳いでエサを探すが、渦巻き状の殻をもっている。殻は渦巻きの中心からしだいに大きくなる部屋が連なる構造になっていている。オウムガイはその一番端につくった最も大きな部屋に体を入れて居室としている。成長するに従い、それまですんでいた部屋を壁で塞ぎ、その先につくった新しい居室へ移動する。以前の居室にはある程度気体が入っているおかげで、重い殻があってもその浮力で沈まない。エサを食べるときはかなり体を伸ばすが、危険を感じると全身を引っ込め、硬くなった触手を帽子のように変えて入り口を塞ぐ。護りは完璧で、同じサイズのイカやタコが2年以上生きるのはまれなのに対して、オウムガイは20年以上も生きられる。

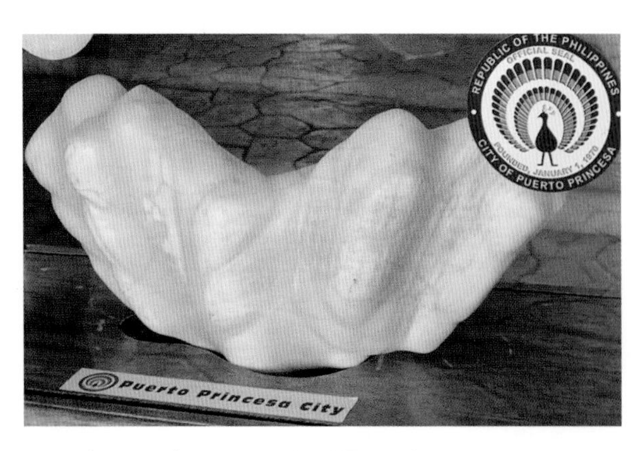


▲2006年にフィリピンでオオシャコガイから見つかった巨大な(したがって莫大な価値のある)真珠。

オウムガイは巨大生物ではない。最大級の個体でも殻の最大直径は25cmほどだ。しかし、5億年もの間ほとんど外形が変わることなく生きており、その期間の大部分、殻をもつ別の軟体動物グループと海を共有して過ごしてきた。そのグループはアンモナイト類で、似たような渦巻き形の殻をもつものが多い。その一部は本当に巨大で、たとえば、パラプゾシア・セッペンラデンシス（*Parapuzosia seppenradensis*）の不完全な化石の殻の直径を測ると1.8mもあった。この化石の殻は最終（最大）居室の一部が欠けていて、もともとの殻は直径が2.5～3.5m、重さが約700kgと推測された。さらに、殻の主はそれとは別に750kgあったと推定される。アンモナイト化石は多く発見されているが、恐竜と同様に6,600万年前の白亜紀-古第三紀絶滅の際に絶滅した。アンモナイトが絶滅したのにオウムガイが生き延びた理由のひとつは、アンモナイトの幼若体が海面でエサを食べていたと考えられるのに対して、オウムガイの幼若体は海底付近で過ごしていたことだ。隕石が衝突して生物の多くが絶滅したとき、海底は海面に比べて悪影響が大幅に緩和された可能性がある。

▲オウムガイは普通、殻の一番外側の部屋を居室にしている。

◀オウムガイの殻の断面。多くの部屋が渦巻き状に連なるようすがよくわかる。

▶パラプゾシア属のアンモナイト。この属には最大級のアンモナイトが含まれ、殻の直径が3.5mに達するものもある。

# 巨大蠕虫

蠕虫の体のつくりは単純なので、驚くほどの長さに成長するのは容易に違いない。
ミミズなら、体が大きければ消化器官に土をそれだけ長く留めることができ、痩せた土地からも栄養を抽出できる。
また、大きいほうが力も強く、固くしまった土を掘って前進できる。同時に、ミミズのサイズには限界があると予想できる。
大きくなれば、進む際に土との摩擦がそれだけ大きくなるからだ。驚くべき長さのミミズが実際に数多く存在する。
オーストラリアのギプスランドミミズ(*Megascolides australis*)は最大3mの長さに達することがあり、アフリカの巨大ミミズである
ミクロカエトゥス・ラピ(*Microchaetus rappi*)は7mに達する。しかし、最大の蠕虫は実はミミズではない。

## 途方もなく長い蠕虫

本当に長い蠕虫を見つけたいなら、一番見込みがあるのは大型哺乳類の消化管の内部だ。なぜかというと、哺乳類は内温動物なので、消化管の中は消化にうってつけの温度に保たれている。また、哺乳類は食べる量が多いので、寄生虫は頻繁に食べ物をたっぷり浴びて皮膚から吸収できる。動き回って食べ物を探す必要がないのだ。消化管にしっかりと自分を固定しておけば、きつい仕事は宿主がすべてやってくれる。宿主の免疫系に検知されなければ、成長するための空間はたっぷりある。たとえば大人の人間の小腸は長さが約7mもあるのだから。というわけで、もし最大の寄生蠕虫を探すつもりなら、可能性が高い場所は最大級の哺乳類の体内だろう。実際に、2番目に大きなクジラであるマッコウクジラ(88ページ参照)の体内から、長さが30mを超える条虫(サナダムシ)の一種、テトラゴノポルス・カリプトセファルス(*Tetragonoporus calyptocephalus*)が見つかっている。

マッコウクジラは重さが最大57トンに達するとはいえ、現生の動物の中で最大のシロナガスクジラ(76ページ参照)に比べれば、大きさはわずか3分の1だ。したがって、シロナガスクジラからはさらに長い消化管寄生虫が見つかると期待しても、不合理とは言えないだろう。ところが、これまでに文字通り何十万頭ものシロナガスクジラが捕獲されて解体されてきたが、巨大な腸管寄生虫は報告されていない。シロナガスクジラに巨大な寄生虫がいないのはたぶん、食べているもののせいだろう。条虫の卵が環境中に放出されると、小さな中間宿主に取り込まれ、その動物の組織にとどまって終宿主に食べられるのを待つ。終宿主の体内で成熟形態にまで成長し、次の世代となる卵を産む。テトラゴノポルス・カリプトセファルスの場合は大型の魚が中間宿主となる可能性が高い。こうした魚は10年以上生きることがあるので、エサと一緒に寄生虫を取り込む時間はたっぷりあるし、マッコウクジラのような、体内で寄生虫が成長できる生物に食べられる機会もそれなりにある。これに対して、シロナガスクジラはオキアミと呼ばれるわずか1cmほどの小さな甲殻類を食べるが、これらの甲殻類はそれほど長く生きず、大半は恐らくシロナガスクジラに食べられることなく死ぬ。寄生虫にしてみれば、シロナガスクジラにライフサイクルの一部を頼るわけにはいかないのだ。

オスの大人のマッコウクジラは平均して体重が約40トン、つまり平均的な成人男性の体重80kgの約500倍ある。マッコウクジラの条虫が30mになれるなら、人間の条虫はどれくらいまで成長できるのだろう? 驚くべきことに、予想よりずっと大きい。加熱の不十分な牛肉を食べると、無鉤条虫(*Taenia saginata*)に感染するリスクがある。この寄生虫は4〜10mになるのが普通だが、22mという記録もある。では、マッコウクジラは人間の500倍のサイズなのに、その体内の条虫が500倍にならないのはなぜだろう? 理由のひとつは、人間は(少なくとも先進国の多くでは)空腹ならいくらでも食べ物を見つけることができるからだ。最高記録の22mの条虫がそこまで成長するには恐らく25年ほどかかっただろうが、そのほとんどの期間、条虫は宿主の女性が食べたものの大部分を横取りしていたことになる。しかし宿主は寄生虫がいなかった場合よりもたくさん食べることで、不足分をあっさり補うことができただろう。これに対して、必要なエサを確保するのさえ命懸けの野生動物には、そんな余裕はない。消化管の中味を条虫に大量に横取りされれば、宿主は代謝の要求を満たせず、消耗してエサも探せなくなる。その結果さらに消耗が急速に進んで、ついには死んでしまう。つまり、先進国に暮らす現代人は条虫にとって理想の宿主なのだ。しかしある意味では、忌避すべき宿主とも言える。現代医学の助けを借りれば、条虫をはじめとする内部寄生蠕虫はたいてい駆除できるからだ。

▲巨大ミミズ（*Megascolides australis*）は
3mの長さに達することがある。
この研究者はミミズを編んで、
穴に引っ込めなくしている。

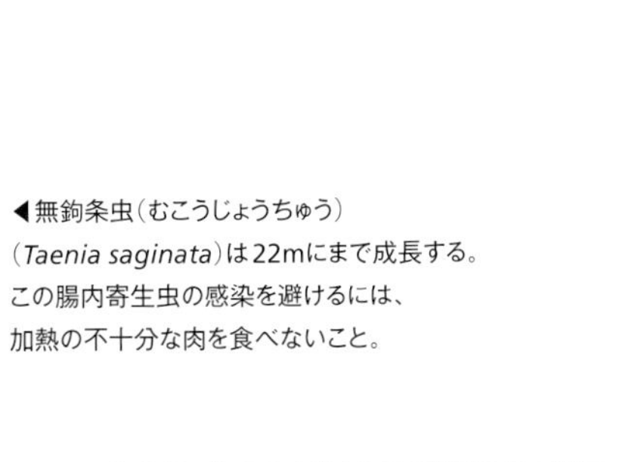

◀無鉤条虫（むこうじょうちゅう）
（*Taenia saginata*）は22mにまで成長する。
この腸内寄生虫の感染を避けるには、
加熱の不十分な肉を食べないこと。

▶人間の腸の中の条虫とその頭部の拡大写真。
この頭部を使って消化管の壁にしっかりとくっつく。

**ブーツレースワーム**
*Lineus longissimus*
体長：恐らく最大55m

ひどくよじれて絡み合っているため（次ページ参照）、生きているブーツレースワームの長さを測ることはほとんど不可能だ。さらに、死んだ標本からも、長さに影響するような変化が死後にどの程度起こったかを確実に知ることはできない。

## 最長の生物?

この章の前のほうで、現生の最長の動物は恐らくキタユウレイクラゲだろうと述べた。断言できなかったのは、55mものブーツレースワーム（*Lineus longissimus*）が見つかったという報告があるからだ。これは英国やノルウェーの海岸によく見られるヒモムシの一種で、生きている個体で10mを超えるものの記録はなかったのだが、1864年にスコットランドのセントアンドルーズの海岸に死んだ巨大な個体が流れ着いた。わたしがこれをタイプしている場所から車で5分のところだ。標本は保存されなかったようだが、当時の報告には、「口径20センチ、深さ13センチの解剖用瓶を半分まで満たした。ちぎれずに測れたのは30ヤード（27.43m）だが、それでも、ほどいた分は半分にも達していなかった」とある。「半分にも達していない」部分が27.43mだったのなら、全長は少なくとも55mあったことになり、この数字がポピュラーサイエンスの書籍やウエブサイトに流布している。しかし、死んだブーツレースワームは波に打たれればかなり伸びるので、生きていたときの本当のサイズを知ることは困難だ。

報告の前半部分に注目して計算した数値も見たことがある。瓶の口径についてある程度の妥当な仮定をしたうえで、瓶を半分満たすにはどれくらいの長さがあればいいか計算したところ、やはり55mが妥当な線だという。しかし、腐敗の程度は不明で、死んでから水を吸って膨張していたのか、あるいは腐敗によって発生したガスで膨張していたのか、知りようがない。そのうえ、この短い報告は、瓶を半分満たした際に隙間がなかったのか、それともゆるく巻いていたのかについては何も述べていないので、かなり薄っぺらな証拠に基づいて大胆な推測をしていることになる。もちろん、この種の仲間が現生の最長の生物である個体を含んでいることはありうる。もう少し証拠があればよかったのだが。証拠と言えば、キタユウレイクラゲ（156ページ参照）の長さに関する証拠もこれに劣らず薄弱で、「ある標本の長さをみずから測ったところ……触手は37m以上あった」という1865年の報告がもとになっている。この主張にも上記の留意点がすべてあてはまるので、どちらの種が最長なのか、実は断言できない。それに、この2種に比べて確かな証拠のあるテトラゴノポルス・カリプトセファルスも、まだ競争から脱落したわけではないかもしれない。

▶ブーツレース（靴紐）ワームほど
ふさわしい名前の動物はめったにいない。
より正確には、"もつれたブーツレースワーム"
と呼ぶべきかもしれない。

第8章

# 爬虫類と両生類

約3億7,000万年前に最初に陸上に進出した脊椎動物は両生類だった。両生類はそれから1億年以上にわたって大型動物の地位を独占したが、卵が透水性だったために、胚が乾燥しないよう、水中や湿った場所に産卵しなければならなかった。その後地上を支配することになる爬虫類は、卵殻を頑丈にするという大革新を成し遂げてどこにでも産卵ができるようになった。ここでは、この2つの脊椎動物のグループにおける最大級の動物についてみていこう。

# 巨大なヘビ

7章で紹介した環形動物は無脊椎動物で、人間などの脊椎動物と違い、背骨がない。
代わりに静水力学的骨格と呼ばれるものをもち、その剛性は自転車のタイヤのように内圧によって生じている。
ヘビは細長い外見からすると環形動物に似ているが、実は体のつくりはまったく違う。
ヘビはわたしたちと同じ脊椎動物なのだ。ただ、人間の背骨が33個の椎骨からなるのに対して、
ヘビには300も推骨があり、その体は遥かに柔軟にできている。

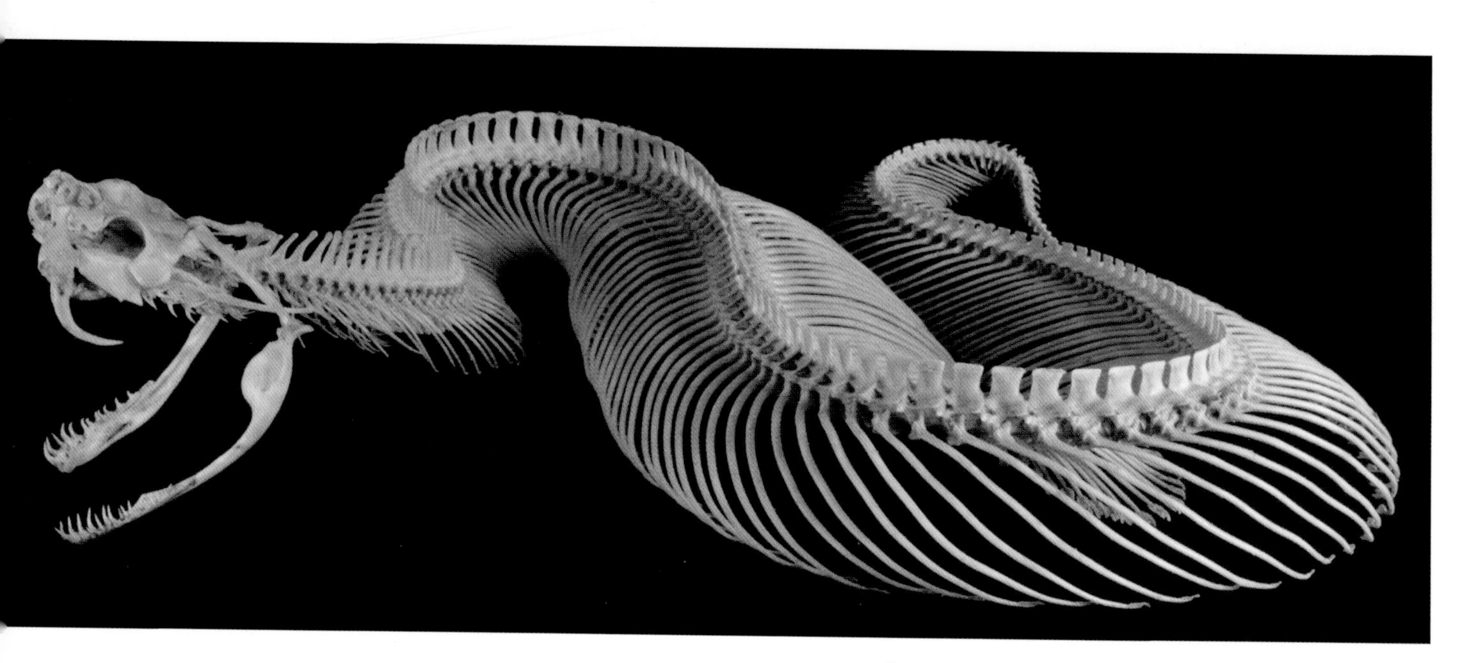

▲ヘビはわたしたちと同じ脊椎動物で、筋肉質の体を支える頑丈な骨格をもつ。その筋肉質の体で獲物を絞め殺すものも多い。

## 締めつけるヘビと咬みつくヘビ

多くの人がヘビへの恐怖心をもち、ヘビは嫌悪感を抱かせる動物の筆頭としても広く知られている。それもそのはず、ヘビには危険なものが多く、人間を殺せる種類がたくさんいる。獲物の殺し方には、咬みついて毒を注入する方法と、きつく巻きついて締め殺す方法がある。締めつけられた動物は胸郭の拡張が妨げられて呼吸できなくなり、脳への血流まで止まることがある。しかし、実は絞め殺し型よりも咬みつき型のほうが遥かに恐ろしい。毎年9万人前後が毒ヘビ咬傷で死亡しているのに対して、絞め殺されるのは年に9人以下だ。最大級のヘビは当然、絞め殺し型だ。毒ヘビは大きくなくても人間を殺せるが、獲物を絞め殺すには大きくなくてはならない。

**アミメニシキヘビ**
*Python reticulatus*
体長：6.1m

世界最長のヘビのひとつで、6.1mを超える個体もいる。2017年と2018年にインドネシアで起こった事例は詳細に記録されており、大人を殺して丸呑みにできることが判明している。

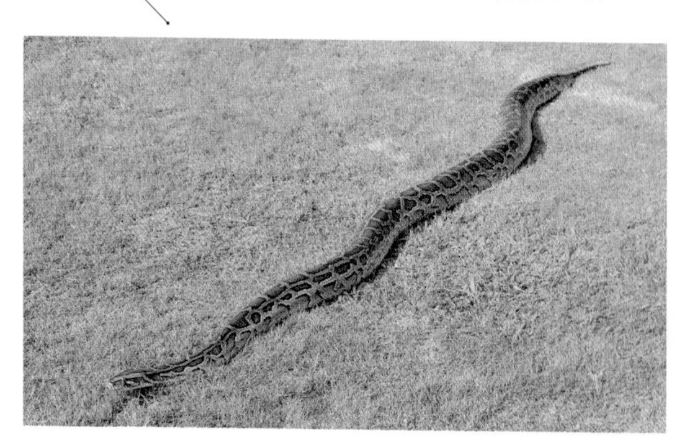

## 骨をも砕く

絞め殺し型のヘビには、実際に非常に大きなものがいる。オオアナコンダ（*Eunectes murinus*）は体長5m以上、体重100kg近くにもなる。東南アジアのアミメニシキヘビ（*Python reticulatus*）はさらに長く、体長7mになることもあるが、体重はそれほど重くはなく60kg程度だ。同じく東南アジアに分布するビルマニシキヘビ（*Python bivittatus*）は体長5m、体重75kgまで成長できる。これらのヘビはすべて、人間を絞め殺すとされているが、いずれの種も人口の少ない地域に生息しているため、確実な証拠があるわけではない。ただし、上記2種のニシキヘビはどちらもペットとして人気があり、驚くべきことにヘビに絞め殺されて死ぬ率が最も高い国はアメリカだ。ペットのニシキヘビが大きくなりすぎて、飼い主の手に負えなくなるのだ。

獲物を絞め殺したあとは、ヘビはこれを丸呑みにしようとする。この3種の大蛇が大きな獲物を丸呑みにできることは確かで、最大級の個体は人間の大人も呑み込める。だいたいの目安として、自分の体重の60パーセントの重さの獲物はやすやすと呑み込むことができ、自分と同じ重さの獲物を呑み込んだという話さえある。ニシキヘビは細身なので人間の肩の部分を呑み込むのに苦労するかもしれないが、インドネシアでの2017年と2018年のケースを含め、人間がこうした大蛇に食われたという報告がある。

**オオアナコンダ**
*Eunectes murinus*
体長：6.1m

最長の個体は6.1mを超え、最長のニシキヘビと同じくらいになるが、アナコンダのほうがより太いために重量がある。最大級の個体は少なくとも160kgになる。

**ビルマニシキヘビ**
*Python bivittatus*
体長：4.9m

平均してアミメニシキヘビよりわずかに小さく、ペットとして驚くほど人気がある。しかし、このようなペットは、逃げ出したり捨てられたりすることがあり、フロリダのエヴァーグレーズではこうした個体が繁殖集団を形成している。

▼2017年、25歳のインドネシア人農夫が行方不明になった。
捜索中に、7mの体の中央部分が非常に大きく膨らんだニシキヘビが見つかり、
残念なことにその膨らみは農夫であることが判明した。
2018年には庭で作業をしていた54歳の女性が
同じようにアミメニシキヘビの犠牲となった。

## 強大なボア

絞め殺し型のヘビが体を大きくする方向に進化した理由は容易に理解できる。毒をもたなければ、メスを巡るオス同士の争いは力比べとなり、大きなほうが勝つことが多い。ヘビは一般に長い空腹期間を耐えなければならないが、体が大きければ脂肪の蓄えもそれだけ多くなる。巨体に伴う代謝率の増加を脂肪分の増加が上回るので、空腹に耐えられる期間を延ばすことができる。つまり、大きければ大きいほど、飢餓のリスクが小さい。そのうえ、大きければそれだけ大きな獲物を襲うことができる。

これまでに見つかった最大のヘビはティタノボア・セレホネンシスで、いまの南アメリカにあたる場所に6,000万年前に生息していたことが化石からわかっている。アナコンダに似ていたが、長さ13m、重さ800kg以上はあったようだ。奇妙なのは、どの個体も決まって巨大なサイズに達したと思われることだ。8体が別々に発見されているが、すべて同じくらい巨大で、11～15mと推定された。脊椎動物は一般に極端なサイズは極めてまれで、体のサイズにかなりのばらつきがあるのが普通だ。ところがティタノボア・セレホネンシスの場合、ある一定の大きさまで簡単に成長したようだ。ただし、さらに多くの化石が発見されるまでは断言はできない。わたしの考えでは、このヘビの祖先は決してそれほど大きくはなかっただろう。隕石衝突という大参事の余波を、そのような巨大な最高位の捕食者が切り抜けられたとは思えないからだ。むしろ、恐竜が姿を消したものの哺乳類はまだ最高位の捕食者の役をこなせるほど多様化していなかった世界で、その空白に乗じて大きくなったのではないだろうか。

**ティタノボア・セレホネンシス**
*Titanoboa cerrejonensis*
体長：15m

既知のヘビのなかで最大の種で、恐らく長さ15m、重さ2,000kgに達した。6,000万年前の南アメリカでこのヘビと同時代に生息していた動物のうち、その顎から逃れられるものはほとんどいなかっただろう。

## 制約のなかで

現在、ティタノボア・セレホネンシスのような巨大なヘビがいないのはなぜなのかは、よくわかっていない。わたしたちは巨大な動物があまりいない変わった時代に生きているのだろうか。オオアナコンダは、単に自分が必要とする大きさまでしか成長しなかったということなのかもしれない。つまり、食べられないほど大きな獲物には出会わないので、獲物の選択肢を広げるためにもっと大きくならなければならないという圧力にはさらされていないのだ。2009年にティタノボア・セレホネンシスの発見を初めて報告した論文は、このヘビが現代よりかなり暖かい世界に生きていたこと、外温性動物であるこの巨大な待ち伏せ型捕食者が充分に活動できる体温を維持するには、その高い温度が欠かせなかったことを指摘している。しかしわたしにはそれほどの確信がもてない。現代のイリエワニ（188ページ参照）は外温性の待ち伏せ型捕食者として立派にやっているが、重さは最大1トンで、少なくともティタノボア・セレホネンシスと同じくらいの体重がある。これについてはまた後で取り上げる（180ページ参照）。

▼ティタノボア・セレホネンシスは沼地に住んでいた。
ワニ類を食べていたとしてもおかしくないが、
同じような環境に生息していた大型のカメ類のほうが
簡単な獲物だっただろう。

▲ブラックマンバは最も恐れられている毒ヘビのひとつだが、
マングースは平気でこのヘビを捕食する。
マングースの強みはスピードとチームワーク、
それにこのヘビの毒に対してある程度免疫があることだ。

## 最も危険なヘビ

オーストラリア中部にすむナイリクタイパン（*Oxyuranus microlepidotus*）は世界で最も強力な毒ヘビと言われ、大人100人を殺せるほどの毒をたったひと咬みで注入できる。さらに悪いことに、大半のヘビと違って毒なしの“警告”の咬みつきをしないようで、咬みつけばほぼ間違いなく毒を注入する。それに数回咬むことが多い。なんの治療もしなければ、咬まれた人間は1時間もしないうちに死ぬこともある。それでも、数が少なく、人がほとんどいない地域に生息しているうえ臆病でおとなしい性格のため、人間が咬まれたという記録はほとんどない。

アフリカ産のブラックマンバ（*Dendroaspis polylepis*）のほうが遥かに多くの死亡事故を起こしている。ナイリクタイパンと同様に特に強い毒をもち、警告のために咬むことはなく、何度も咬むことが多い。しかしナイリクタイパンと違って広範囲に分布し、さまざまな環境に生息し、個体数が非常に多いと考えられている。さらに、生息域の中には多くの人々が暮らしているうえ、このヘビは縄張り意識が強く、動きがすばやい。人間が30m以内に立ち入ると、頭をもたげて威嚇行動を始める。この警告を無視すれば、攻撃される可能性が非常に高い。

# ドラゴンとオオトカゲ

現存する最大のトカゲはコモドオオトカゲ(コモドドラゴン)(*Varanus komodoensis*)だが、ここでは、さらに体長のありそうなものや、野生下でもっと見つけやすいものなど、ほかの巨大なトカゲたちもいくつか見ていく。そしてかつてオーストラリアに生息していた絶滅種を紹介して、巨大トカゲを巡る旅を終えることにする。

## 島のドラゴン

コモドオオトカゲは現存する世界最大のトカゲで、コモド島を含めたインドネシア領に点在する島々に生息し、体長3m、体重は70kg以上にもなる。かつてはアジアとオーストラリア全域にこのような巨大なトカゲが広く分布していたが、哺乳類との競争に敗れたようだ。捕食者であり腐肉食動物でもあるコモドオオトカゲはさまざまなものを食べるが、シカを殺して食べることが最も多い。一般に人間との接触は避けるが襲ってくる場合もあり、致命的な結果になったケースもある。その理由のひとつは、咬まれると、血液の凝固を妨げる毒が注入されることにある。人間の遺体を食べることも知られており、非常に嗅覚が鋭いため、コモドオオトカゲのいる島では遺体を特に深く埋葬したうえで、墓の上に岩を積み重ねる。同種の若い個体まで食べることがあるので、そんな目に遭わないよう、幼体はたいてい木々の茂みで過ごしている。

▲コモドオオトカゲはコモド島の他に、インドネシアの3つの島に生息する。それ以外の島では最近になって絶滅したようだが、まだ野生に少なくとも3,000個体はいると考えられている。

## フローレス――巨大生物とホビットの島

野生のコモドドラゴンがいるインドネシア領の島のひとつが、コモド島のすぐ近くにあるフローレス島だ。この島では、コモドドラゴンのようによそでは本来小さい種が大きくなった例や、本来大きな種が小さくなった例（1章参照）がいくつか見られる。後者の最も驚くべき例のひとつが、2003年に島の石灰岩の洞窟から発見された5万年前にさかのぼる小型の人類らしき個体の化石だ。この類人は成人でも最大身長が1.2mをやや下回っていたため、ホビットというニックネームがつけられた。彼らがなぜそれほど小さいのか、まだ結論は出ていない。わたしたちと同じ種、ホモ・サピエンスの一個体群で、成長を妨げる何らかの病気にかかったのだという説もあれば、別の種（ホモ・フローレシエンシス）で、わたしたちの祖先の初期の種（ホモ・エレクトゥス）が何百万年も前に島にすみついて、やがて小さく進化したのだという説もある。

ホビットたちがどうやって島にやって来たのかも、興味をそそる。この何百万年かにわたって海面の高さは幾度か変わり、当時はフローレス島からコモド島には歩いて渡れたが、コモド島から本土には徒歩では渡れなかった可能性が高い。フローレス島に類人がいたのは、船をつくる技術（したがって共同作業と言語）が早くからあったことの証拠だと考える人たちもいる。だがわたしは、少数の個人がまったくの偶然でフローレス島に漂着した可能性も除外すべきではないと思う。大津波にでもさらわれたのかもしれない。この類人の発見は、人類の祖先についての議論に思わぬ展開をもたらした。フローレス島で（さらにはコモド島でも）もっと多くの化石が発見されて、全貌が明らかになることを期待したい。

▼ホモ・フローレシエンシスの個体は現代人より単に身長が低かっただけではない。頭部も、したがって脳も、大幅に小さかった。

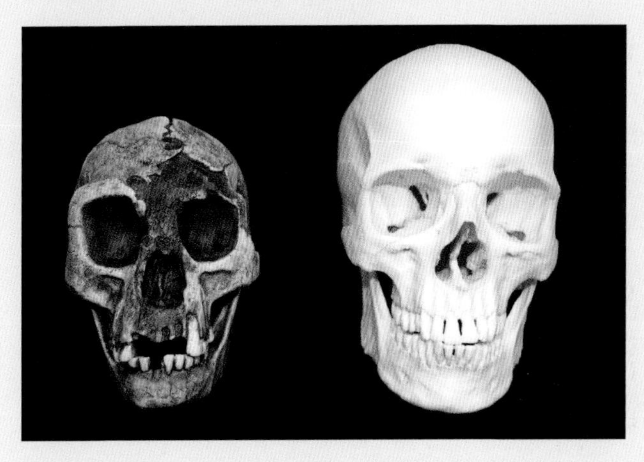

迫力あるサイズのせいでコモドオオトカゲは動物園の人気者だが、そのおかげで最近、このトカゲの非常に変わった生物学的側面が明らかになった。単独で飼育され、オスと一度も交尾していないメスでも、発生可能な卵を産むことができるのだ。そうした卵から生まれるのは常にオスだ。これは絶滅の危機にある個体群を救うためにあると考えられている戦略で、“ライフボートメカニズム”と呼ばれる。ある個体群が縮小して、ついに1個体になってしまったとする。その個体がオスなら、どこかよそからの導入がないかぎり、個体数が回復する見込みはない。しかし、もしそのひとりぼっちの個体がメスなら、オスを産むことができさえすれば、そのオスと交配してさらにオスやメスを産むことができ、個体数を回復させることができる。ただしこの戦略は確実な方法とは言えないようで、パダール島ではここ数年の間にコモドオオトカゲが絶滅したらしく、ほかのいくつかの小さな島でも個体数が減りつつある。こうしたケースのすべてで、人間がシカをはじめとする大型植物食動物を狩りすぎて、コモドオオトカゲの食べ物を奪っていることが個体数減少の主な原因となっている。いまのところ、大きな島であるコモド島とリンチャ島では個体数は安定しているようだ。コモドオオトカゲが観光産業にとって価値ある存在だと認識されたことと、大半の個体が本能的に人間を避けることが、本種の保護に役立っているだろう。

**コモドオオトカゲ**
*Varanus komodoensis*
体長：3m

現存する最大のトカゲで、体長3m以上、体重は最大70kgまで成長する。驚くべきことに、この巨大生物は第一次大戦直前まで学術的には知られていなかった。

**ハナブトオオトカゲ**
*Varanus salvadorii*
体長：2.4m

体長は2.4mほどになるが非常に細身で、最大級の個体でも重さは恐らく20kgに満たない。木の上でよく見られるのはそのためである。

## ムチのような尾の巨大生物

ニューギニア産のハナブトオオトカゲ（*Varanus salvadorii*）は現存する世界最長のトカゲと称されることもある。コモドオオトカゲよりもっと細身で、大きな成体でさえ、木の上で多くの時間を過ごす。尾が非常に長く、個体によっては胴体の2倍近くの長さがある。この尾は木の上でバランスをとるのに役立つと考えられ、自分の身を守るためにムチのように振るうこともある。

多くの大型の捕食性爬虫類が待ち伏せ型の捕食を行うのに対して、ハナブトオオトカゲは積極的な狩りを行うのが大きな特徴だ。これを可能にするうえで鍵となったのが、走りながら同時に呼吸することができるようになったことだ。わたしたち人間には当たり前のことだが、ほとんどのトカゲにはこれができない。大半の爬虫類は走るときに体を左右に曲げるため、圧縮された側の肺にはふくらむための十分なスペースがないという問題が起こる。これによって走るスピードが落ちるわけではないが、長時間走ることはできなくなる。ところがハナブトオオトカゲの場合、喉にこの問題を克服できるような適応が起こり、一種のポンプのように機能して、より多くの空気を吸い込むことができる。そのため、獲物を追いつめることが可能なのだ。幸いなことに、このトカゲは一般に人間との接触を避ける。

## 沼地の怪物

野生下で一番見つけやすい巨大トカゲはミズオオトカゲ（*Varanus salvator*）で、コモドオオトカゲやハナブトオオトカゲと違ってアジア全域に広く生息している。ありふれた種で、特に人間を恐れることもなく、比較的都市化した環境にもすむ。名前からわかるように水中で過ごす時間が長いため、南アジアや東南アジアに行って用水路や川を渡る機会があったなら、探してみるといい。黒っぽい筋肉質のトカゲで、体長が最大で2m、体重50kg以上になることもある。これより体重が重いトカゲはコモドオオトカゲだけだ。ただし、皮革（靴やベルト、ハンドバッグなどに加工される）として利用したりペットとして売るため、また食料や伝統医薬の原料として、毎年100万匹以上が捕獲されているので、そのような大きさに達する個体はそれほど多くない。野生の姿を見るのに最適な場所のひとつが、広く生息している割には捕獲が盛んでないスリランカだ。ニワトリを多少盗むものの、毒ヘビをはじめとする有害な生物の数をコントロールしてくれるのでむしろ有益だと考えられている。

▼ミズオオトカゲは人家のすぐそばで見つかることが多いものの、人間やペットを襲うことはめったにない。泳ぎが巧みで、おもにカエルや魚を食べる。

**ミズオオトカゲ**
*Varanus salvator*
体長：最大2.5m

体長が1.8mを超えることもあり、最大級の個体は大人の人間と同じくらいの体重がある。人家のそばでも平気で、都市部にさえ生息する。実際、タイのバンコクでは用水路や公園で簡単に見つけることができる。

## 太古の巨大な放浪者

およそ100万年前から4万年ほど前までの間、これまで紹介してきた現生の巨大トカゲに似た大型のトカゲがオーストラリア南部をうろついていた。他種のトカゲ類との類縁関係についてはまだ結論が出ていないため、独立のグループとしてメガラニア・プリスカ（*Megalania prisca*）と呼ばれたり、または現生のオオトカゲの仲間に含めてヴァラヌス・プリスクス（*Varanus priscus*）と呼ばれたりする。全身の完全な骨格やそれに近い骨格がほとんど発見されていないため、実際にどの程度大きかったのかを知ることは難しい。しかし、最大級の個体は体長が6m前後（コモドオオトカゲの2倍）で体重が500kg以上あったと推定される。したがって恐らくは食物連鎖の頂点に位置する最上位の捕食者で、ほかのほぼあらゆる種を獲物にすることができた一方で、自分はほとんど襲われることがなかっただろう。最大のライバルは、見つかった化石の相対的な数から判断して遥かにありふれた種だったと推定される、体重160kgのフクロライオン（*Thylacoleo carnifex*）だったようだ。どちらの種も同じ頃に絶滅したが、それは人類のオーストラリア到達の時期とほぼ一致する。これらのできごとには関連があると考えたくなるが、実際のところオーストラリアにおける人類の初期の定住のようすはほとんどわかっていない。

おもしろいのは、この2つの種が死に絶えて以来、オーストラリアには陸生の最上位の捕食者と明確に言えるものがいなかったことだ。残ったのは30kgのフクロオオカミ（*Thylacinus cynocephalus*）だけで、これもオーストラリア本土では数千年前に絶滅し、タスマニアに残っていたものも20世紀になって死に絶えた。こちらは人間による狩りと野火ですみかを追われたこと、それに恐らくは人間が持ち込んだディンゴ（*Canis familiaris*）との競合が原因である可能性が高い。オーストラリアは人類が進出した最後の大きな陸塊だったが、そのころ人類はすでに高度な技術をもっていた。どうやら、オーストラリアへの到達当初から人類があまりにも有能な最上位捕食者だったため、ほかの大型捕食者が生き残る余地がほとんどなかったようだ。

**ヴァラヌス・プリスクス**
*Varanus priscus*
体長：6m

体長が6m、体重が500kg以上あったと推定され、人類が初めてオーストラリアに到達したときにはまだ生存していたと考えられている。

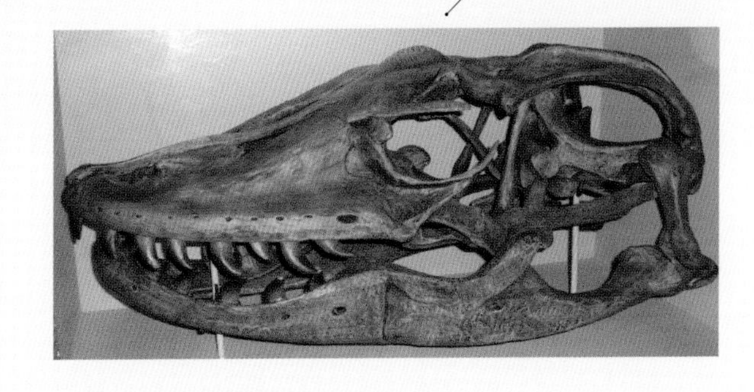

# 自分の居場所を見つける

恐竜が絶滅してから6,600万年、哺乳類と鳥類が有力な大型動物として
世界の陸地の大半を席巻し、爬虫類と両生類を隅に追いやってきた。
それなのに、いまだに一部の大型爬虫類が陸上に生息しているのはなぜだろう。
その疑問を解く鍵は、哺乳類と鳥類がいかに大量の食べ物を必要とするかにある。

▼リクガメの仲間(このガラパゴス諸島の巨大なガラパゴスゾウガメも同様)は植物食で、
ウサギやヤギ、シカのような植物食哺乳類には適さない環境に生息することが多い。

## 島の食べ物事情

コモドオオトカゲをはじめとする大型爬虫類が繁栄したのは、哺乳類には適さない(異なる)生態的地位を獲得したからだ。3章で見たように、哺乳類は鳥類と同じく内温性動物で、体内での熱生成によって、比較的一定の高い体温を維持する。安静時の哺乳類の代謝が同サイズの爬虫類の10倍にもなりうることを考えると、明らかに非常に高くつく生き方だ。つまりたくさん食べる必要がある。大型哺乳類ならなおさら膨大な量を食べる必要があるため、存続可能な個体数を維持するには相当な食物供給がなければならない。しかし、孤立した島では食べ物の量に限りがあり、食物連鎖の頂点にいる最上位の捕食者には特に、食物供給が緊急の課題となる。ウサギが草を食べ、それをキツネが食べる単純な食物連鎖を考えてみよう。キツネにとって問題なのは、ウサギを食べても、ウサギが草から得たエネルギーのすべてを取り入れているわけではないことだ。ウサギが成長したり、脂肪や筋肉をつけたりするために使ったエネルギーを取り入れているだけで、ウサギが代謝に使った遥かに大量のエネルギーは取りこぼしている。つまり、動物の個体群が利用できるエネルギーは食物連鎖の階段を上がるほど減って行く。

コモド島には、存続可能なコモドオオトカゲの個体数を支えるのに十分な数のシ

カがいる。しかし、たとえばトラの同じ個体数を支えられるほどではない。トラは哺乳類で、遥かに多く食べる必要があるからだ。実際、トラならコモドオオトカゲの10分の1の個体数しか、支えられないだろう。そのような小さな集団は絶滅する可能性が非常に高い。たとえば、もし1頭が病気になり、別の1頭がけがをし、また別の1頭が繁殖に失敗すれば、たちまち個体数が減って絶滅してしまう。島では食物供給の基盤が小さいため、本土で哺乳類が満たしている生態的地位を爬虫類が満たすことになるのだ。そのため、インドネシアの小さな島々では、同じ肉食動物でもオオカミやトラではなくコモドオオトカゲが見られる。そして世界中の島では巨大なゾウガメが、本土でウサギやシカが占めている生態的地位を満たしているのが見られる。

▲ワニが食事に費やす時間は少ない。大半の時間は、うたた寝したり、この写真のように口を大きく開けて涼んだりしている。

## 飽食か飢餓か

コモドオオトカゲやゾウガメと同様にワニ類も、同サイズの哺乳類には少々きつい生態的地位を満たしている。待ち伏せ型捕食者には、獲物を探し回らずにただじっと待つことで大量のエネルギーを節約できるという強みがある。その代り、次の食事まで長い時間待つことになるかもしれない。しかし大型のワニやヘビなら、次の食事まで6カ月もたせるだけの蓄えが体にあるから平気だ。これに対して大型のネコ科やクマの仲間は定期的に食べる必要があり、何も食べずに1週間も過ごせば空腹で弱り始めるだろう。

テレビの自然番組で、毎年の集団移動で川を渡るシマウマやヌーをナイルワニ（*Crocodylus niloticus*）が貪るシーンを見たことがあるだろう。そうしたふんだんなごちそうにありつけるのは年に1度か2度だが、ナイルワニはこのたまにしかないごちそうで生き延びる（繁殖さえする）。流れてきたり泳いできたりする鳥や魚でときおり補えば十分なのだ。ほかの爬虫類もそうだが、哺乳類には不適な生態的地位をナイルワニが満たせるのは食べ物の要求量が少ないからだ。

◀大きなワニでも、インパラ（*Aepyceros melampus*）1頭で数週間もちこたえることができる。

# 巨大なゾウガメ

陸生のカメには移動が得意な生物というイメージはないが、意外にも、遠く離れた島々へ巧みに移住してきた。
甲羅の下に取り込んだ空気のおかげでうまく浮遊できることが理由のひとつだが、泳ぎもうまく、
食べ物や真水なしで長時間生き延びることができるおかげでもある。
遠く離れた島には競争相手となるシカのような植物食哺乳類がいないため、巨大になることもある。

## ゆっくりと着実に

陸生のカメは2億5,000万年以上前から存在し、ゾウガメは少なくとも7,000万年前からいる。かつてはゾウガメが多くの島はもちろん、大陸にも広く分布していたが、現在では2つの島嶼群にしか見られない。多くの島のカメを絶滅させたのは16〜19世紀のヨーロッパ人船乗りたちで、理由は単に大きな個体からは大量の肉が採れたからだ。船乗りにしてみれば、航海の途中で適当な島に立ち寄って足を伸ばし、木材のような有用な資材はもちろん、食料や水を補充するのは自然なことだった。そして船乗りたちはゾウガメが理想的な食料源であることに気がついた。見つけやすく、のろまなうえに、エサも水もなしでも船上で数カ月生かしておくことができたため、果物が腐り、同時に捕まえたほかの動物が死んだずっとあとでも、新鮮な肉を手に入れることができたのだ。

インド洋に浮かぶモーリシャス、レユニオン、ロドリゲスといった島々には、この400年のあいだに人間が捕りつくすまでは5種のゾウガメが生息していた。いまはそのうちの2つの島(下記参照)にゾウガメが再導入されていることはとりわけ喜ばしい。公正な立場に立てば、ゾウガメの絶滅に関して人間だけを責めるわけにはいかない。カナリア諸島にはかつて2種のゾウガメがいたが、どちらも人間が島に近づく前に絶滅してしまったようだ。恐らく、火山の噴火で生息地の多くが破壊され、十分な食べ物を供給できなくなったためだろう。

いまでもまだ野生のゾウガメが見られる場所がある。インド洋のアルダブラ環礁にはアルダブラゾウガメ(*Aldabrachelys gigantea*)の15万匹の個体群がおり、ザンジバルに近いチャングー島には小さな個体群が、モーリシャスとロドリゲスには最近導入された健全な個体群がいくつかいる。さらに、太平洋のガラパゴス諸島のいくつかの島には、2,500匹のガラパゴスゾウガメ(*Chelonoidis*属のいくつかの種)がいる。生き残っているこれらの種すべてで、長生きしている個体は400kgを超えるほどに成長することがある。

そうした巨大なゾウガメがどのようにして遠く離れた島に到達したのか理解するのに、それほど苦労はいらない。陸生カメ類は一般に、甲羅の下に閉じ込めた空気のおかげで非常に浮きやすく、前述のように飲まず食わずでも長期間生き延びることができる。大陸のゾウガメの集団が嵐や津波で海に流され、海流に乗って漂流したのち、同じ島に漂着することはありうる。可能性は低いが、不可能ではない。なにしろ、世界中では100年のあいだに大きな津波が数回あるわけだし、ゾウガメは何千万年も前から存在するのだ。

**ガラパゴスゾウガメ**
*Chelonoidis* sp.
体重:400kg

現在、10種のガラパゴスゾウガメが残っている。サイズはすべて似たようなものだ。博物学者のチャールズ・ダーウィンが1853年に島を訪れた際には15種いて、しかも彼が「若いカメはすばらしいスープになる」と述べたことを思うと、残念で仕方がない。

## ジョージとジョナサン

ロンサム・ジョージはガラパゴス諸島、ピンタ島産のピンタゾウガメ(*Chelonoidis abingdonii*)の最後の1匹だった。1971年には、人為的に移入されて野生化したヤギによる食害でピンタ島の植生は深刻な被害を受け、ゾウガメの個体群は崩壊していた。一匹のオスのピンタゾウガメが飼育下に移され、メスも見つからないかと、島中を捜索した。ところが1匹も見つからず、ロンサム・ジョージと呼ばれることになったこのゾウガメは保全活動の象徴となった。彼は2012年に死亡し、ピンタゾウガメは永遠に失われた。

ジョナサンはセーシェルゾウガメ(*Aldabrachelys gigantea hololissa*)で、生存する最高齢の陸生動物と考えられている。1882年に南大西洋の小島であるセント・ヘレナに船で連れてこられ、贈り物として島の英国人総督に献上されたのだが、驚くべきことにいまも生きている。正確な年齢は不明だが、1886年に撮影された写真からすると、サイズ、外見ともに、その当時すでに完全に成熟していたようだ。ゾウガメの場合、一般に50歳になるまでそのような状態には達しない。1886年に50歳だったとすると、2018年には少なくとも182歳ということになる。

▼上:ジョナサンはセーシェルゾウガメだが、1882年に連れ出されて以来、故郷の島を見ていない。もっとも、何年か前から目が見えなくなったらしく、最近は何も見ていないが。
▼下:ロンサム・ジョージはいまも保全活動の象徴として有名だ。2012年に死んだのち剥製にされ、いまはガラパゴスのチャールズ・ダーウィン研究所に展示されている。

# 巨大なウミガメ

**オサガメ**
*Dermochelys coriacea*
体重：600kg

ヒカリボヤ属の海生無脊椎動物を食べているオサガメ。彼らの食べ物は特に栄養豊富とは言えないが、食べることに多くの時間を費やし、500kg以上の重さに成長することもある。

陸生のカメは一部の島で巨大なサイズに進化したが（182ページ参照）、水中で暮らせば、動物はさらに大きなサイズに達する自由を手にできる。一生のほぼ全てを海で過ごすオサガメ（*Dermochelys coriacea*）に匹敵するサイズの陸生カメはいない。実際、オサガメは現存する爬虫類中４番目の大きさで、これを上回るのはワニ類の３種（やはりほぼ水生）だけだ。

ウミガメにはいくつかの種があり、すべてかなり大型だが、何と言っても最大はオサガメだ。ほぼ完全な水生で、卵を産むときだけは砂浜を必要とするが、そのほかは大洋を泳いで獲物のクラゲを探す。最大級の個体は650kgに達することがある。

## 体温を維持する仕組み

オサガメは世界中で見られ、驚くべきことに、アラスカやノルウェーの沖合のような冷たい海域にさえいる。エサを探すために水深1,000m以上の深海にも潜るが、そのあたりの水は常に冷たい。そうした冷たい海の中でもなんとか活動できるのは、ほかの大半の爬虫類とは違い、オサガメは内温性だからだ。絶えず泳ぎ続けることによって筋肉で大量の熱を発生させ、いくつかの要因によって、その熱を非常にうまく保持できる。まず、大きなサイズが役立つ。1章で述べたように、物体が大きくなればなるほど、表面積の割に体積が大きくなる。オサガメの場合、体内の熱が奪われる体表の面積に比べて、熱を発生させる筋肉の容積が大きい。そのうえ、体の周りに脂肪の厚い層があり、ちょうどクジラの皮下脂肪のように断熱材の働きをする。

オサガメは遊泳の効率を上げるための巨大なヒレ状の前肢をもち、最大級の個体では長さが軽く2.5mに達する。このヒレ足は平たくて表面積が大きく、熱が奪われやすい。組織の代謝機能を正常に保つにはこの前肢に血液を送り込む必要があるため、血液を介して熱がどんどん失われていくという困った事態になりかねない。ところがこの一見不利な状況を、熱交換器という巧妙なしかけで克服している。前肢に送り込む血液から熱を奪い、その熱を使って、前肢から体の中心部に戻ってくる血液を温めるのだ。こうすれば熱の損失をかなり減らすことができ、体の中心部の温度を周囲の水温より18℃も高く保つことができる。ただし、この負担の大きな生き方を維持するにはほぼ四六時中食べていなければならず、食べるのがもっぱらクラゲであることから、エサを探して、やはり四六時中泳いでいなければならない。栄養価は低い（クラゲ類の体の約95パーセントは水分）ものの、海にはふんだんにいるうえ、速く泳がなくても捕らえられるので、クラゲは魅力的な食料だ。

## 危険な賭け

オサガメの成体はその大きさで、肉食のサメやシャチ（*Orcinus orca*）さえ制することができると言われており、警戒しなければならない天敵はほとんどいない。しかし、卵や孵化したての幼体は非常に狙われやすい。卵は孵化するまで温かい砂の中に2カ月間埋まっている必要があり、そのあいだにあらゆる種類の哺乳類、鳥類、カニ、オオトカゲなどが、その潤沢な量の栄養豊富な食事にありつくために卵を掘り出すのが目撃されている。メスのオサガメは卵を守ろうとはせず、産卵後はすぐ海に戻って行く。いずれにしても、陸上では体を動かすのもままならない。なお悪いことに、どの砂浜が産卵に使われるかはかなり予測しやすい。温かい砂があり、石がなく（成体の腹面はあまり保護されていないため）、柔らかくて掘りやすく、急斜面だとメスが上れないので緩やかな勾配のところでなければならない。こうした条件をすべて満たす砂浜はそれほど多くないので、捕食者は的確に狙いを定めることができ、卵や孵化したての幼体の致死率は非常に高い。

無事海にたどりついても、数年間は海生の捕食者に狙われやすく、大きなサイズにまで成長できるのはとても運がいい少数の個体だけだ。成体になってからの最大の脅威は、自然界の捕食者ではなくポリ袋だ。使い捨てのポリ袋を人間が不用意に捨てると、吹き飛ばされて容易に海に入り、何年も海面を漂う。オサガメにとって不幸なことに、ポリ袋はクラゲそっくりに見える。間違って呑み込まれたポリ袋は内臓を完全に詰まらせ、オサガメは飢えによってゆっくりと死んでいくことになる。

▲このオサガメの仔のように、孵化したばかりのカメはたいてい、捕食者を数で圧倒するためにいっせいに砂から出て、大急ぎで砂浜を下って海へ向かう。海に出ると、オス個体は残りの生涯を海で過ごし、陸上には二度と戻らない。

◀オサガメのメスにとって、砂地を這うのは大仕事に違いない。勾配が急すぎず、あまり遠くまで這わなくても満潮線の上に出られる砂浜を好む。

# 甲羅のある巨大絶滅動物

この6,600万年のあいだに哺乳類が
しだいに優勢になり、多くの生態的地位(ニッチ)、
特に巨体を必要とするニッチを満たすようになった。
つまり、化石を調べてみると、
巨大な陸生のカメやウミガメが、かつてはいまよりも
多様性に富み広く分布していたことが分かるのだ。
以前は陸生カメ類が満たしていたニッチの多くは
いまではウサギやシカによって占められ、
巨大なウミガメが満たしていたニッチの多くは
海生哺乳類によって占められている。

スチュペンデミス
アーケロン
メガロケリス
0 1 2 3 4
メートル

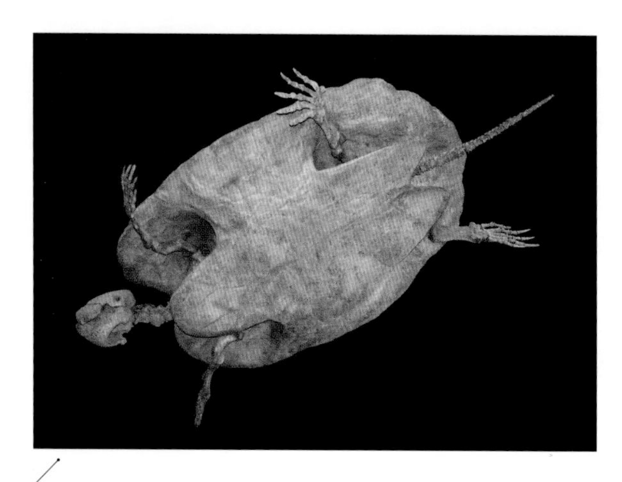

**ストゥペンデミス・ゲオグラフィクス**
*Stupendemys geographicus*
甲羅の長さ:2.5m

わかっている限りでは史上最大の水生カメ類のひとつで、600〜500万年前の南アメリカに生息していた。海ではなく淡水中で暮らしていたことを示す堆積層で化石が発見されている。泳ぎはあまり得意でなかった可能性が高く、中新世後期から鮮新世初期の沼地で暮らしていたと考えられる。

## 巨大な甲羅

多くの動物群の場合と同じく、過去にはいまよりも大きな陸生あるいは水生のカメ類がいた。これまでに見つかっている最大の陸生カメはメガロケリス・アトラス(*Megalochelys atlas*)という種で、1,000〜200万年前ころアジア全域に広く生息し、体高2m、体長3m近くあった。このような巨大生物の重さを推定するには注意が必要だ。甲羅の厚みや、甲羅の中の筋肉や内臓の詰まり具合をどう仮定するかによって推定値にかなりの差が出るからだ。その推定体重は1トンから4トンまで幅がある。

メイオラニア(*Meiolania*)はメガロケリス・アトラスとほぼ同じサイズに達した陸生カメ類の属のひとつで、生息していた時代は同じだが、オーストラリアと太平洋の島々に生息していた。他の陸生カメの多くとは違い、頭部も尾も甲羅の中に引っ込められなかったため、それらの部位も硬い皮膚の鎧で守られており、そのうえ大きな角までもっていた。太平洋のニューカレドニアで3,000年前まで生きていたが、古代の遺構から見つかった恐ろしげな骨の化石からすると、人間が島に居住して数年のうちに、狩猟によって絶滅に追い込まれたようだ。

**メイオラニア**
*Meiolania* sp.
甲羅の長さ：2.5m

メイオラニア属の仲間は5万年前にオーストラリアの陸上にすみ、甲羅の長さが2.5m前後あった。危険が迫っても頭と尾を甲羅の中に引っ込めることができなかったが、代わりに厚いよろいで覆い、頭には角のような突起までもっていた。

## 大絶滅を生き延びる

4章で見たように、恐竜が陸上を支配していた時期、海洋や淡水域にはさまざまなタイプの爬虫類がいたが、6,600万年前に隕石が地球に衝突したとき、恐竜とともにほとんどが姿を消した。しかし、水生爬虫類の2つの系統は大絶滅を生き延び、いまもわたしたちとともに生きている。カメとワニだ。あれほど多くの仲間が絶滅したのに、なぜこの2つだけが生き延びたのだろう？

わたしが思うに、水生カメとワニの大半が海ではなく淡水の河川にすんでいるのは決して偶然ではない。白亜紀-古第三紀の大絶滅による影響が最も少なかったタイプの生態系が、河川生態系なのだ。河川に生息する種もこの大惨事の恐ろしい影響をこうむり、多くが絶滅に追い込まれたが、ほかのタイプの生態系ほどではなかった。これは、河川生態系においてデトリタス（有機堆積物）、つまり生物の死骸や破片などが川に落ちたり吹き寄せられたりして底に沈んだ有機物が、重要な食糧供給源になっているからかもしれない。こうした有機物は何年もかかって分解し、川床に厚く堆積して、河川に生息する小型の生物の重要な食料源となる。

隕石が衝突すると、塵の厚い雲が地球を覆い、光合成を阻害して植物を枯らし、植物に頼っていた動物を殺した。しかし、淡水域の生態系に暮らしていた動物はデトリタス層からの食料供給のおかげで、すぐには影響を受けずに済んだと考えられる。大気が澄んで地球の植生がゆっくりと回復するあいだ、デトリタスを食料とする動物、そしてさらにその動物を食べる動物が生き延びるのを助けたのだ。このようにして、少数のワニや水生のカメが河川生態系で生き延び、そこから再び海へ進出したのではないだろうか。

およそ8,000万年前の大洋を泳ぎ回っていたのがアーケロン属（*Archelon*）の巨大なウミガメで、成長しきったときには体重が少なくとも2,200kgに達したと推定される。口の部分が現代のオサガメより遥かに頑丈で、咬む力が非常に強かったようだ。そのため、オサガメが好むクラゲなどよりももっと固い獲物を食べていたと思われる。ひょっとすると、イカのような遊泳性の軟体動物かもしれない。ストゥペンデミス・ゲオグラフィクス（*Stupendemys geographicus*）と呼ばれるさらに大きな淡水性の水生カメが、600または500万年前ころに南アメリカの流れの緩やかな河や沼地にすんでいた。甲羅の重さや四肢のサイズ、それらを動かすのに使える筋肉などから判断する限り、泳ぎはあまり得意ではなかったようだ。その重量と比較的平らな体形は川の流れへの適応のひとつかもしれない。そのおかげで、エサを食べているあいだ、川底で流されずに定位して立っていられたのだろう。体の大きさも、水に浸かったまま長時間潜んでいるのに役立ったと考えられる。

**アーケロン**
*Archelon* sp.
体長：5m

8,000万年前に生息していた巨大な海洋性のカメで、現存する最近縁種はオサガメ（*Dermochelys coriacea*）で、同じように骨ではなく厚い皮膚で覆われた背甲をもっていた。

# 勇壮なイリエワニ

現存する最大の爬虫類3種は、イリエワニ（*Crocodylus porosus*）、ナイルワニ（*C. niloticus*）、オリノコワニ（*C. intermedius*）とすべてワニで、いずれも人間をエサにするのに十分なほどの大きさがある。まずは、それらの中で一番大きなイリエワニを取り上げよう。そのサイズと強烈な縄張り意識とが相まって、不用心に泳ぐ人間はもちろん、ボートに乗っている人間にとっても真に危険な存在だ。

## イリエワニの生態

ソルティーというニックネームで呼ばれることの多いイリエワニが現存する最大の爬虫類であることは間違いなく、最大級のオスは体長6.1m、体重1,200kgを超える。ワニ類のなかでは最も広範囲に分布する種でもあり、インドから東南アジアの大半を経てオーストラリア北部沿岸にまで見られる。その和名や英名（Saltwater crocodile：海のワニ）が示すように海水域にも見られるが、外洋に出るのは長距離を移動するときだけで、普段は川の三角州や河口域で暮らしている。イリエワニはワニ類の中ではもっとも水生傾向が強い。ほかの多くの種は川の土手でうたた寝して一日の大半を過ごし、エサをとるのさえ水の外で行うが、イリエワニは岸に上がることなく何週間も水中で過ごすことができる。これら驚くべき生態の中でも特に注意すべきは、咬む力が最も強い動物であると考えられることだ（次ページの囲み記事参照）。オスは縄張り意識が非常に強く、川の中の自分の縄張りに漂ってくるものは何でも攻撃する。無害なボートや流れてきた木の幹にさえ襲いかかったという報告もある。その巨体とパワーもあいまって、こうした攻撃性は人間にとって脅威となる可能性がある。イリエワニにおいて、一般にオスがメスよりかなり大きいのは、縄張りを巡る争いのためであると考えられる。

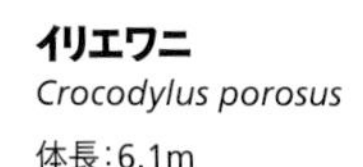

**イリエワニ**
*Crocodylus porosus*
体長：6.1m

海水を好む点だけは変わっているが、大半の時間をのんびり過ごすという点では典型的なワニだ。とはいえ、獲物を待ち伏せするチャンスがあれば、巨体を躍らせるパワーを一瞬のうちに引き出せる。

## 最強の咬合力

巨体と並んでイリエワニの名を有名にしているのが、動物中最強の咬合力だ。実験室で測定したところ、体長5.2mの個体が咬む力は16,000N（ニュートン）以上だったという。比較のためにつけ加えると、もしわたしが腹ばいになったあなたの背中の上に立てば、わたしの体重に働く重力のせいであなたには800Nの力がかかる。つまり、そのイリエワニの咬む力は背中に成人男性20人が載ったのに等しい。噛まれれば、人体の骨はことごとく小枝のように折れてしまうだろう。測定をした研究者は次にテコの原理をあてはめて、6.1mのイリエワニならどれくらいの力を出せるか計算してみた。結果は34,000N、成人男性42人に匹敵する。さらに、絶滅したサルコスクス属（*Sarcosuchus*）（194ページ参照）のような12mのワニなら咬む力は103,000N、つまり成人男性130人の重さに等しく、ティラノサウルス・レックスの咬む力の2倍になるだろうとしている。

ワニがこれほどの力で咬めるのは特別に巨大な顎の筋肉のおかげで、側頭部の、ちょうど顎の関節があるように見えるあたりのふくらみとして、外からも見える。また、その筋力はほぼすべて顎を閉じるためのもので、開くのにはほとんど筋力は使わない。だから、もし運悪くワニと対決するはめになり、その顎が閉じていたなら、自分には顎を閉じたままにしておくだけの力があるかもしれないことを忘れないでおこう！

▼イリエワニの側頭部のふくらみには、恐るべき咬合力の鍵となる筋肉が収まっている。

▲“ブルータス”はオーストラリア、ノーザンテリトリーのアデレード川やその周辺で見られる
特に大きなイリエワニ（*Crocodylus porosus*）の個体で、前脚が1本しかないのですぐに見分けがつく。

## 記録破りのワニ

1979年、漁網の中で溺れたイリエワニがパプアニューギニアで見つかり、その後、その皮が剥がれた。乾燥させた皮は長さが6.2mあったが、乾燥の過程で縮み、また尾の先がなくなっていたので、生きていたときはもっと長かったと思われる。オーストラリア、クイーンズランドにあるマリンランド・クロコダイルパークにいる“カシウス”と呼ばれるワニは、現在飼育されている最大のイリエワニとされている。1984年に捕獲されたときは体長が5.28mだったが、現時点では体長5.48m、体重1,000kgと推定される。これが推定値に過ぎないのは、“カシウス”の意識があるときに測定することは不可能で、鎮静剤を投与するのは健康にとって危険すぎると考えられたからだ。

“ゴメク”と呼ばれるイリエワニは、1997年にフロリダの動物園で死亡したときの測定では体長が5.42m、体重が860kgあった。しかし“ロロン”と呼ばれる個体の前では、“ゴメク”も影が薄くなる。2011年にフィリピンの遊園地で鎮静剤を与えて測定したところ、“ロロン”は体長が6.17m、体重が1,075kgもあったのだ。2年後に死んだときにはもう少し大きくなっていた可能性さえある。“ロロン”は50歳と推測されたが、1995年にロシアの動物園で死亡した別のイリエワニは、1913年また1915年に動物園に来たという確かな証拠があるため、少なくとも80歳にはなっていたと考えられる。“カシウス”の飼い主らは彼が115歳だと考えている。

大物狙いのハンターは大きな個体を標的にする。またオーストラリア北部のイリエワニの個体数は1950年～60年代のハンティングによって95パーセントも減少した。そのため、大きなサイズをもたらす遺伝子が個体群から失われてしまい、巨大な個体はもう現れないのではないかと危惧されている。しかし、わたしはふたつの理由から、それは杞憂だと思う。第一に、イリエワニが時折行う長距離の移動によって、オーストラリア北部の遺伝子プールは刷新されるはずだ。第二に、ワニは一生成長し続けるので、大きなサイズになるには遺伝子よりも高齢になるまで生き延びることのほうが重要だ。大物狙いのハンティングが減り、ワニ革のハンドバッグや靴の人気が下火になっていることから、いつかさらに大きなイリエワニに会えると期待していいと思う。

## 予測可能な捕食者

▲体長6.17m、体重1,075kgという測定値をもつ"ロロン"は最大級のイリエワニの一匹だったが、2013年にフィリピンの動物園で死亡した。

オーストラリア北部の川や三角州、沼地には少なくとも10万匹(そして最大その2倍)のイリエワニの成体がいるが、それらが原因となった死亡事故は毎年ごく少数だ。それにはいくつか理由がある。第一に、その地域にはあまり人が住んでいないうえ、住んでいたとしても沼地を渡る必要のあるような仕事はしていない。また、地元の人は泳いではいけない場所を知っており、観光客に警告する看板もたくさんある。第二に、縄張り意識が強いということは、どこにいそうか(そしてどこにいそうもないか)予想しやすいということでもある。それに比べると、たとえば大きなサメはあちこち放浪しているので、どこで襲われるかわからない。第三に、イリエワニは長生きすれば巨大なサイズに成長できるとはいえ、平均的な個体は比較的小さいので、襲われたとしても致命的な結果にはなりにくい。最後に、ワニは大食漢ではない。彼らの代謝率は低く、ライフスタイルは非常にのんびりしていて、大半の時間は縄張りを巡回して動き回っている。したがって、攻撃は食べるためというより侵入者を追い払うためで、たとえ大きなワニでも、警告のつもりでちょっと咬むだけで満足する。そうは言っても、食べるためにわざと人間を狙った例も知られている。

イリエワニによる死亡事故がオーストラリアではまれ(年に2例ほど)だとはいえ、ほかの生息地におけるリスクは定量化が困難だ。人口が密集し、食料の確保や仕事のために川の三角州を使わなければならないような地域で、インフラが不十分なうえに政府の役所からも遠く離れたところでは、人間がイリエワニに捕食されて死亡したとしても報道されないことが多い。こうした理由から、東南アジアの奥地では、川に入る前にイリエワニについて地元住民から情報を仕入れたほうがいい。特に、イリエワニが狩りのほとんどを行う夜間は注意が必要だ。気休めになるかどうかわからないが、イリエワニは何でも食べるので、獲物として特別に人間を狙うことはまずない。さらに安心なことに、彼らは少なくともたいていは水中にいて、陸上の人間(またはその他の動物)はめったに襲わない。だから、たとえ水音が聞こえる距離に川があったとしても、イリエワニのことはそれほど心配せずにハンモックで寝ることができる。

▲オーストラリア最大とされる1957年に射殺されたイリエワニの長さ8.6mの実物大模型。

# 恐怖の淡水ワニ

一般に、ナイルワニはイリエワニ(188ページ参照)の次に大きなワニとみなされ、最大の個体の測定値として、体長6.4m以上、体重1,090kgという数字があるが、実はそう断定できるほどの根拠はあまりない。アフリカの中央部、東部、南部の水域に広く生息し、イリエワニより明らかに多くの死者を出している。南アメリカにも淡水生のワニがいるが、その将来は安泰にはほど遠い。

## 最も危険なワニ

イリエワニと違ってナイルワニは群れをつくる習性があり、大半の時間を水の外で過ごし、土手でうたた寝したり日光浴をしたりしている。群れで行動し、個体間の明確な序列があり、エサにありつけるチャンスがやって来たときには小さな個体がおとなしく身を引く。代謝率が低く、絶えず食べ物のを探す必要はないため、ある地域のワニがいっせいに狩りをしているということはない。それに、ナイルワニは胃が比較的小さいので、獲物を1頭しとめればたいていは食べ残しが出る。

ナイルワニがほかのワニより多くの死亡事故を引き起こすのにはいくつかの理由がある。第一に、ナイルワニは少なくとも25万匹、ひょっとするとその2倍はいる。第二に、広大な地域にまたがる多様な水域に生息し、そこにはソマリア、エチオピア、ケニヤ、ザンビア、タンザニア、ジンバブエが含まれる。第三に、世界でもきわめて人口稠密な地域に生息し、住民は飲料水や洗濯水、移動手段、食べ物の採集などをワニの生活圏と同じ水域に頼っている。第四に、ナイルワニはイリエワニよりも陸に上がるのを好み、水中から飛びかかるのと同じくらいやすやすと、川岸の草むらから獲物を襲う。第五に、イリエワニは非常に縄張り意識が強くて通りすがりの人さえ攻撃しやすいのに対して、ナイルワニは食料を求めて攻撃することが多い。その結果、ナイルワニに襲われたという報告では死亡例の割合が高くなる。

最後の、そして一番大事な理由は、ナイルワニが非常にパワフルな捕食者であることだ。大人のゾウやサイ、カバは襲わないが、ちょうど良いタイミングで川のちょうど良い場所で水を飲んでいれば、大人のキリンや、成熟した健康なライオンさえ襲うことが知られている。ライオンやハイエナが川や湖の近くで獲物を倒せば、それを奪おうとしてワニが近づくことは珍しくない。

**ナイルワニ**
*Crocodylus niloticus*
体長:6.1m

アフリカのナイルワニは体重1,000kg以上に成長しうる。最大級の個体はたとえライオンが近くにいても、恐れることなく水から上がって獲物を探す。

▲ナイルワニの歯は特に恐ろしげではない。巨体とパワー、咬合力の大きさが、このワニを恐ろしい殺し屋にしている。

## 絶滅寸前

現存する三番目に大きなワニであるオリノコワニは絶滅寸前を意味する"絶滅危惧種IA類"に指定されており、ほとんどがコロンビアおよびベネズエラのオリノコ川とその支流にすむ。6.1mを超えるオスの報告があるが、皮を採るために盛んに捕獲されてきたため、いまはもうそのようなサイズの個体がいる可能性は低い。建前上いまは保護の対象だが、関係する国々には、人里離れた近づきにくい生息域のすみずみまで狩猟禁止を徹底させるための余裕がない。このワニには、特別に明るい将来があるようには見えない。

**オリノコワニ**
*Crocodylus intermedius*
体長:6.1m

南アメリカのオリノコワニも、時には体長が6.1mを超えることがある。人間からの捕獲圧に加え、メガネカイマン(*Caiman crocodilus*)との競合にも直面している。

## 危険な川

テレビの自然番組でナイルワニがシマウマやヌーを貪るシーンを見ることがあるが、まさに身の毛もよだつ光景だ。植物食動物たちはケニヤのマサイマラ国立保護区を通る毎年恒例の大移動の際にマラ川を渡る。幅が広くて流れの速い川で、ところどころで土手が急に落ち込んでいる。そこでテレビのクルーもワニも、これらの動物が渡るのに適した場所と時を見定めて集合する。餌食となる動物たちはワニがいることを知っているが、自分たちが渡らざるを得ないことも知っている。仲間が続々と川に到着するにつれ、緊迫感が高まるのが、見ている側にも伝わってくる。ついに1頭が思い切って渡る決心をする。たちまち水はワニで沸き返り、350kgのシマウマが水中に引き摺り込まれ、溺れて息絶えるまで抑えつけられる。そして饗宴が始まる。シマウマ1頭で最大のワニさえ何時間もかかりきりにしておけるので、何頭かが犠牲になっているあいだに大半は無傷で川を渡って、対岸の豊かな草原を目指す。

# 古代のワニたち

ワニは大昔から存在している。恐竜の傍らで生き、そうした巨大爬虫類にとどめを刺した地球規模の大惨事をどうにか乗り越えた。ところがこのできごとのあとで哺乳類が大幅な多様化をなしとげ、特に大きな体を必要とする役割を引き受け始めたため、ワニは水辺の待ち伏せ型捕食者の地位に追いやられてしまった。ワニの祖先がもっと多様で活動的な暮らしをしていたことを示す痕跡が、いま続々と見つかっている。

## サイズの推定値

恐竜がいたころ、現在のワニに非常によく似た巨大生物の系統がいくつか存在した。現代のクロコダイルやアリゲーターとごく近縁ではあるが、直接の祖先ではないと考えられている。それらのプルスサウルス（*Purussaurus*）、マキモサウルス（*Machimosaurus*）、サルコスクス（*Sarcosuchus*）、デイノスクス（*Deinosuchus*）といった属には、体重9,000kg、体長10〜12m、つまり現存する最大級のワニ類の2倍の長さという、信じられないような大きさの種が含まれていたようだ。

現代のワニ類は形も行動も互いに非常によく似ており、古代の種は現存するワニと解剖学的に共通点がある。したがって、現存する種に関する知識をもとに、そうした絶滅した巨大生物について推測しても問題ないように思われる。それらについては部分的な化石しか見つかっていないが、現存するワニの体形に基づいて、全体のサイズを推測することが可能だ。以下の図はそれらの絶滅種のワニ類がどれだけ巨大だったかを示している。古代のワニ類が恐竜を捕食していたのかどうかについて、科学文献上で騒々しい議論が繰り広げられていることから、こうした推測値には大きな意味がある。これらのワニ類に完璧に一致する歯型のついた恐竜の骨がいくつか見つかっているため、ワニが恐竜を食べていたことは明らかなようだが、殺したのではなく、死んだ恐竜の腐肉を漁っていただけという可能性も捨てきれない。

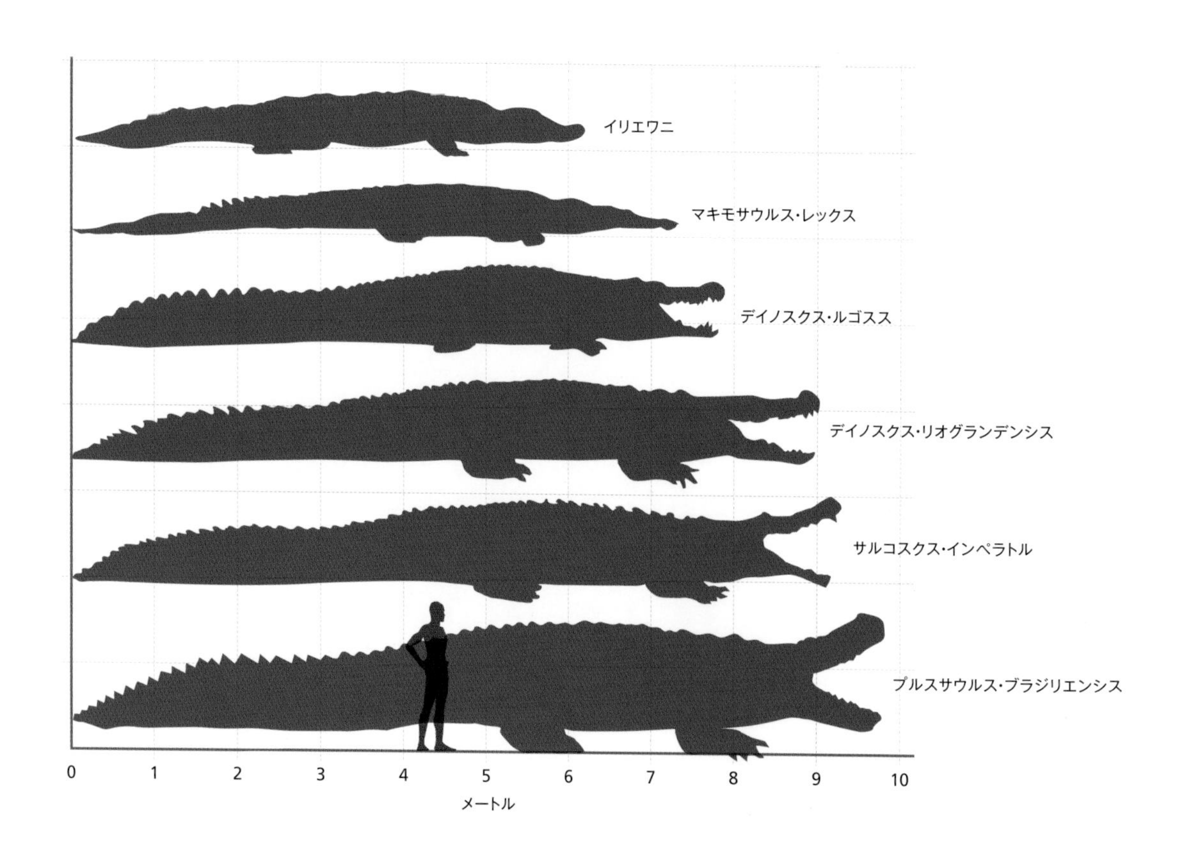

**サルコスクス**
*Sarcosuchus* sp.
体重：最大8トン

現在のワニ類の遠い親戚にあたる。現在の大型ワニ類の多くと同じく、水を飲んだり、移動中川を渡るために下りてきた大型動物を捕食したのかもしれない。巨体のおかげで、相当大きな獲物を水中に引き摺りこみ、抑えつけておくことができただろう。

現存する本当に大きなワニたちは、自分の体重の3分の1に等しい大きな獲物を襲うこともいとわず、またその能力もある最上位の捕食者だ。このことから、最大級の(竜脚類のような)恐竜の成体が古代のワニ類に襲われることは恐らくなかったが、体重が3トンまでのものは襲われる可能性があり、実際に捕食されただろうと考えられる。デイノスクスはティラノサウルス科と同じ時期に北アメリカに生息していた。彼らがいまのアフリカにおけるナイルワニとライオンとの関係と似たような状況にあったと考えても、そう突飛な空想とは言えないだろう。

## より幅広い生態的地位

現代のワニ類と水との結びつきは非常に強く、たいていはエサを採るのもすべて水中だ。体を見ると、泳ぎに適した姿に進化してきたことがわかる。ただ、そのせいで陸上での歩行はぎごちない。このように進化したのはおもに、陸上の広い範囲を巡回したり獲物を追跡したりするような捕食者の地位が哺乳類によって占められているからだ。代わりにワニ類は空白を埋めるように、水生の待ち伏せ型捕食者として、哺乳類にはあまり適さない役割を担うようになったのだ。

恐竜の時代にも哺乳類は多少いたが、おおむね、小さな体で夜行性であることが必要な生態的地位に閉じ込められていた(齧歯類のようにいまもその生態的地位を占めている哺乳類は多い)。そのため、ワニ類は捕食者として極めて多様なライフスタイルを選ぶことができた。初期の化石を調べてみると、長く強力な尾や非常に短い脚といった、いま生きているワニ類の特徴がすべてに見られるわけではないことがわかる。確かにそうした体形のものもいたが、ほかはもっと長い脚でもう少し体を持ち上げた姿勢をとって歩き、尾もそれほど長大ではなかった。これは、水の外でより長時間過ごし、陸上で獲物を狩った可能性を示唆しており、恐竜(特に幼体)を狙ったという説の信憑性を高める。

過去のワニ類が、もっと陸生傾向が強くて恐らくはもっと活動的だったことを示す痕跡が見つかっている。ゆっくり歩くとき、いまのワニは一般に這うような動きをし、足を踏み出すたびに胴体を左右にひねる。ところがもう少し速く移動したいときには、体を起こして足をまっすぐにし、足を体の真下に向けることのできるワニもいる。こうすれば格段に機敏に動ける。哺乳類が4室からなる複雑な心臓をもち、活発な動きをする際には筋肉に酸素を大量に供給できるのに対して、大半の爬虫類は3室からなるもっと単純な心臓をもつ。酸素要求量が少ないため、それで十分なのだ。しかしワニ類は注目すべきことに例外で、じっとしていることが多いにもかかわらず、4室の心臓をもつ。4室の心臓と身体を起こして歩く能力というこうした特徴は、もっと活動的だった祖先のなごりのように思われる。

# 驚きの両生類

両生類というとまず頭に浮かぶのはカエルやヒキガエルだ。
たいていは小さいが、実は驚くべき大きさのものもいる。
しかし、両生類は他にもヘビのような外見のアシナシイモリの仲間や、
現生の両生類で最大の種を含むサンショウウオの仲間もいる。

**ゴライアスガエル**
*Conraua goliath*
体重:3kg

後肢の太い筋肉のため、アフリカの本種の生息域の多くでは魅力的な食料とみなされている。

## カエルのなかの巨人

カメルーンおよび赤道ギニアに生息するゴライアスガエル(*Conraua goliath*)は現生種では世界最大のカエルで、鼻先から総排出口までの長さが30cm以上、体重が3kgを超える個体もいる。動物の体の主要部分のサイズは鼻の先端と体の後部の穴(肛門や総排出口)とのあいだの距離(頭胴長)で表されることが多い。長い尾や角、ヒゲなどのせいで数値が過大になることを避けるためだ。生態の点ではゴライアスガエルはかなり典型的なカエルで、川の中やその近くにすみ、多様なエサを食べている。人間にとっての魅力的な食料になるほど大きいうえ、同じサイズのほかの動物に比べて捕獲が格段に容易なため、分布域での人口増加に伴って絶滅の危機に瀕するようになってきている。動物園でも人気があり、ペットとしても珍重されているが、飼育下では繁殖が難しく、輸出のために野生のカエルが捕獲されて、個体群にとってさらなる脅威となっている。一刻も早く保護の対象とするべきだ。

## その他のアフリカ産巨大ガエル

アフリカウシガエル(*Pyxicephalus adspersus*)も迫力ある両生類で、体重2kgを超える個体が普通だ。ゴライアスガエルより遥かに多く、アンゴラ、ケニヤ、マラウィ、モザンビーク、ナミビア、南アフリカ、スワジランド、タンザニア、ザンビア、ジンバブエに広く分布している。川との結びつきはゴライアスガエルほど密接でなく、豪雨のあとにできた水溜りに卵を産むことも多い。もし姿を見かけても、あまり近づかないように気をつけよう。貪欲な肉食動物で、歯をもつ珍しいカエルのひとつなのだ。

## オオサンショウウオ

チュウゴクオオサンショウウオ(*Andrias davidianus*)は現生で最大の両生類で、体長1.8m、体重60kg近くまで成長する。学術的には両生類に分類されるものの、自発的に陸に上がってくることはなく、中国の山地の岩場の多い渓流や湖

**アフリカウシガエル**
*Pyxicephalus adspersus*
体重：2kg

大半のカエル同様に、捕まえて呑み込めるものなら何でも食べる。最大級の個体から逃れられる昆虫はいない。

**チュウゴク オオサンショウウオ**
*Andrias davidianus*
体長：1.8m

分類学上は両生類だが、その巨体を支えるために水から出ることはほとんどない。

で一生を過ごす。野生の個体数はこの50年で劇的に減り、いまも減り続けている。原因は単純な経済の問題だ。この動物は珍味とされ、レストラン業界では1kgあたり軽く300〜400アメリカドルで取引される。近年の中国での所得上昇で需要が高まったため、収入源として養殖が行われるようになっている。これがいまのところ野生の個体数に悪影響を及ぼしているようだ。養殖業界ではまだ繁殖に成功しておらず、絶えず野生の個体を補充する必要があるからだ。巨体のため捕獲がたやすく、捕獲されている量と生息地が遠隔地であることの両方を考えると、種の保護は難しい。中国の急速な工業化に伴う生息環境の破壊も、深刻な脅威となっている。

## カエルは「Frog」か「Toad」か

「Frog」と「Toad」とのあいだに科学的な区別はない(どちらもカエル目に属する)。呼び名が違うのは英語の気まぐれさに原因がある。「Toad」と呼ばれるカエル同士の間のほうが、それらと「Frog」と呼ばれるカエルとの間よりも近い関係にあるというわけではない。まったく恣意的な命名なのだ。そうは言っても一般に、大きくイボだらけで色が黒っぽくて、後肢が比較的短いために跳ねるよりも歩いて移動し、より乾燥した環境で見られるものをToadと呼ぶ傾向があるようだ。

# 時代とともに変わる

3億7,000万年前から2億4,000万年前の恐竜時代の幕開けまで、
陸上のほぼすべての脊椎動物は両生類と爬虫類で、さまざまなタイプのものが出現して覇権を争っていた。
恐竜ほど大きくなったものはいなかったが、いくつか見てみる価値はあるだろう。

## 悪魔の落とし子

カエルの仲間は恐竜の時代から存在した。7,000万年前の地層から、特に大きな標本が2008年に見つかった。この発見がメディアに大きく取り上げられたのは、学名のベールゼブフォ・アンピンガ(*Beelzebufo ampinga*)(ベルゼブブ、つまり悪魔にちなむ)のせいだろう。デビルフロッグ、デビルトード、あるいはずばり、フロッグフロムヘル(地獄から来たカエル)などというセンセーショナルなニックネームで呼ばれ、恐竜をむしゃむしゃ食べているイラストも描かれた。いかにもすごい怪物のように聞こえるかもしれないが、実際には頭胴長はやっと23cmに届く程度と推定されている。カエルにしては大きいものの、現在目にする最大級の種とそう変わらない。カエルの体の構造では、湾曲した後肢に大きな負担がかかり、そのため体のサイズが制限されることになったのだろう。陸上では体が大きな動物ほど、脚が体の真下にまっすぐ伸びる、抗重力姿勢と呼ばれる体の構造になる傾向がある。

## 両生類の子孫

地球上に生命が誕生してから40億年以上になるが、その大半の時間、生命は海に限定され、陸地は基本的に不毛の地だった。時間を早送りして4億3,000万年前になると水辺の陸上に植物が現れだし、当然、それを食べる無脊椎動物も続いて陸上に進出し始めた。3億5,000万年前の石炭紀には陸地の多くを豊かな植物相が覆い、温かくて湿度の高い多雨林の環境を形作ることも多かった。陸上には無脊椎動物も満ちあふれていた。この豊富な無脊椎動物を食べようと脊椎動物が水中から上陸し始めた。この時点で上陸を果たした脊椎動物はすべて両生類だった。

**ベールゼブフォ**
*Beelzebufo ampinga*
体長:25cm

カエルにしてはかなり大きく、人間の頭ほどのサイズがある。孵化して間もない大きさの個体なら恐竜を丸呑みにできるほど大きかったと考えられる。

▲トビハゼの仲間はハゼ科オキスデルシス亜科の32種からなる。空気呼吸ができ、胸ビレで歩き回ることができるため、水から出て昆虫を食べることができる。

比較的最近まで、現生のトビハゼの仲間が、脊椎動物の上陸と魚類から両生類への変化を考えるのにうってつけのモデルだと考えられていた。つまり、一部の魚が水の外で短時間生存できる能力を進化させたのは、周期的に小さくなったり干上がったりする水場にすんでいたため、陸上を移動して新しい水場を探す必要があったからだと考えたのだ。しかし、これまでに見つかっている初期の歩く魚の足跡化石は、その圧倒的多数が水中でつけられたもので、この説を完璧に裏づけるものではない。当時、海洋には大型の肉食魚が溢れていて、餌食となる魚のなかにはその対応策として、身を守る重いよろいを発達させたものもいた。重いよろいがあると泳ぎにエネルギーを大量に使うため、少なくとも部分的に海底を歩くことを採用した魚がいたのではないだろうか。泳ぐのに比べて移動速度は大幅に落ちただろうが、泳ぐときほどエネルギーを必要としないので、食べる量もその分だけ少なくて済む。

この費用対効果が一部の魚に効果を発揮し、より速く、よりエネルギー効率のいい歩行ができるような形へと、ヒレを徐々に適応させていったのだろう。体の前方の一対のヒレ（胸ヒレ）と後部の一対のヒレ（腹ヒレ）を歩くための肢に変え、こうした魚から、あらゆる陸上の脊椎動物が進化した（現代の陸生脊椎動物がすべて、2対からなる4本の肢をもち、1対が頭の近くに、もう1対が体の反対の端にあるのは、こうした理由からだ。ただし、ヘビのように進化の過程で肢を失った種は別だ）。このような歩く魚の一部は水際にいる無脊椎動物をエサとするように進化し、空気中で呼吸したり陸上で体重を支えたりする能力が増すにつれ、両生類となったのだろう。

▼カエルアンコウの仲間（カエルアンコウ科）はヒレを楽々と操って海底を歩く。

## 両生類から爬虫類へ

数千万年にわたって、両生類は唯一の陸生脊椎動物だった。食べ物に関しては、陸上では昆虫やその他の節足動物を利用し、水中に戻っては魚や水生節足動物を捕食していた。巨大な昆虫（6章参照）がいた時代だったので、一部の両生類は、目の前の大きな獲物を利用するために体を大型化させる方向に進化したと考えられる。実際、かなりのサイズに成長した両生類もいた。体長2～3mのパワフルな魚食性両生類のニッチはいま、インドガビアル（*Gavialis gangeticus*）のようなワニ類に占められている。

石炭紀は温かくて湿度の高い多雨林が陸地に広がっていた時代とされるが、現在の地球上にさまざまな気候の地域があるように、当時も陸地がすべてそうだったわけではない。降水量が少ない地域では、両生類は生き延びるのに苦労したに違いない。両生類の卵は爬虫類や鳥類の卵よりも魚類の卵に似ている。重要な違いは、両生類の卵が水を通さない殻をもたないことだ。水中または極めて湿度の高い底質中に産まない限り、たちまち乾いて、中の胚は死んでしまう。さらに、両生類は皮膚からも酸素を取り込める。これは水中では特に便利で、水面に顔を出す頻度を減らせる。ところが体表面からの拡散作用による酸素吸収に適応した皮膚では、保護のために表皮を厚くすることができず、常に湿った状態にしておかなければならない。つまり両生類の成体も、皮膚から水分が失われるため、温かくて乾燥した環境では苦労する。温かい気候でも繁栄できるが、すぐそばに水源がある場合に限られる。体を大きくすれば体内の水分量の割には表面積を小さくできるため、大型化が多少は生存の助けになるものの、大型の両生類でさえも地球上の一部の地域には生息できないし、過去にも生息できなかった。その結果、石炭紀の両生類の一部は爬虫類に似た特徴を進化させ始め、卵には殻ができ、厚く透水性がない皮膚が発達した。

## 爬虫類の誕生

石炭紀の終わりごろ、石炭紀雨林崩壊と呼ばれるできごとが起こった。緑したたる大地が、それまでよりも乾燥した土地、あるいは広大な砂漠になってしまったのだ。続くペルム紀（2億9,800～2億5,100万年前）には、こうした環境のせいで爬虫類型の脊椎動物のほうが両生類より優勢になった。一部にはまだ湿潤な環境が残ったため（たとえば陸塊の縁の沿岸部）、両生類は完全に消えはしなかった。しかし、この時代に爬虫類は大幅な多様化を遂げた。一部の種は巨大になり、また餌資源をめぐるニッチも多様化したため、一部は植物食に、一部は肉食になって、ほかの脊椎動物を捕食するものも現れた。体が大きいほうが植物質の消化には有利だし、大きな肉食動物のほうが大きな獲物を倒せる。この爬虫類全盛の時代は、ペルム紀の終わりに陸上生物の70パーセントを消滅させた突然の大量絶滅が起こるまで続いた。

**イノストランケヴィア**
*Inostrancevia* sp.
体長：3.5m

恐竜が誕生する前、5,000万年間にわたって、陸上の最大の動物は爬虫類だった。この肉食性のイノストランケヴィアもその一種で、長い体と恐ろしげなサーベルのような犬歯をもっていた。

**アンテオサウルス**
*Anteosaurus* sp.
体長：6.1m

ペルム紀の終わりころに、爬虫類の一系統がより哺乳類に似た特徴を進化させていた。この図では肉食性のアンテオサウルスが植物食のモスコプス（*Moschops*）に襲いかかろうとしている。恐竜の時代には真の哺乳類が現れていたが、たいていは恐竜との競争に勝てず、恐竜が絶滅するまでは、数が少ない小型の夜行性動物のままだった。

アンテオサウルス（*Anteosaurus*）属の仲間はペルム紀の巨大な肉食動物として知られており、体長が最大6.1m、体重が600kgだったと推測される。イノストランケヴィア（*Inostrancevia*）属は細身の肉食動物で、大きさは体長3.5mと現代のサイに近いが、巨大なサーベルのような歯で武装していた。パレイアサウルス（*Pareiasaurs*）は巨大な爬虫類型の植物食動物のグループで、最大級の個体は体長が3m、体重が600kgに達した。

これまで見てきたように、石炭紀には大型の両生類が、ペルム紀には大型の爬虫類がいたわけだが、その後に登場する恐竜の壮大なサイズに匹敵するようなものはいなかったし、恐竜の次に栄えた哺乳類の最大級のサイズに匹敵するものもいなかった。しかし、体の大きな種のほうが個体の生息密度が低いことを考えると、こうした初期の時代の真に巨大な動物はまだこれから発見されるところなのかもしれない。

▶爬虫類は卵の
硬い殻（このカメの卵のような）のおかげで、
両生類よりも産卵場所を自由に選べる。

第9章

# 最大級の生物
# 植物

この章では、陸生および水生の植物、海藻、海の植物プランクトンなど、あらゆる一次生産者を幅広く取り上げる。一次生産者とは光合成を行う生物のことで、日光のエネルギーを取り込み、それを使って、成長と繁殖の燃料となる炭水化物を生産する。動物はこれができない。その代わり、植物を食べる、植物を食べる動物を食べる、あるいはさらにその動物を食べる、というふうにしてエネルギーを得ている。一次生産者はほぼ全ての食物連鎖の基盤であり、一次生産者がいなくては、地球上には生命はほとんど存在しないだろう。

# 巨木

地球上で一番大きな生物は何かと訊かれたら、恐らくほとんどの人がシロナガスクジラ(*Balaenoptera musculus*)と答えるだろう。4章で見たようにシロナガスクジラは確かに巨大だが、巨木には到底かなわない。
これはある意味でかなりうれしいニュースだ。シロナガスクジラにはそう簡単にはお目にかかれないが、世界の巨木のなかにはカリフォルニアのセコイア(*Sequoia sempervirens*)のように公園内で見られるものがあり、間近で観察したり、迫力満点の写真を撮ったりできるようになっている。

## 現存する一番高い木

やっぱり、と思うかもしれないが、どこのセコイアが一番高いかを巡っては公園間でささやかな競争がある。実は、"ハイペリオン"と名づけられた一番高い木の正確な自生地は秘密にされている。観光客が押しかけて地元の生態系に悪影響が出ないようにという配慮からだ。北カリフォルニアのどこかにあることは確かで、その高さは115m、30階建てのビルと同じくらいある。自由の女神像のかかげるたいまつでさえ、地上90mほどだ。いまのところ"ハイペリオン"が最高記録保持者のようだが、これは別に変わり種というわけではない。高さ90mを超すセコイアは何百本もあるし、80mを超える樹木は少なくとも30種ある。歴史上、115mを超える樹木の記録はあるが、120m以上に達したという信頼すべき証拠は(化石にさえ)ない。

**セコイア**
*Sequoia sempervirens*
高さ:最大115m

これはカリフォルニアにあるセコイア国立公園内の非常に背の高いセコイアの木立ちだ。その白生地が明かされないよう、最高の樹高を誇る"ハイペリオン"の写真はほとんどない。

**ジャイアントセコイア**
*Sequoiadendron giganteum*
重量:推定1,100トン

これがセコイア国立公園内に生えている"シャーマン将軍の木"で、高さではなく体積と重量の点で世界最大の木とされている。

▲1881年から木が倒れた1969年まで、"ワウォナ・ツリー"と呼ばれる巨大なセコイアの木の中を歩いて(または車で)通り抜けるのが、ヨセミテ国立公園観光の目玉だった。

## 現存する一番太い木

すでに述べたように、気軽に訪れて鑑賞できる巨木もある。そのひとつが、カリフォルニア、トゥーレア郡にあるセコイア国立公園の巨木の森に生えているジャイアントセコイア(*Sequoiadendron giganteum*)で、"シャーマン将軍の木"と呼ばれている。高さは84mだが、"ハイペリオン"よりも幹が遥かに太く(根元の周りが31m以上)、木質部分の体積では既知の最大の木とされている。幹の体積が約1,500㎥、重量は約1,100トンと推定され、ボーイング747なら3機分の重さになる。ジャイアントセコイアの幹の太さを実感できる別の例として、かつてヨセミテ国立公園に生えていた"ワウォナ・ツリー"がある。公園では1881年にその根元をくり抜いて、車が通れるほど幅広いトンネルをつくった。それ以来、1969年に木が倒れるまで、馬車や車が、青々と繁る木の幹にできたトンネルをくぐったものだった。木が倒れたのは豪雪の重みに耐えかねたからだが、トンネルをつくったこともその一因となったのかどうか、確かなところは不明だ。それでも、現代の公園管理者はもう、そのような客寄せを再現しようとはしないだろう。なにしろ、その木は2,300年という気の遠くなるような年月、雪の重みに耐えていたのだ。いまの価値観からすると、それほど貴重な生物に斧を入れてまで、来園者の数を増やして収益を上げようとするのは正しいことだとは思えない。

ジャイアントセコイア(ジャイアントレッドウッドとも呼ばれる)は現在、北アメリカの太平洋岸に見られるが、かつてはもっと広い範囲に分布していた。また、近代になってからヨーロッパ、ニュージーランド、オーストラリア温帯地方に導入されたものがおおむね元気に育っている。たとえばスコットランドではベンモア植物園の呼び物として1863年に植えられたジャイアントセコイアの並木があり、いまでは50m近い木もある。フランスではディズニーランド・パリに印象的な木立ちがある。ヨーロッパで一番高いジャイアントセコイアもフランスにあり、1856年にリボヴィレに植えられたものがいまでは80mの高さになっている。

# 樹木に作用するさまざまな要素

植物は代謝と成長の燃料として日光を必要とするから、周囲の木の陰になることが最大の問題だ。もっと伸びて陰から抜け出すのが一番すっきりした解決策だが、そうすると今度は周囲の木々が陰になる。日光を求めるこうした競争が、一部の背の高い植物を生む進化の原動力となったことは容易に理解できる。しかし、こうした上方への成長にはコストがかかる。木の幹は基本的に、日光のエネルギーを集める葉を持ち上げてほかの木の陰から遠ざけるための支持構造体だ。それ以外にそんなものをつくる利点はないし、木にとってこれは負担が大きい。だからこそ、あらゆる木が巨木に成長するとは限らないのだ。

## 重大問題

木のサイズを制限する一番わかりやすい要因は、増加する重さを支えるのに必要な強さだ。2,300歳のワウォナ・ツリーが葉に積もった大量の雪の重みに耐えかねて倒れた事実からも、それがわかる。子どものころ、積み木で塔をつくろうとしたことはないだろうか。どんなに慎重に積んでも、最後には塔は倒れてしまう。問題は、積み方にほんのわずかでも片寄りがあると、重心が基礎の真上に来ないことだ。すると塔は片寄りのある方向にたわむ傾向があり、それがさらに強いたわみをもたらし、ついに塔は崩れ落ちる。たわむ傾向は塔の高さとともに大きくなる。木の場合は、あまりにも高くなりすぎると、幹の途中のどこかがそのたわみに屈して折れる。つまり、木の重量がもたらすたわみに抵抗できるだけの堅さがないと、自分の重量に負けてしまうのだ。木が大きいほど、耐えなければならない重量も大きくなる。

木がどれくらい大きくなれば、たわめて折ろうとする力が問題となるか推測した計算がある。木の正確な形をどう想定するかにもよるが、重量やたわめる力は木の高さを制限している究極の要因ではないようだ。計算結果によると、よく繁った木でも高さが200〜400mにならないと、そうした要因は深刻な問題にならないという。明らかに、木の高さを制限しているのは何かほかの要因なのだ。

▼樹木は強い信仰の対象や霊的な象徴となることがある。これは仏陀がその下で悟りを開いたとされるインドボダイジュ（*Ficus religiosa*）で、多くの人がこの木の下で瞑想をする。

▲風は樹木に大きな影響を及ぼすことがある。
南カリフォルニアのパインマウンテンでは
ほぼ常に同じ方角から強風が吹きつけるため、
この木は極端な角度に傾いて成長し、
風の当たる面を最小限にしている。

## 風でたわむ

では風が木のサイズを制限する要因なのだろうか。風が木を横から押すと、木は自分の重量と、地中で根を支えている土の重量でその力に対抗しなければならない。しかし、長いレバーに関する考察（19ページ参照）で見たように、風によって加わる力は葉のあるてっぺんで最も強く感じられ、一方、その力に抵抗するのは木が地面につなぎとめられている根元の部分になる。高い木だと、風の主力は木の根元から遠く離れた場所に作用することになるので、根元には強い回転モーメントが生じる。

とはいえ、強風で根こそぎにされたり折れたりするリスクは、高い木の高さを制限している要因ではないように思われる。ひとつには、ほかの木の陰になるのを避けるために高く成長しようとする（206ページ参照）ということは、周りの木々もかなりの高さがあるということなので、そうした木々がある程度風よけになる。もうひとつの理由は、木は一般に地上部が大きく成長するほど、根系の充実に力を注ぐ。したがって、大きい木ほど地面にしっかり根を下ろしているように思われることだ。風で根こそぎにされずに折れることも、やはりありそうもない。先に述べたように、木の重量によるたわみに屈しない堅さがあることも、風に対する十分な抵抗となる。

▼つい忘れがちだが、樹木の体積の半分は地下にあって目に見えない。
このベンガルボダイジュ（*Ficus benghalensis*）のような木は、
ほかの木の樹上で成長を始めるので、印象的な根の大部分が地上にあり、見ることができる。

# 水の重要性

木のてっぺんにある葉で行われる光合成には、二酸化炭素と日光のほかに水も必要だ。高い木ほど、ほかの木の陰になることが少ないので日光はたっぷり浴びられるが、水を根から葉へ運び上げるのは、それだけ大変になる。

驚くべきことに、木の高さを制限している究極の要因は葉への水輸送らしい。科学者のあいだではそれがほぼ統一見解となっている。光合成に伴って葉から水分が失われることは避けられない。葉には気孔と呼ばれる開口部があり、そこから二酸化炭素を吸収するのだが、この開口部からどうしても水が逃げていく。それを補充するために、土壌から根が吸収した水を葉まで運び上げる必要がある。

## パイプラインの内部

植物の水輸送構造（木部と呼ばれる）は根から葉まで続く長くて細いパイプに似ていて、パイプは水で満たされている。葉から水が失われると、木部を通って水が吸い上げられ、補充される。水には凝集力があって、分子が互いにくっつき合う。したがって、葉から水分子がいくらか出て行くと、その分子が隣の分子を気孔のほうに引き寄せ、自分が抜けた穴を埋めさせる。このプロセスがずっと下まで続く連鎖反応を引き起こし、根から木部を通って葉まで水が吸い上げられる。水は周囲の土壌から根の中に拡散し、常に木部全体を満たしている。この一連のプロセスは蒸散と呼ばれる。あらゆる植物に水が必要なのはこの蒸散があるからだ。実際、植物は大量の水を必要とする。中程度の木が年に5万リットルの水を吸い

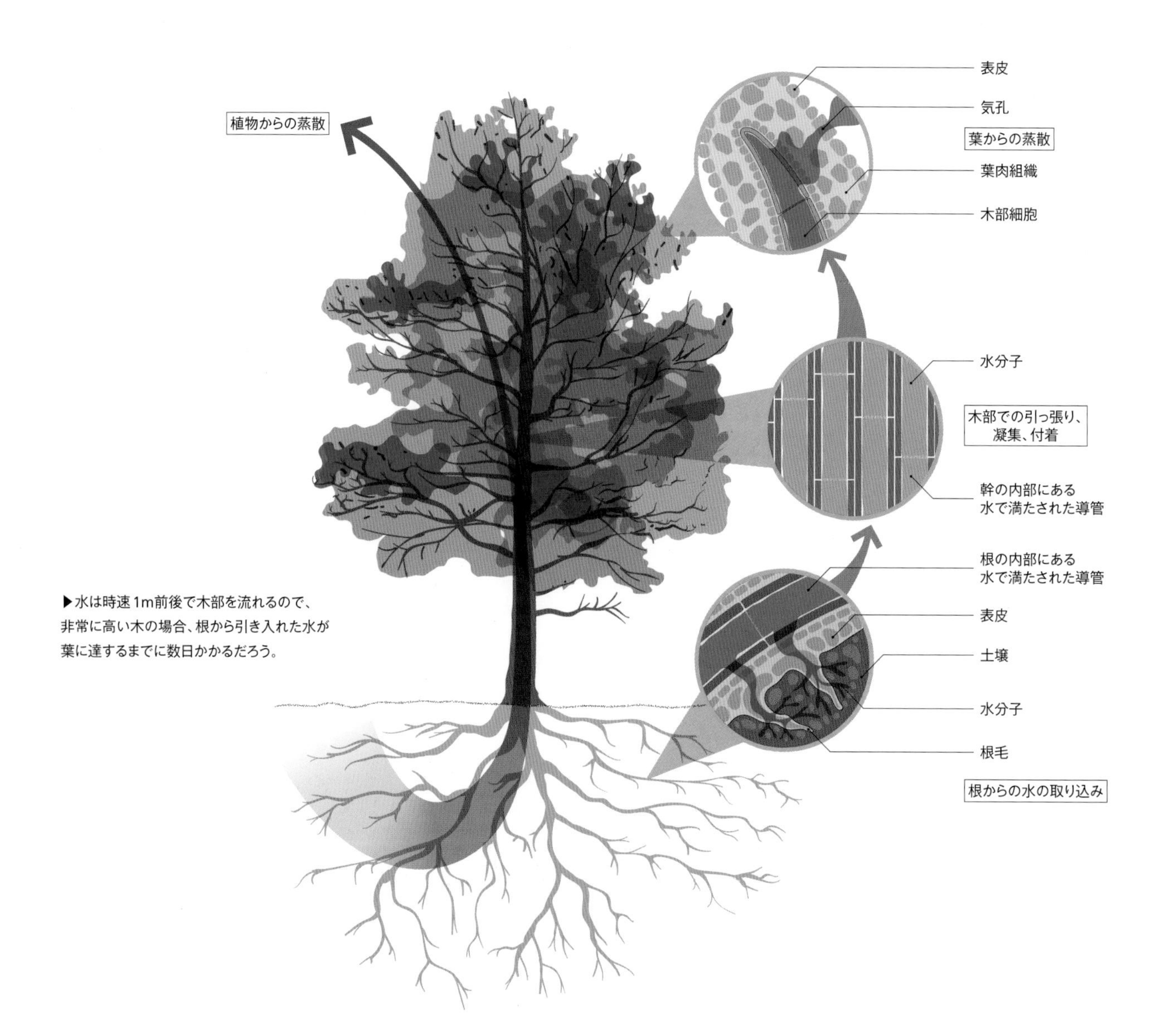


▶水は時速1m前後で木部を流れるので、非常に高い木の場合、根から引き入れた水が葉に達するまでに数日かかるだろう。

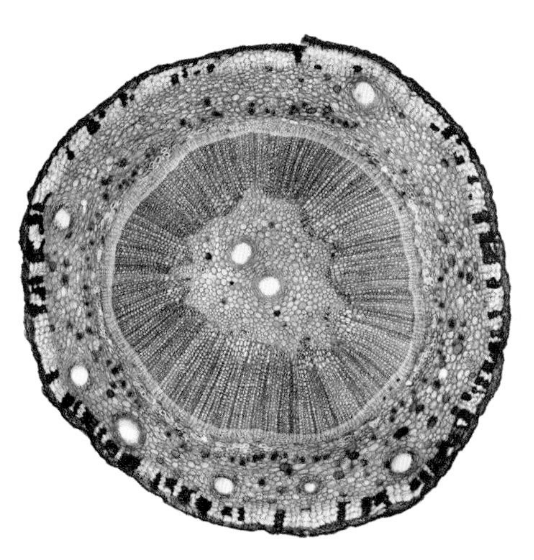

◀人工的に染色した幹の断面。木部の円形のパイプがはっきり見える。

上げるので、そのような木が20本ある木立ちなら、オリンピックプールがいっぱいになるくらいの水を消費する。

## 水輸送への障害

木が高くなればこうした水の輸送がそれだけ困難になることは容易に想像がつく。重力に逆らって水を高く持ち上げるには蒸散をいっそう激しく行わなければならないし、パイプが長くなれば水が移動する際の摩擦もそれだけ大きくなる。計算によれば、木の高さが120〜130mを超えると、必要な量を輸送することは事実上不可能になるという。したがって、巨木は少なくともある程度の時間は湿度が高くなるような場所に見られると考えていいだろう。空気が湿っていれば葉から失われる水がそれだけ少なくなるし、木の水分が少ないときには湿った空気から葉へと水が逆方向に移動して、根からの水輸送を補える。木には大助かりだ。そう考えると、海から霧が押し寄せて時には何週間も居座るカリフォルニアに巨木が多いのも、ふしぎではない。

巨木の化石はたくさん発見されているが、現存の巨木より大きなものはないようだ。実際、たとえば150mを超えるようなものが見つかるとしたら驚きだが、そんなに大きくなるには空気が水で過飽和になっているような環境が必要だろう。

## 巨人の肩の上に立つ

大多数の植物は根を介して土壌から水を集めるが、なかには水をすべて大気から得ている植物もある。そうした植物はまとめて着生植物と呼ばれ、地面ではなくほかの植物の上で成長するという特徴がある。熱帯雨林の木の最上部の枝の上で成長する植物を想像してみよう。直射日光を遮る植生がほとんどないので、土に根を下ろした同じような植物に比べてふんだんに日光を浴びることができる。そもそも熱帯雨林の木がそれほど大きく成長できるのは、そのふんだんな直射日光のおかげなのだ。しかし木と違って着生植物は自前の太い幹なしに林冠で繁茂する。着生している木の幹をうまく利用しているのだ。幹という構造体のためのコストを支払うことなく、木の高さのもたらす恩恵を享受しているわけだが、土壌に代わる水の供給源は見つけなければならない。こうした着生植物がほぼ例外なく空中湿度の高い環境に見られるのは、それが理由だ。

▼着生植物が別の着生植物の種子に着生場所を提供することがある。そうすると、宿主となる1本の木の上にさまざまな種類の着生植物からなる小さな森ができる。

# センセーショナルな種子

動物に比べて植物の構造は単純で、根、茎、葉を基本要素とし、
ある一定の時期にはそこに生殖のための部位が加わる。
ところが植物界にはなぜか、この基本形を逸脱した果てしない変異が見られる。
ここでは、種子を皮切りに植物の各構成要素を取り上げ、なぜ一部の種子は巨大なのかを考えてみよう。

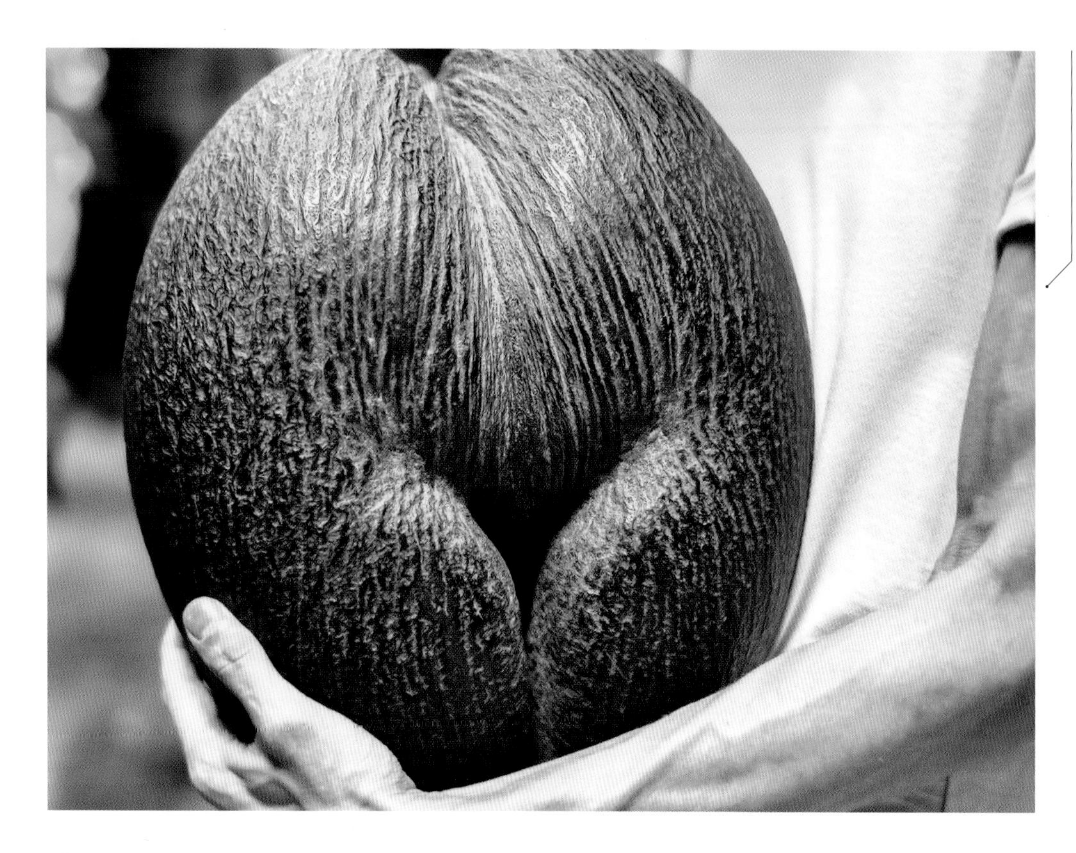

**オオミヤシ(フタゴヤシ)**
*Lodoicea maldivica*
種子の重さ:17kg

昔からこの種子をくり抜いたものが鉢として使われた。しかし、いまでは希少種として厳重に保護されている。

## 小と大

セコイアのような巨木は何千年もかけて成長するが、その種子は普通のヒマワリの種子と変わらない大きさだ。進化の観点からすると植物も動物と同じで、成長して子孫をどれだけ多くつくれるかに、その繁栄がかかっている。小さな種子ほどエネルギーの点で安上がりなため、たくさんつくることができる(子孫の数も多くなる)。非常に小さな種子が多いのはそのためだ。とはいえ、小石のようなアボカドの種子とリンゴの小さな種子を思い浮かべればわかるように、種子のサイズに関しては種によって大きな違いがある。もし大きな種子のほうが繁殖率の高い植物に成長するなら、数は少なくても大きな種子をつくることにエネルギーを注ごうとする植物が出てくるかもしれない。

小さな種子と違って大きな種子には、植物の初期の成長を助けるエネルギーが大量に含まれている。この蓄えを使って植物は大きな葉と強靭な根系をすばやくつくることができ、そうした構造が十分に発達したあとは、太陽と土壌中の栄養素からエネルギーを引き出すことができる。したがって、種子の蓄えが大きければ大きいほど、新しく生まれた植物は自分でエネルギーをつくらずに長く持ちこたえ、大きく成長することができる。つまり、土地が痩せていて、実生がしっかり根を張り巡らすまでは必要な栄養が得られないような環境では、大きな種子が特に魅力的なのかもしれない。ほかの植物の茂みの陰に芽を出した場合も、日光を求める競争に後れを取らないように、高く成長し、大きな葉をつける必要があるだろう。

▲セーシェルのプララン島のヴァレ・ド・メ自然保護区にできたオオミヤシの木立ち。これを見ると、土壌が比較的痩せているうえ、すでに生えている隣の木と日光や水、養分を巡って激しい競争があることがわかる。このような場所では、自立できるようになるまで大きな種子の助けが必要だ。

## オオミヤシとココナツ

上におおまかに述べた理由で、なぜセーシェルの2つの小さな島にしか見られないヤシの木であるオオミヤシ（*Lodoicea maldivica*）の種子が最大なのか、十分に説明がつく。この木は風化した花崗岩からなる痩せた土壌に生え、事実上オオミヤシだけでできた密生した木立ちになる。成熟した木は30mの高さになり、長さ10m、幅4mの扇形の葉をつけるため、実生が十分な日光を浴びて自立するには、かなり高く伸びて大きな葉をつける必要がある。そのため、この木の種子（それ自体もオオミヤシ、あるいはシーココナツ、ダブルココナツ、ラブナッツ、セーシェルナッツなどと呼ばれる）は17kgもの重さになるのだろう。新生児およそ5人分の重さに匹敵する。

ココヤシ（*Cocos nucifera*）の果実であるココナツを巨大な種子と勘違いしている人がいるが、本当の種子は硬い殻にある3つの窪みの下にある。ココヤシが熱帯や亜熱帯のどこにでもあるのは、ココナツが水に浮きやすく、硬い殻のおかげで海水中に何カ月もあるいは何年も浸かっていても平気だからだ。とはいえ、ココヤシの分布域が広がったのは人間のおかげでもある。船乗りにとって、ココナツは昔から長い航海のための食糧と飲み水を兼ね備えた理想的な保存食だった。ココナツは腐りにくく、誤って海に落としても浮くので簡単に回収できるし、栄養豊富な果肉と渇きを癒す水分を含んでいる。熱帯や亜熱帯を航海する船乗りはココナツを携行することが多かったと思われる。船乗りがあちこちに意図的にココヤシを植えることもあったかもしれないが、海が荒れた際に波にさらわれ、回収できないほど遠くへ流されて、漂着した新たな海岸に根を下ろしたココナツもあったことだろう。

▲ココナツは浜辺に流れ着くことが多い。砂には植物の最初の成長に必要な養分がほとんどないので、果実の中味を再利用して、芽生えたばかりの実生の成長に役立てる。

**ココヤシ**
*Cocos nucifera*
果実の重さ：1.5kg

ココナツは海を何カ月も漂流していても生きている。海水に110日浸かっていたあとで、中の種子が発芽したという記録がある。

# 特大の果実

果実の主な役割のひとつはおいしいごちそうで動物を誘って食べさせ、
中に含まれる種子をそれと知らずにばらまかせることだ。
となると、植物はできるだけ大きな果実を提供しようとするのではないだろうか。
大きな果実のほうが多くの動物を引き寄せ、種子がばらまかれるチャンスもそれだけ多くなる。

**ジャックフルーツ**
*Artocarpus heterophyllus*
果実の重さ：35kg

昔からインド農業の重要な作物で、3,000年前から栽培されていたという証拠がある。

## 種子の落ちる場所

セーシェルの花崗岩の島々は（マダガスカルと並んで）世界最古の島で、恐竜が絶滅したころにインドから分離した。そのような小さな島では、気候の変動でもあれば植物や動物の個体群は簡単に死滅してしまう。セーシェルではまさにそれが起こり、人類の到達以前、島には木はごくわずかな種しか存在していなかったように思われる。だからこそ、オオミヤシ（211ページ参照）が生えている場所はこの木で埋め尽くされているのだろう。

オオミヤシのような大きな種子を含む果実が落下すると、多少は弾んで転がるかもしれないが、一般に親の木の根元近くに落ち着き、そこで発芽することになる。オオミヤシがあれほど密生した森になるのはそのためだ。こうした独特の状況では、親の木にとって最善の戦略は多くの子孫をつくることではない。隣の木の子孫より元気よく成長できるだけの養分を備えた種子を、少しだけつくるほうがいい。そこでオオミヤシの繁殖戦略は人間のそれと似たものとなる。わたしたち人間も少数の子孫に大量の資源をつぎ込む。これに対してほとんどの植物は逆の方法を採用し、無数の小さな種子をつくる。少なくともいくつかは、発芽して繁栄できる理想的な場所に落ち着くことを願って、それを広くばらまくのだ。しかし、ちっぽけな島ではそうしたばらまき戦略にはメリットがない。風で運ばれる種子なら海に飛ばされてしまうし、種子の散布者となる動物もほとんどいないからだ。

◀ジャックフルーツは地面に落ちるとすぐに割れ、独特の臭気を放つ。その匂いに引き寄せられた小型哺乳類が甘い果肉を食べて、うっかり呑み込んだ種子が散布される。

## ジャンボなジャックフルーツと巨大な栽培品種

オオミヤシの果実は30kgもの重さがあるが、驚いたことにまだ上がある。ジャックフルーツ（*Artocarpus heterophyllus*）はクワ科（Moraceae）の一種で、成熟すると一度に100個の果実をつけるが、それぞれが最大35kgにもなる。アジアに広く生えていて、さまざまな料理に使われる。野生の果実が地面に落ちると割れて、小さな種子の散在する果肉が現れる。さまざまな哺乳類や鳥類がこの果肉を喜んで食べるが、小さな種子も一緒に呑み込まれ、消化されずに、親の木から遠く離れたところで排泄される。こうして、効果的な種子の散布が行われる。

**カボチャ**
*Cucurbita* sp.
果実の重さ：最大795kg

カボチャは大きさを競って栽培される最大の作物だ。この米国のコンテスト会場では、出品されたカボチャがフォークリフト用の運搬パレットに載せられて重量測定を待っている。

人間は何千年も前から果実のなる木を育ててきた。いまでは栽培品種の多くが野生種より大きな果実をつけるようになっている。その最も極端な例がカボチャの栽培品種（*Cucurbita* sp.）だ。特に米国では、その大きさを競うさまざまな催しがある。優勝するのはたいてい590kg以上のカボチャで、時には795kgを超えることもある。シンデレラの馬車にも使えそうだ！

## 動物を引き寄せる

果実のおもな役目は、中に含まれる種子を散布してくれそうな動物を引き寄せることだ。一部の植物の種子が巨大な理由はすでに述べた（210ページ参照）が、それを動物に散布してもらおうと思っても、巨大な動物でなければその仕事は無理だろう。小さなサルがイチゴを見つければ、大喜びで種子も含めてひと口で呑み込んでしまうだろうが、アボカドなら、柔らかい果肉をしゃぶって、種子は残して行くはずだ。つまり、この小さなサルはアボカドの木（*Persea americana*）にとっては、種子の散布者として役に立たない。大きな果実を食べる大きな植物食動物が必要なのだ。ところが奇妙なことに、アボカドの原産地であるいまの南アメリカには、その種子を散布するほど大きな動物は生息していない。

ではなぜアボカドの果実と種子はあれほど大きいのだろう？ ひとつ考えられるのは、何千年か前まで南アメリカには、アボカドを丸ごと食べられるほど巨大な地上生のナマケモノが生息していたことだ（4章参照）。地上生のナマケモノは絶滅してしまったが、種子の散布をこの動物に頼っていたアボカドのほうはなんとか生き延び、目的の失われた果実をいまだにつくっている。ひょっとすると、山崩れとか洪水とか、別の散布様式があるからかもしれない。巨大ナマケモノのように、この5万年で多くの巨大動物が絶滅した。世界中には、植物と動物が共進化したものの、動物のほうが絶滅してしまったという例がたくさんある。共進化した相手がいなくなったにもかかわらず残ったほうがそのままの形態を維持していることを、進化的アナクロニズムという。

▼比較的最近まで地上生の巨大なナマケモノ（メガテリウム）が南アメリカに広く生息していた。数種の樹木が、そうした巨大哺乳類の摂餌を促して種子を散布してもらうため、巨大な果実を進化させたようだ。

# 奇妙な花と巨大な葉

花は送粉者を引き寄せる広告塔なので、植物はできるだけ大きな花をつけようとする。
しかし大きな花をつけるにはエネルギーも資源もたくさん必要だ。
花にたくさん投資すれば、根や葉といったほかの部分への投資を削らざるを得なくなる。

**ラフレシア**
*Rafflesia arnordii*
花の直径：1m

"コープス・リリー（死体ユリ）"という俗名が示すように、腐敗した肉のような強烈な悪臭を放ち、花から花へと花粉を運ぶハエを引き寄せる。

## 死体のフリ

花の役目は一般に送粉者を引き寄せ、受粉の手伝いと引き換えに蜜や花粉が手に入ると宣伝することだ。広告塔が大きいほうが、送粉者の注意をより強く引けるだろう。ところが世界最大の花は、食べ物が手に入ることを宣伝するどころか、昆虫を騙して、報酬を与えずに花粉を運ばせる。一部の昆虫は動物の死骸に好んで卵を産み、孵った幼虫はその肉を食べて育つ。花のなかにはこの習性を利用して、死んだ動物のフリをしてそうした昆虫を引き寄せるものがある。昆虫のほうは勘違いに気づく前に、花粉を体にくっつけるか、別の花に騙されてくっつけてきた花粉を落としてくれる。死骸のフリをする進化が数回にわたって起こった結果、非常に真に迫ったものになっている。花は腐っていく肉の匂いをさせるだけでなく、腐った肉のようになま温かく、色や質感まで似ている（毛むくじゃらのものまである）。

## 満開

死骸のフリをするのは巨大な花をつける2種で、いずれもインドネシアの熱帯雨林に見られる。ラフレシア（*Rafflesia arnoldii*）は花の直径が1mにもなり、ショクダイオオコンニャク（*Amorphophallus titanum*）は1つの花の高さが3mを超える。どちらの花も腐った肉の強烈な匂いがする。花がそれほど大きいのは、まず、偽装の一部として、腐敗した肉のように熱を発するためだろう。大きなほうが熱の保持に有利なので（1章の表面積と体積の比についての考察を参照）、花が大きいほうが簡単に周囲の葉より温かくすることができる。それに、選択の余地がある場合は、より大きな動物の死骸に卵を産む昆虫が多い。恐らく、大きいほうが長時間温かく、幼虫の食料もたっぷりあるからだろう。薄暗い熱帯雨林では単に大きな花のほうがよく目立つということもある。

そうした巨大な花をつけるには、植物はかなりの投資を求められる。ショクダイオオコンニャクは花を咲かせるまでに7〜10年かかるが、その花はせいぜい2日しかもたない。ラフレシアの成長については、わかっていることはずっと少ない。型通りの植物でなく、葉も茎もなければ根さえなくて、特異的な種類のツル植物に寄生して生きているからだ。ツル植物の内部に完全に埋め込まれ、宿主から養分を吸い取る糸状体でできている。たまたま開花していなければ、気づかずに通り過ぎてしまうだろう。植物体のうち、日の目を見るのは花の部分だけなのだ。

**ショクダイオオコンニャク**
*Amorphophallus titanum*
花序の高さ：3m

枝分かれのない最大の花序（花の集合体）をつくる。ラフレシアと同じく、腐敗する肉のような強烈な臭気を出して、花粉を媒介するハエを引き寄せる。

**オオオニバス**
*Victoria amazonica*
葉の直径：3m

この中国の植物園の写真では姉妹2人がオオオニバスの葉の上に座っているが、葉はびくともしない。とはいえ、2人合わせてもわたしよりかなり軽いかもしれない。

## 単一の花？ それとも花序？

花には実に多様な形があるので、絶対にこれが最大と言えるものを選ぶのは難しい。恐らくラフレシアが単一の花としては最大で、ショクダイオオコンニャクが枝分かれのない最大の花序だろうが、枝分かれした世界一大きな花序なら、コウリバヤシ（*Corypha umbraculifera*）ということになるだろう。花序というのは花の集りのことで、それが一本の主軸からなる茎または複雑に枝分かれした茎についている。ショクダイオオコンニャクのように、コウリバヤシも花をつけるほど成長するには長い時間がかかり、30～80年しないと花が咲かない。何百万もの花からなる6～8mという驚くべき長さの花序をつけ、その一部が種子を宿した果実になると、木は枯れる。

**コウリバヤシ**
*Corypha umbraculifera*
花序の長さ：6～8m

みごとな花序をつけるまでに80年もかかることがあり、それらの花が果実になると木は枯れる。

## 巨大植物

植物の場合、葉が大きければそれだけ光合成量が多くなるが、大きな葉をつくって維持するのは高くつく。ヤシの木はたいてい巨大な葉をもつが、なかでも最大は恐らくラフィアヤシ（*Raphia farinifera*）で、羽状の複合葉は長さが25mもある。成熟した葉はあまりにも大きいため、家畜の囲いをつくったり屋根をふいたりするのに使われる。未成熟の葉の表層をむいて繊維を取り出したものがラフィアで、手作りのさまざまな製品の原料となる。

巨大な単葉ということになると、勝者は明らかにオオオニバス（*Victoria amazonica*）で、葉の直径が3mもある。とても頑丈で、写真に示すように人間の体重を支えられるほどだ。ヨーロッパでもビクトリア朝の時代からよく知られていて、加温された温室で栽培されている。

# 海の制約

この章を終える前に、世界の海にはなぜ、巨大植物がほとんど存在しないのか、考えてみよう。
一見、奇妙な問いに思えるかもしれない。植物といえば陸に生えるものだという考えにすっかり慣れているからだ。
しかし、海の中でも陸上と同じように光合成生物が日光からエネルギーを受け取って食料をつくっており、
動物がそれを食べたり、お互いに食べ合ったりしている。
ただし海では光合成をするのは植物ではなく植物プランクトンだ。
実にさまざまな種類が含まれるが、そのほとんどはセコイアの対極に位置し、肉眼では見えないほど小さい。

## 深さが問題

海に大きな光合成生物が存在しないのは、ひとつには、水は空気よりも光の吸収率が高いため、深さ100m以上になると暗すぎて光合成を行えないからだ。植物の種子には、土壌中で数センチ茎を上に伸ばすのに十分なエネルギーが蓄えられている。しかし、海面下何百メートルもの海底から日光の届くところまで苗を成長させるほどのエネルギーを種子に蓄えることはできない。だからこそ、一般に海藻（植物というより、光合成をする藻類）は岸のすぐそばの岩場に生えているのだ。そこなら水深はずっと浅く、定着したばかりの海藻でも、日光を十分に浴びて成長できる。そうは言っても、巨大な大きさになる海藻もあるにはある。最大の海藻と言われることの多いジャイアントケルプ（オオウキモ）（*Macrocystis pyrifera*）は長さ50m以上になり、日に60cmものスピードで成長する。水中に深い森をつくることがあり、拠り所のない海にあって小魚のかっこうの隠れ場所となる。しかしこうした森も海岸沿いにできることが多い。岸から離れるとすぐに、ケルプが生えるには深くなりすぎるからだ。

## 浮遊する海藻

海藻は海底に固定されている必要があるのだろうか？ 漂う巨大な光合成生物は存在しないのだろうか？ なにしろ、海藻には大半の植物にあるような根系がない。あるのは自分を岩に固定するための付着器官で、これには水や養分を吸い上げる機能はなく、そうしたものは周囲の海水から吸収する。実は、海藻には完全に自由に漂う種類が2つだけある。サルガッスム・ナタンス（*Sargassum natans*）とフルイタンス（*S.fluitans*）

**ジャイアントケルプ（オオウキモ）**
*Macrocystis pyrifera*
長さ：50m

最大の海藻というだけでなく、成長速度が最速の生物でもあり、1日に60cmも伸びる。しばしば繁茂して深い“森”になる。この森は海の生物にとって捕食者からの隠れ家、あるいは単に群れる場所となり、海洋における生物多様性の宝庫となることが多い。

だ。その名前が、なぜそうした生き方がこれほどまれなのかを知る手がかりとなる。つまり、どちらもサルガッソー海に見られるのだ。これは大西洋上にある、ほぼ常に穏やかなことで有名な海域で、昔の船乗りにとっては近づいてはいけない場所だった。風も海流もないため、抜け出せなくなってしまうのだ。こうした条件のせいで、サルガッソー海にはいわゆる北大西洋ゴミベルトがあり、人間が出したありとあらゆる浮遊ゴミの一大集積地となっている。しかしここは浮遊する海藻(流れ藻)のふるさとでもあって、ライフサイクルの完了に必要なだけの年月、ここで繁茂することができる。

世界の海のほかの海域では、流れ藻は海流に流されて、水温や塩分、養分の構成、溶解ガスなどにかなり差のある海域を通り抜けていくことになる。

ある条件の組み合わせに適応して快適に暮らし始めたとたんに、まったく合わない海域に運ばれるのだ。植物プランクトンも海流に乗って運ばれるが、そうした小さな生物は世代交代が非常に速い。わずか数日あるいは数時間でライフサイクルを完了し、適応できないような条件のところに運ばれる前に子孫をつくることができる。子孫のなかには親とはわずかに違うものがいて、その新しい海域で繁栄することができるだろう。こうして、小さな植物プランクトンは多くの海域で繁栄するのに対して、巨大な光合成生物はめったに見られないことになる。

▲植物プランクトンの大量発生で海の色が変わることがある。写真では毒々しい緑色を帯びている。衛星写真を解析して海面の色を調べるだけで、広大な海域のプランクトン濃度を知ることができる。

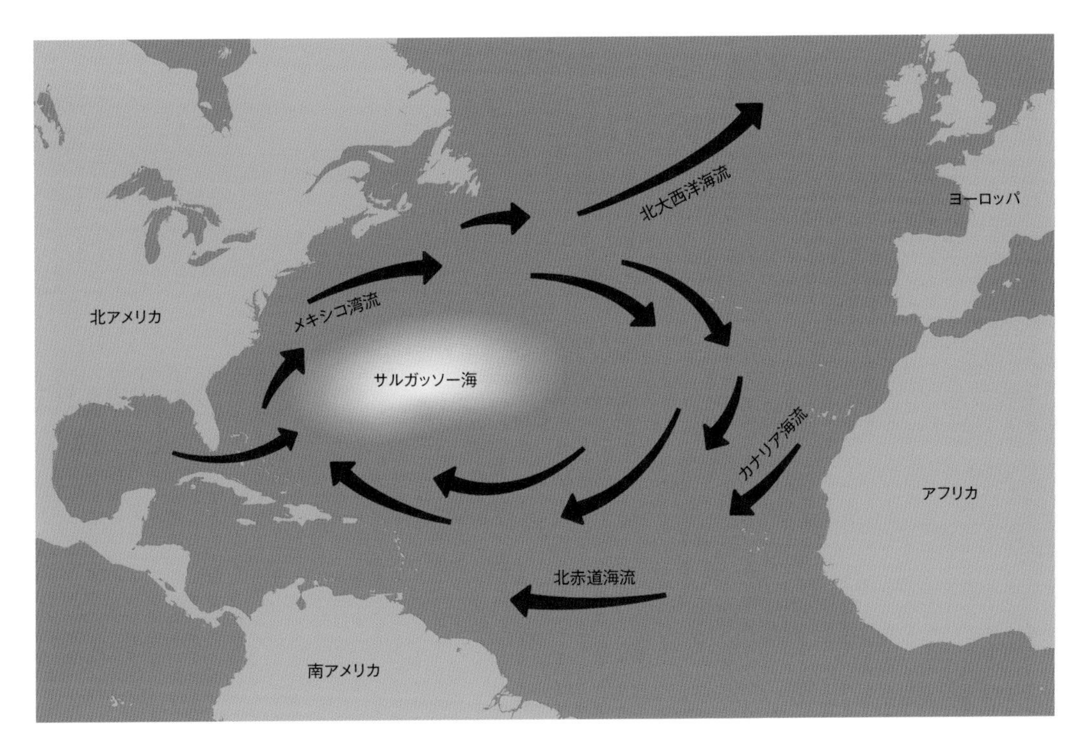


◀大西洋の広い海域を占めるサルガッソー海は海流と風の動きが非常に緩慢なことで知られている。流れ藻がここで生育できるのは、慣れない海域に運ばれるような海流がないからだ。

# 最後に
# 大きさより協調が大事

ここまで、巨大な体に進化した植物や動物の系統を数多く紹介してきた。
巨大生物の堂々たる風格とパワーはわたしたちの想像力を掻き立てずにはおかない。
しかし終わりにあたって、そうした巨大生物はどれほど魅力的であっても例外的存在であること、
わたしたちの周囲に生息するほとんどの生物はもっと小さなスケールで生き、繁栄していることを思い出すべきだろう。
また、何がわたしたち人間を別格の存在としているのかも、考えてみよう。
わたしたち人間は、絶滅したものと現生のものとを問わず、他のあらゆる動物とは比較にならないほど
地球を支配しているにもかかわらず、決して、自然界の巨大生物たちの一員ではない。

## 小さな命が圧倒的多数

この本の執筆のために巨大生物に関する資料を読んだり、あれこれ考えたりするのはとても楽しい経験だった。とはいえ、自然界において巨大生物は例外的な存在だ。大半の生命体は非常に小さい。世界にどれくらいの生物量(生命体を構成する物質量)があるのか推定し、その総量をそれぞれの分類群に割り当てた科学者がいる。その巨大な重量を記述するには炭素のギガトン(Gt-C)、つまり炭素がギガトン単位でどれくらいの量含まれるかを用いた。炭素はあらゆる生体物質に含まれる元素で、「1ギガトン」は「10億トン」を表わす。複雑な計算の結果、植物が総計で動物を圧倒し(植物が450 Gt-Cに対して動物は2 Gt-C)、顕微鏡でしか見えないバクテリアでさえ、70 Gt-Cと動物を大きく上回っていることがわかった。動物を詳しく見てみると、このグループの生物量の半分が節足動物のもの(1 Gt-C、ほとんどは昆虫)で、それに比べれば野生の哺乳動物は微々たるもの(0.007 Gt-C)だった。そしてその野生哺乳動物の種の3分の2を齧歯類(げっしるい)とコウモリという比較的小さい動物が占めている。ここから、重要な事実が明らかになる。あの巨大なシロナガスクジラやアフリカゾウを生んだ哺乳類という系統においてさえ、小さなサイズの方が断然、普通なのだ。

▼イノン・バー=オン、ロブ・フィリップス、ロン・ミロによる、地球上の全生命由来の炭素がさまざまな分類群の間でどのように分割されているかを推定した図。

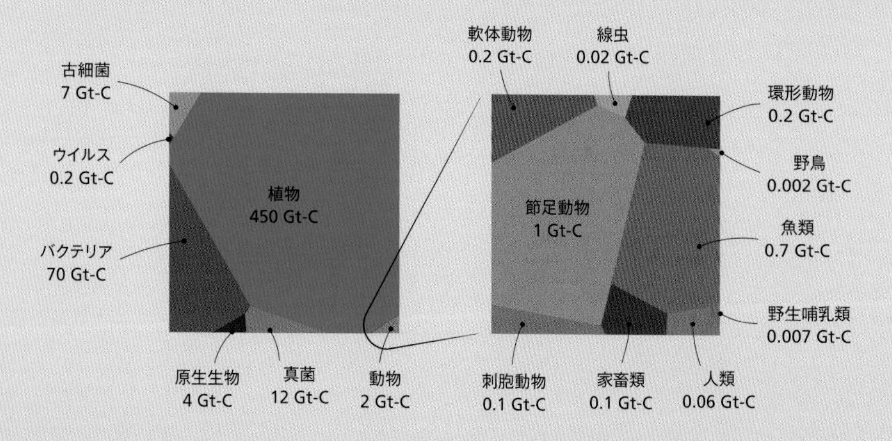

▲シャチ(*Orca orcinus*)は緊密に結びついた群れをつくる。
組織的な攻撃が捕食者としての成功の鍵だ。

▲アリ1匹ではこの2本の茎のあいだをジャンプするのは不可能だが、
多くのアリが協力すれば自分たちの体で橋を架けることができる。

## 小さいことが美しいのはなぜ?

自然界で小さな動物が巨大生物に比べて圧倒的に多い理由のひとつは、同じ量の資源で遥かに多くの個体数を支えることができるからだ。たとえばシカなら1頭でも、マウスなら何匹も養える。そのうえ、小さな動物のほうが一般に個体群のサイズが大きい(そして世代交代も速い)ため、絶滅のリスクが低い。人類はこの5万年の間に多くの種を絶滅に追いやって来たが、その傾向はますます加速している。大型の種が最も大きな影響をこうむっているのは、ちょうどいま説明したように、大きな動物のほうが絶滅のリスクが高いせいもあるものの、大きな動物が好んで狩りの標的とされてきたせいでもある。大型の動物は、人類にとって明らかに食料を巡る競争相手であるうえ、しとめればそれ自体がかなりの食料となる。また、人間や家畜にとっての脅威とみなされやすいという事情があるからだろう。小さな動物の数が多い最後の理由は、食物連鎖の下位のほうにいることが多いため、利用できる食物量が多いことだ(1章参照)。さらに、体が小さいため、環境をさまざまな生態的地位に細かく分割して、有効に使うことができる。たとえば牧草地を例にとると、比較的大型の動物であるシカの場合、小型の種が若い新芽を食べ、大型の種はもっと硬くなった葉を食べるというように、そこで命をつなぐやり方を1つか2つ、想像できる。ところが小さな動物である齧歯類なら、違う植物を食べる、昆虫を食べる、その両方を食べるというふうに、食べるものもさまざまなら、夜行性と昼行性、開けた場所が好きな種類と物陰が好きな種類、穴を掘るのと掘らないの……と、同じ牧草地で共存していくにしても、もっと多くの方法があるだろうと想像できる。一般に、小型の種のほうが大型の種よりも同一環境で共存しやすいのだ。

## 組織化という強み

巨大なサイズは巨大な力を生むが、チームワークによって力を発揮することもできる。人類はいま、地球を支配している。それを成し遂げたのはチームワーク、社会組織、文化の力だ。同じように、シャチはクジラ類の種のなかで最大の捕食性クジラではないにもかかわらず、チームワークを武器に最大級の動物さえ狙うため、最も広く恐れられている。アリはちっぽけな動物だが、恐らく、いま地球上で人類に次ぐ成功を収めている動物だろう。動物の全生物量の20パーセントはアリなのだ。人類と同じようにアリのチームワークはすばらしく、共同生活をする場所をつくり、共同作業で多くの食物を見つけることができる。これをちっぽけな脳でやってのけるのだ。つまり、成功するには大きな体である必要はないし、利口である必要もない。しかし、仲間とのつながりを大事にするなら、おおいに役立つこと間違いなしだ。

こうしたことすべてには、人類に対するあるメッセージが込められているように思える。わたしたち人類はいま地球を支配しているかもしれないが、持続可能なやり方で支配しているとは言えない。本書で取り上げたようなタイムスケールにおいて人類が本当に成功する唯一の道は、お互いのつながりをさらに密にして、もっと公平で調和がとれた持続可能な未来のために力を合わせることなのだ。どうかそうなってほしいと思う。

# 参考文献

さまざまな種ごとのサイズに違いをもたらした進化の経緯を理解するのに役立つ書籍として、ジョン・ボナーの『Why Size Matters: From Bacteria to Blue Whales(サイズはなぜ重要か:バクテリアからシロナガスクジラまで)』(プリンストン大学出版局、2006年)がある。

もっと一般的な動物の生態に関する入門書なら、故スティーヴン・ヴォーゲルの書籍がお勧めだ。ウィキペディアの彼のページ(https://en.wikipedia.org/wiki/Steven_Vogel)に著書一覧が出ている。物理的なプロセスが生物にどのような影響を及ぼすのかについては、マーク・デニーの『生物学のための水と空気の物理』(下澤楯夫訳、エヌ・ティー・エス、2016年)がすぐれている。この2人の著書はどれを読んでもおもしろく、複雑な概念を明快に解き明かしている。

学術誌の論文に関しては、無料でダウンロードできるものが増えている。お手持ちの閲覧ソフトでグーグル・スカラーを呼び出し、興味のある言葉を検索すればいい。手始めに、クレイグ・マクレインらによる海生巨大生物に関する総説、"Sizing ocean giants: patterns of intraspecific size variation in marine megafauna(海の巨大生物を大きさ順に並べる:海生大型動物相における種内のサイズ変動)"を読んでみよう。2015年にオープンアクセスジャーナルのPeer Jに発表されたもので、https://doi.org/10.7717/peerj.715から無料でダウンロードできる。

# 索引

# 謝辞

本書はわたしにとって、とても興奮させられるプロジェクトだった。これまでにも本を書いたことはあるが、大学の外の世界の人たちに読んでもらう本など想像していなかったし、共著者という立場以外で書いたこともなかった。というわけで、これまでの本以上に、出版界の経験豊富な方々に大変お世話になった。

クアトロ・パブリッシングのジャッキー・セイヤーはわたしの最初の着想から、書籍にする明確なイメージを思い描く手助けをしてくれた。そのうえ、この本を形にするための一流のチームも招集してくれた。全体の総指揮官であるデヴィッド・プライス=グッドフェローは、独創的な写真を見つける達人であるうえアイディアの宝庫で、この本の視覚的な体裁を整えてくれた。デヴィッドの思い描いた理想像が現実のものとなったのは、才能あるデザイナーのルーク・ヘリオットのおかげだ。スージー・ベイリーは几帳面さと創造性を兼ね備えた理想的な編集者で、彼女の着想とユーモアのおかげで、本文全体が大幅に改善された。さまざまなミスを犯さずに済んだのは、シェリー・ヴァレンティンの完璧な校正のおかげだ。

イエール大学ではジーン・トンプソン・ブラックとマイケル・デニーンが出版側との申し分のない橋渡し役を務め、本書をより広い世界に紹介するという実感をもたせてくれた。さらにジーンが見つけてきた極めて博識で思慮深い読者2人も、本書の内容に磨きをかけるうえで大きな貢献をしてくれた。

## 図版クレジット

（tは上、mは中、bは下、lは左、rは右を表す）

**Alamy Stock Photo:** 61t WILDLIFE GmbH; 67 Wolfgang Pölzer; 74 BIOSPHOTO; 77b National Geographic Image Collection; 79t blickwinkel; 81b Minden Pictures; 82 Doug Perrine; 84 Jeff Rotman; 89b Newscom; 95b & 109b Minden Pictures; 121b WILDLIFE GmbH; 127br Xinhua; 131t Rick & Nora Bowers; 132t Ian Hubball; 133 Science Photo Library; 138b ephotocorp; 144b Chris Howes/Wild Places Photography; 145b Andrew Mackay; 146 Minden Pictures; 147t Mark Conlin; 148 Nature Picture Library; 151t Leonid Serebrennikov; 153bl Minden Pictures; 153br Jack Barr; 157b WaterFrame; 161t Cultura RM; 161m BIOSPHOTO; 163br stockeurope; 167t Science History Images; 167bl age fotostock; 177 Sabena Jane Blackbird; 184 & 185t National Geographic Creative; 187b Mark Turner; 188 Rafael Ben-Ari; 191b Genevieve Vallee; 196 Cyril Ruoso/ Minden Pictures; 198 Sergey Krasovskiy/ Stocktrek; 216 WaterFrame.

**Joe Borkowski:** 91b.

**CSIRO:** 156b.

**Dreamstime.com:** 16l Danolsen; 18t Pariyawit Sukumpantanasarn; 42b Maggymeyer; 49t Ecophoto; 85b Sergey Uryadnikov; 87m W.scott Mcgill; 89m Michael Valos; 94t Bhalchandra Pujari; 97b Eugen Thome; 102 Ecophoto; 103bl Gallinagomedia; 105tl Andreanita; 105bl EtienneOutram; 106t Mobi68; 106b Chmelars; 107t Jonathan Amato; 107b Natador; 111t Geza Farkas; 113t Tinamou; 127bl Bonita Cheshier; 137t Isselee; 139 Shutter999; 150 Rafael Ben Ari; 163t Pniesen; 164t Tervolina88; 178t Jillyafah; 178b Det-anan Sunonethong; 183b Natursports; 191t Reynan Ignacio; 193t Hel080808; 204 Uros Ravbar; 205l Nickolay Stanev; 210 Irina Nekrasova; 211t Giovanni Gagliardi; 211b Fenkie Sumolang; 212b Teguh Jati Prasetyo.

**Getty Images:** 156t Lucia Terui; 215bl STR/AFP.

**Monterey Bay Aquarium Research Institute:** 155b.

**Nature Photographers Ltd:** 136 Paul Sterry; 168 Steve Trewhella.

**Science Photo Library:** 46 Jaime Chirinos; 51 Mauricio Anton; 56b Jaime Chirinos; 96b Jaime Chirinos; 99t Jaime Chirinos; 99b Jaime Chirinos; 108t Jaime Chirinos; 119 Jaime Chirinos; 121t Jaime Chirinos; 123 Jaime Chirinos; 153t Jaime Chirinos; 158b Sinclair Stammers; 174 Jaime Chirinos; 186l Herve Conge, ISM; 187t Dorling Kindersley/UIG; 195 Jaime Chirinos; 201t John Sibbick; 128b Pascal Goetgheluck.

**Shutterstock:** 2–3 Catmando; 4-5 Gudkov Andrey; 8 Eric Isselee; 10 Krunja; 15t Wang LiQiang; 15b moosehenderson; 16r Eric Isselee; 17t Paopijit; 17br yuris; 18b gualtiero boffi; 19 HainaultPhoto; 20 William Booth; 25 Dotted Yeti; 26t Jez Bennett; 26b Jeff Grabert; 28 orxy; 28–29 Catmando; 31 AmeliAU; 32 Vlad G; 34 Puwadol Jaturawutthichai; 35t Herschel Hoffmeyer; 35b Elenarts; 36 Elenarts; 37t Warpaint; 37b Herschel Hoffmeyer; 41t Paul Hampton; 41m kgo3121; 41b kriangsakthongmoon; 42t Four Oaks; 43t Martina Wendt; 43b Michael Wick; 44b starmaro; 45t Pavel Masychev; 48 Alan Jeffery; 49bl gualtiero boffi; 49br y ischte; 53t Dennis Jacobsen; 54t Andrea Izzotti; 57 Kristel Segeren; 58 Mario_Hoppmann; 59t Sylvie Bouchard; 59b Igor Batenev; 61b Horia Bogdan; 62 Akulinina; 63tr PhotocechCZ; 65tl Jez Bennett; 65tr Catmando; 65b Armand Grobler; 66 vkilikov; 69b Nicolas Primola; 73t wildestanimal; 75t magnusdeepbelow; 75b divedog; 79b Pylypenko; 81t Chase Dekker; 83tr Dmytro Pylypenko; 83bl Sebastian Kaulitzki; 87t Warpaint; 87b & 89t wildestanimal; 90 Bradberry; 92 Herschel Hoffmeyer; 94b Tory Kallman; 95t Andrey Visus; 109t Martin Mecnarowski; 110 kajornyot wildlife photography; 112b Dariush M; 114 Valentyna Chukhlyebova; 116t Ondrej Prosicky; 116m bmphotographer; 116br Matt Cornish; 118 IgorGolovniov; 120 Johan Swanepoel; 128t SanderMeertinsPhotography; 130 LukaKikina; 137b Mathisa; 138t iliuta goean; 147b Luca Santilli; 149t nicefishes; 149bl reptiles4all; 149br PetlinDmitry; 151b Arunee odloy; 155t Ethan Daniels; 157t Martin Prochazkacz; 160 Kondratuk Aleksei; 161b Gerald Robert Fischer; 165t Oksana Maksymova; 167br Juan Gaertner; 172b Yatra; 173bl tanoochai; 173br Heiko Kiera; 175t reptiles4all; 175b Warpaint; 176 Sergey Uryadnikov; 180 MyImages; 181b JMx Images; 182 FOTOGRIN; 185b Ramukanji; 190 Manon van Os; 192 David Havel; 193br Sergey Uryadnikov; 197t MZPHOTO.CZ; 199t aDam Wildlife; 200 Catmando; 201b Lynsey Allan; 206 PIXA; 207t By dlhca; 207b jeep2499; 209b Kaca Skokanova; 212t Dmytro Gilitukha; 213t Bob Pool; 214 Alexander Mazurkevich; 215t Isabelle OHara; 215br Snow At Night; 217t onsuda; 219l Karoline Cullen; 219r frank60; 91t Pavel Skopets

**Nobu Tamura:** 213b.

**Wellcome Collection, London:** 63b.

**Wikimedia Commons:** 27 Dan Lundberg; 29r Etemenanki3; 33t Sarah Werning; 45b Magyar Földrajzi Múzeum; 47l Honymand; 47r Royroydeb; 52 Nevit Dilmen; 53b cloudzilla; 55 H. Zell; 60 Yathin S Krishnappa; 63tl ArtMechanic; 68b Maharishi yogi; 73b NOAA Fisheries Service; 77t NOAA Photo Library; 78t Customs and Border Protection Service, Commonwealth of Australia; 78b US Library of Congress; 80 Aqqa Rosing-Asvid; 83br Dakota Lynch; 85t Fallows, C, Gallagher, AJ, & Hammerschlag, N; 91m NASA; 93t Hectonichus; 93b Wilhelm Kuhnert; 97t Ballista from Charmouth Heritage Coast Centre, Charmouth, England; 103t JJ Harrison; 103br PhilArmitage; 104t Jaime A. Headden; 115t H. Zell; 117t Auckland Museum; 127t Dinobass; 129 Dehaan; 131b Michael J. Trout; 132b Ghedoghedo; 140 Katja Schulz; 141t & 141m Hubert Duprat; 144t Didier Descouens; 145t&m Lalueza-Fox, C, Agnarsson, I, Kuntner, M & Blackledge, TA; 154 BuzzWoof; 155m Alexander Vasenin; 159 Oren Rozen; 162 Rick Hankinson; 163bl Daderot; 165br Bjoertvedt; 169 Bruno C. Vellutini; 172t Stefan3345; 173t Dave Lonsdale; 179t Nur Hussein; 179b Steven G. Johnson; 181t Gianfranco Gori; 183t David Stanley; 189t Louis Jones; 189b fvanrenterghem; 193bl Fernando Flores; 197b Petr Hamernik; 199b Steve Childs; 209t Anatoly Mikhaltsov; 211m Wmpearl

**Nathan Yuen:** 21b.

**翻訳：**

**日向やよい**

会津若松市出身。東北大学医学部薬学科卒業。
おもな訳書に『異常気象は家庭から始まる』（日本教文社）、『プリンセス願望には危険がいっぱい』（東洋経済新報社）、『ダ・ヴィンチの右脳と左脳を科学する』（ブックマン社）、『イカ4億年の生存戦略』（エクスナレッジ）、『交雑する人類』（NHK出版）などがある。

**監修（五十音順）：**

**岩見恭子**

山階鳥類研究所自然誌研究室研究員。1971年大阪府生まれ。帯広畜産大学環境科学研究科修了後、岩手大学農学部連合農学研究科博士課程単位取得退学。千葉大学文学部認知情報科学講座委託研究員、北海道上士幌町ひがし大雪博物館非常勤職員、国立科学博物館分子生物多様性研究資料センター支援研究員を経て、'11年より現職。専門は鳥類生態学および標本学。

**窪寺恒己**

国立科学博物館名誉館員・名誉研究員。1951年東京都生まれ。北海道大学大学院博士課程単位取得退学。博士（水産学）。米国オレゴン州立大学研究助手、国立科学博物館動物研究部 主任研究官、グループ長、分子生物多様性研究センター等を経て、2016年定年・退職。'17年㈱日本水中映像・非常勤学術顧問。専門は頭足類の分類学・生態学。'04年に小笠原沖でダイオウイカの生きている姿の撮影に世界で初めて成功した。

**倉持利明**

国立科学博物館動物研究部 部長。1955年東京都生まれ。東京水産大学（現：東京海洋大学）、東京農工大学卒業。岐阜大学大学院連合獣医学研究科修了。博士（獣医学）。京急油壺マリンパーク飼育課、第32次南極観測隊夏隊、日本歯科大学助手、国立科学博物館動物研究部研究主幹、グループ長を経て、現職。専門は寄生虫学で、寄生蠕虫類の分類や動物地理学の研究。

**郡司芽久**

国立科学博物館・日本学術振興会特別研究員PD。1989年東京都生まれ。2017年3月に東京大学大学院農学生命科学研究科博士課程修了。博士（農学）。同年4月より現職。解剖学・形態学を専門とし、哺乳類・鳥類を対象として"首"の構造や機能の進化について研究している。主な著書に『キリン解剖記』（ナツメ社、2019年）がある。

**田島木綿子**

国立科学博物館 動物研究部 研究主幹。1971年埼玉県生まれ。日本獣医生命科学大学獣医学部卒業。東京大学農学生命科学研究科修了。博士（獣医学）。米国Marine Mammals Commissionの客員研究員としてテキサス大学医学部とThe Marine Mammal Centerに在籍後、現職。専門は海棲哺乳類学、保全医学、比較解剖学。国内で年間300件報告される海棲哺乳類のストランディングに対応し、博物館活動や研究を行う。

**田中伸幸**

国立科学博物館 植物研究部 陸上植物研究グループ長。1971年東京都生まれ。東京都立大学大学院理学研究科博士課程修了。博士（理学）。高知県立牧野植物園研究員などを経て、'15年国立科学博物館 植物研究部研究員。'19年4月より現職。専門はショウガ目の植物分類学および東南アジアフロラ。現在はミャンマーの植物多様性の研究を進め、多数の新種の記載を行っている。

**ドゥーグル・J・リンズィー**

海洋研究開発機構（JAMSTEC）主任技術研究員。1971年オーストラリア生まれ。クイーンズランド大学理学部・文学部卒業後、東京大学大学院農学生命科学研究科博士課程修了。博士（農学）。'97年より海洋科学技術センター（現：海洋研究開発機構）特別研究員。その後、技術研究員、技術研究主任等を経て、現職。専門はクラゲなどのゼラチン質の生物で、有人潜水船や無人探査機で各地の深海生物を調査している。

**中江雅典**

国立科学博物館動物研究部脊椎動物研究グループ 研究主幹。1978年滋賀県生まれ。高知大学大学院理学研究科応用理学専攻 博士後期課程修了。博士（理学）。日本学術振興会 特別研究員（PD）、国立科学博物館動物研究部 研究員を経て、2018年より現職。専門は魚類形態学（骨学・筋学・神経解剖学）。硬骨魚の系統分類や環境適応を形態に基づいて研究している。

**中島保寿**

東京都市大学大学院総合理工学研究科自然科学専攻・准教授。1981年東京都生まれ。東京大学大学院生物科学専攻修了、博士（理学）。在学中は魚竜や海生哺乳類の古生態学的研究のほか、日本最古の四足動物や、三畳紀の糞化石を発見。ドイツでの研究生活を経て、2015年から東京大学大気海洋研究所にて首長竜やカメについての研究を行った。'18年より現職。

**山本周平**

米国フィールド自然史博物館訪問研究員。1989年東京都生まれ。2017年3月九州大学大学院生物資源環境科学府博士課程修了。博士（農学）。同年7月より米国イリノイ州シカゴのフィールド自然史博物館で研究員。専門はハネカクシを中心とした甲虫目の分類と系統学。また、琥珀に閉じ込められた化石昆虫に関する古生物学。

**吉川夏彦**

慶應義塾大学法学部生物学教室助教。1982年栃木県生まれ。広島大学理学部生物科学科卒業、京都大学大学院人間・環境学研究科博士後期課程修了、博士（人間・環境学）。国立科学博物館 分子生物多様性研究資料センター 特定非常勤研究員を経て、2019年より現職。専門は両生類・爬虫類の自然史、系統分類学、生物地理学。

翻訳協力：株式会社トランネット
日本版デザイン：岩元 萌（オクターヴ）

# 世界一の
# 巨大生物

2020年7月31日　初版第一刷発行

**著　者**　グレイム・D・ラクストン

**訳　者**　日向やよい

**発行者**　澤井聖一

**発行所**　株式会社エクスナレッジ
〒106-0032 東京都港区六本木7-2-26
http://www.xknowledge.co.jp/

**問合先**　[編集] Tel: 03-3403-1381／Fax: 03-3403-1345
info@xknowledge.co.jp
[販売] Tel: 03-3403-1321／Fax: 03-3403-1829